物理化学知识点解析及解题指导

任冬梅　夏云生　包德才　周　颖　编著

中国石化出版社

内 容 提 要

本书旨在通过重要知识点概述、基本结构梳理及大量习题解析，帮助学生突破学习物理化学的难点，提高学生分析问题、解决问题的实际能力。全书共12章，包括热力学第一定律、热力学第二定律、多组分系统热力学、相平衡、化学平衡、统计热力学、电解质溶液，可逆电池电动势及其应用、电解与极化作用、化学反应动力学基础、表面及胶体化学及自我测试题。全书所选习题均为近年我国多所学校研究生入学试题真题，并给出全部答案。

本书是化工及相关专业本科生复习物理化学、考研时的参考书，也可供该科目的任课教师参考。

图书在版编目(CIP)数据

物理化学知识点解析及解题指导／任冬梅等编著.—北京:中国石化出版社，2018.10

ISBN 978-7-5114-5088-3

Ⅰ.①物… Ⅱ.①任… Ⅲ.①物理化学-研究生-入学考试-自学参考资料 Ⅳ.①O64

中国版本图书馆 CIP 数据核字(2018)第253148号

中国石化出版社出版发行

地址:北京市朝阳区吉市口路9号

邮编:100020 电话:(010)59964500

发行部电话:(010)59964526

http://www.sinopec-press.com

E-mail:press@sinopec.com

北京富泰印刷有限责任公司印刷

全国各地新华书店经销

*

710×1000毫米 16开本 16.5印张 307千字

2018年12月第1版 2018年12月第1次印刷

定价:45.00元

前　言

本书是根据“高等教育面向21世纪教学内容和物理化学课程体系改革计划”的指导思想，专门为高等学校化学专业及化学密切相关专业的学生所编写的物理化学解题指导。

物理化学作为化学学科的一个分支，是化学专业及与化学密切相关专业的一门主干基础课。物理化学中公式较多且适用条件严格，部分概念由于过于抽象而难以理解，因此部分学生常常感到学习困难。编写本书的目的是希望帮助学生理解物理化学的重要知识点，突破学习物理化学的难点，明确各章的基本思路，并通过对典型疑难问题的思考分析帮助读者提高物理化学的理论水平，提高自学能力。

本书所选取的内容均为长期教学实践总结的初学者容易疏忽甚至误解的，但又往往是学好物理化学所必须解决的问题。各章的内容主要分为以下三个部分：

(1) 重要知识点。这部分简洁明了地解释和说明了各章的知识要点，使学生在学习过程有的放矢。

(2) 基本结构。这部分以表及图的形式总结了每一章的基本概念、基本定律及基本计算，纲目举张，少而精地展示出物理化学的基本内容，使学生对每一章的各知识点之间的相互关系一目了然。

(3) 习题解析。根据知识点的分布，选择具有一定代表性的全国多所学校研究生入学试题为例题，题型包括选择题、填空题、问答题、计算题四个类型，每道例题均给出启发性的解题分析和思路，以便帮助读者自我考查对相关内容的掌握情况，达到触类旁通、提高解题能力的目的。

本书也是一本较好的考研参考书。通过大量习题的解析，加深学生对物理化学抽象概念、基本计算、公式运用的理解，对考研复习取得事半功倍的效果。

本书编写过程中参考了许多物理化学教材和教辅类书籍，在此谨向有关书籍的作者、试题库的建设者和有关试卷的命题老师表示深深的谢意。本书采用的名词术语、公式符号及基础数据均与南京大学傅献彩等编著的《物理化学》(第五版)一致。

由于编者水平有限，疏漏及不足之处在所难免，敬请读者批评指正。

编　者
于渤海大学

目　录

§1 热力学第一定律

1.1 重要知识点

1.1.1 状态函数与过程量

状态函数是系统的性质，如温度(T)，压力，体积，内能(U)，焓(H)，等压热容(C_p)及等容热容(C_V)等；过程量指功(W)和热(Q)，它们是过程的属性。

两者的主要区别为：①状态函数决定于体系的状态，用来描述体系状态。过程量则与变化的过程有关，用于描述过程。②体系发生变化的时候，状态函数的变化只取决于始终状态，与变化的过程无关。因此若给定途径状态函数的变化不易直接求算时，可以设计成容易求算的途径。过程量的变化则不能通过设计途径解决。

1.1.2 内能及热力学第一定律

内能指体系内部能量的总和，包括分子运动的平动能、转动能、振动能、电子能、核能以及分子之间相互作用的位能等能量的总和。它的绝对值目前无法确定。

热力学第一定律的数学表达式为 $\Delta U = Q + W$，其中 W 为总功，$W = W_e + W'$(或 W_f)，W_e 为体积功，W'或 W_f为非体积功。

1.1.3 热容

对于任意的简单物理变化过程(体系中只发生简单的 p、V、T 变化)

$\mathrm{d}H = C_p\mathrm{d}T + \left(\frac{\partial H}{\partial p}\right)_T \mathrm{d}p$，$\mathrm{d}U = C_V\mathrm{d}T + \left(\frac{\partial U}{\partial V}\right)_T \mathrm{d}V$。其中 C_p为等压热容，C_V为等容热容。$\left(\frac{\partial U}{\partial V}\right)_T$ 叫作内压，是分子间相互作用力大小的标志。

$$C_p - C_V = \left[\left(\frac{\partial U}{\partial V}\right)_T + p\right]\left(\frac{\partial V}{\partial T}\right)_p$$

1.1.4 等温过程

在环境温度恒定不变的情况下，系统始态与终态温度相同并且与环境温度相同。

$$T_{始} = T_{终} = T_{环} = \text{Const.}$$

1.1.5 等压过程

等压过程即在外压(即环境压力)恒定不变的情况下，体系始态和终态的压力相同且等于外压的过程。

$$p_{始} = p_{终} = p_{环} = \text{Const.}$$

这里需要区分恒外压过程及始终态压力相等的过程。恒外压过程是外压恒定，但始终态压力不一定相等的过程，$p_{环} = \text{Const.}$，而始终态压力相等的过程强调 $p_{始} = p_{终}$，外压不一定恒定。

1.1.6 可逆过程

可逆过程由一连串无限接近于平衡的状态组成，所以可逆就意味着平衡。

与实际过程相比，可逆过程具有以下特征：

① 双复原　$Q_R = -Q_{逆}$　(Q_R 为可逆过程热，$Q_{逆}$ 为可逆过程在相反方向上进行的热)

$W_R = -W_{逆}$　(W_R 为可逆过程功，$W_{逆}$ 为可逆过程在相反方向上进行的功)

② 进行的速度无限缓慢，而实际过程的速度都是有限的。

③ 在可逆变化过程中，体系对环境做最大功。

可逆过程不同于循环过程和可逆反应过程，把它们混淆在一起都是错误的。

可逆过程是体系与环境可以同时复原，而在环境中不留下任何痕迹的过程，而循环过程是体系恢复原状的过程，但在环境中可能留下影响。如反应

$$H_2O(l) \underset{燃烧}{\overset{电解}{\rightleftharpoons}} H_2(g) + \frac{1}{2}O_2(g)$$

是循环过程，而非可逆过程。因为燃烧热不能完全转变为原始消耗的电功，环境中留下热的影响。但是液体在正常沸点时的蒸发，固体在正常熔点时的熔化过程，都是可逆过程，而非循环过程，因此，“可逆过程一定是循环过程或反过来说”的观点都是错误的。此外，热力学中的可逆过程无时间概念，体系有返回的可能性，而不强调一定要返回。因此，为了避免混淆，在化学动力学中把“可逆反应”改称为“对峙反应”。

1.1.7 绝热过程

(1) 绝热过程即体系与环境没有热交换的过程，即 $\Delta U = W$。

(2) 在绝热过程中，体系的 p、V、T 都会发生变化。

(3) 从同一始态，不同的绝热过程具有不同的终态。即相同的始终态间不会有多种绝热途径。

(4) 一个实际的绝热过程发生之后，系统不可以循任何绝热途径恢复到原来状态。

(5) 从同一始态出发，经过不同绝热过程，体系到达同一压力(或同一体积)，则绝热可逆过程功值最大，即 $W_{\mathrm{R},\,Q=0} > W_{\mathrm{IR},\,Q=0}$。

(6) 与等温可逆过程相比，绝热可逆过程的压力对体积的变化更敏感。

1.1.8 理想气体

(1) 特征：分子间无相互作用，分子体积为零。

(2) 状态方程：$pV = nRT$

(3) 重要结论：

① 理想气体的 U、H、C_V 和 C_p 只是温度的函数。

$$\left(\frac{\partial U}{\partial V}\right)_T = 0 \qquad \left(\frac{\partial C_V}{\partial V}\right)_T = 0 \qquad \left(\frac{\partial H}{\partial p}\right)_T = 0 \qquad \left(\frac{\partial C_p}{\partial p}\right)_T = 0$$

② $C_{p,\,\mathrm{m}} - C_{V,\,\mathrm{m}} = R$

③ 无 Joule-Thomson 效应，即 $\mu_{\mathrm{J\text{-}T}} = 0$

④ 理想气体混合物的容量性质可以按照组分进行加和。

$$\Delta_{\mathrm{mix}} U = \sum_{\mathrm{B}} \Delta U_{\mathrm{B}} \qquad \Delta_{\mathrm{mix}} H = \sum_{\mathrm{B}} \Delta H_{\mathrm{B}} \qquad \Delta_{\mathrm{mix}} C_p = \sum_{\mathrm{B}} \Delta C_{p,\,\mathrm{B}}$$

1.1.9 反应进度

对于化学反应 $0 = \sum_{\mathrm{B}} \nu_{\mathrm{B}} \mathrm{B}$，反应进度($\xi$)的定义：$\mathrm{d}\xi = \dfrac{\mathrm{d}n_{\mathrm{B}}}{\nu_{\mathrm{B}}}$。由于在化学反应中，各物质的物质的量决定于 ξ，因此 ξ 也是描述物质所处状态的量，对于合成氨反应：

$$N_2(\mathrm{g},\, p^{\ominus}) + 3H_2(\mathrm{g},\, p^{\ominus}) = 2NH_3(\mathrm{g},\, p^{\ominus})$$

当 10mol N_2 和 20mol H_2 在通过合成塔后有 5mol NH_3 生成，其反应进度无论对于反应物还是对产物都等于 2.5mol。当反应按各自的化学计量系数进行化学变化时，ξ = 1mol。反应热单位中的 mol^{-1} 就是由反应进度引入的，即 dξ 为 1mol 时的热效应就是反应热。

1.1.10 积分溶解热和微分溶解热

在标准压力和室温下，一定量物质溶于一定量溶剂中所产生的热效应，称为积分溶解热。在一定温度、压力和溶剂中，在给定浓度的溶液里，加入 dn 溶质时产生的微量热效应，称为微分溶解热。

1.2 基本结构

	内容	定义或注意事项
基本概念	状态函数	性质
	功	定义式：$\delta W = -p_e \mathrm{d}V$，最大功：$\delta W_{max} = -p_i \mathrm{d}V$
	热	
	可逆过程与不可逆过程	
	内能	定义式：$U = \sum_i \varepsilon_i + E_p$(势能)
	焓	定义式：$H = U + pV$ 引申：$\Delta H = Q_p + W'$
	热容	平均热容，等压热容，等容热容
	反应进度	
	反应热	标准生成焓，标准燃烧焓，溶解热
基本定律	第一定律	热与功的符号为得大(正)失小(负)
	Hess 定律	
	Kirchhoff 定律	$\Delta_r H_m^{\ominus}(T_2) = \Delta_r H_m^{\ominus}(T_1) + \int_{T_1}^{T_2} \Delta_r C_p dT$

基本计算		公式
理想气体	等温过程($W'=0$)	$\Delta U = \Delta H = 0 \quad Q = -W \quad W_{max} = -nRT\ln\frac{V_2}{V_1}$
	等容过程($W'=0$)	$Q_V = \Delta U = \int nC_{V,m}\mathrm{d}T \quad \Delta H = \int nC_{p,m}\mathrm{d}T \quad W = 0$
	等压过程($W'=0$)	$\Delta U = \int nC_{V,m}\mathrm{d}T \quad Q_p = \Delta H = \int nC_{p,m}\mathrm{d}T \quad W = -\int p_e \mathrm{d}V$
	绝热过程($W'=0$)	$\Delta U = \int nC_{V,m}\mathrm{d}T \quad \Delta H = \int nC_{p,m}\mathrm{d}T \quad Q = 0 \quad W = \frac{p_2V_2 - p_1V_1}{\gamma - 1}$
	等焓过程($W'=0$)	$\Delta U = \Delta H = Q = W = 0$

续表

基本计算		公式
相变过程	可逆过程	$Q_p = \Delta H_{相变}$ $W = -p(V_{终} - V_{始})$ $\Delta U = Q + W$
	不可逆过程	设计若干可逆过程
化变过程	298K 时	$\Delta_r H_m^{\ominus} = \sum_B \nu_B \Delta_f H_{m,B}^{\ominus} = -\sum_B \nu_B \Delta_c H_{m,B}^{\ominus} = -\sum_B \nu_B \varepsilon_B$ $\Delta_r U_m^{\ominus} = \Delta_r H_m^{\ominus} - \sum_B \nu_B RT$
	任意温度	Kirchhoff 定律

1.3 例题精解

1.3.1 选择题

1. 物质的量为 n 的纯理想气体，该气体的哪一组物理量确定后，其他状态函数方有定值？（　　）

(A) p　　(B) V　　(C) T、U　　(D) T、p

解析：理想气体的内能仅是温度的函数

答案：(D)

2. 如图 1-1，A → B 和 A → C 均为理想气体变化过程，若 B、C 在同一条绝热线上，那么 ΔU_{AB} 与 ΔU_{AC} 的关系是(　　)

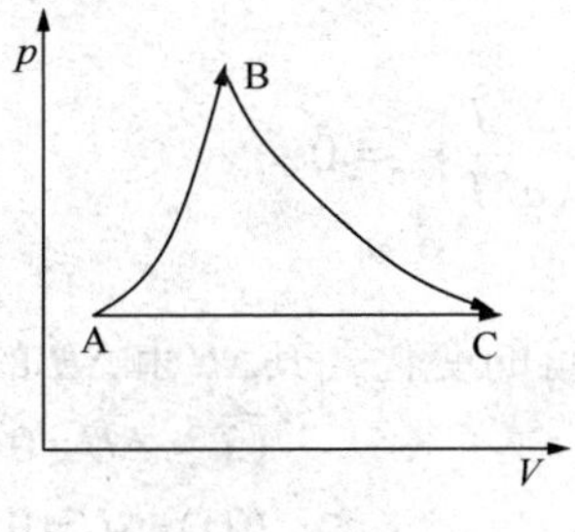

图 1-1

(A) $\Delta U_{AB} > \Delta U_{AC}$　　(B) $\Delta U_{AB} < \Delta U_{AC}$

(C) $\Delta U_{AB} = \Delta U_{AC}$　　(D) 无法比较

解析：$\left.\begin{aligned}\Delta U_{AB} + \Delta U_{BC} = \Delta U_{AC} \\ \Delta U_{BC} = Q + W < 0\end{aligned}\right\} \Rightarrow \Delta U_{AB} > \Delta U_{AC}$

答案：(A)

3. 系统经历某个状态函数始终保持不变的途径是什么途径？(　　)

(A) 一定是可逆途径　　(B) 一定是不可逆途径

(C) 不一定是可逆途径　　(D) 绝热途径

答案：(C)

4. 在同一温度下，同一气体物质的摩尔定压热容 $C_{p,\mathrm{m}}$ 与摩尔定容热容 $C_{V,\mathrm{m}}$ 之间的关系为(　　)

(A) $C_{p,\mathrm{m}} < C_{V,\mathrm{m}}$　　(B) $C_{p,\mathrm{m}} > C_{V,\mathrm{m}}$

(C) $C_{p,\mathrm{m}} = C_{V,\mathrm{m}}$　　(D) 难以比较

解析：$C_p - C_V = \left[\left(\dfrac{\partial U}{\partial V}\right)_T + p\right]\left(\dfrac{\partial V}{\partial T}\right)_p > 0$

答案：(B)

5. 一个纯物质的膨胀系数 $\alpha = \dfrac{1}{V}\left(\dfrac{\partial V}{\partial T}\right)_p = \dfrac{1}{V} \times 1\mathrm{m}^3 \cdot \mathrm{K}^{-1}$ (T 为绝对温度)，则该物质的摩尔恒压热容 C_p 将(　　)

(A) 与体积 V 无关　　(B) 与压力 p 无关

(C) 与温度 T 无关　　(D) 与 V、p、T 均有关

解析：

$$\left.\begin{array}{l}\left(\dfrac{\partial C_p}{\partial p}\right)_T = \left(\dfrac{\partial \left(\dfrac{\partial H}{\partial T}\right)_p}{\partial p}\right)_T = \left(\dfrac{\partial \left(\dfrac{\partial H}{\partial p}\right)_T}{\partial T}\right)_p = \left(\dfrac{\partial \left(V - T\left(\dfrac{\partial V}{\partial T}\right)_p\right)_T}{\partial T}\right)_p \\ \left(\dfrac{\partial V}{\partial T}\right)_p = 1\end{array}\right\}$$

$$\Rightarrow \left(\dfrac{\partial C_p}{\partial p}\right)_T = \left(\dfrac{\partial V}{\partial T}\right)_p - \left(\dfrac{\partial T}{\partial T}\right)_p = 0$$

答案：(B)

6. 凡是在孤立系统中进行的变化，其ΔU 和ΔH 的值一定是(　　)

(A) $\Delta U>0\quad \Delta H>0$　　(B) $\Delta U=0\quad \Delta H=0$

(C) $\Delta U<0\quad \Delta H<0$　　(D) $\Delta U=0$　ΔH 不确定

解析：$\mathrm{d}H = \mathrm{d}U + \mathrm{d}(pV) = \mathrm{d}U + p\mathrm{d}V + V\mathrm{d}p$，即焓变取决于 U、V 及 p 三因素变化，因此焓变不能确定。

答案：(D)

7. 苯与氧在绝热刚性容器中燃烧，$C_6H_6(l) + 7.5O_2(g) \xlongequal{\quad} 6\,CO_2(g) + 3H_2O(g)$，此过程的(　　)

(A) $Q < 0,\ W = 0,\ \Delta U = 0,\ \Delta H < 0$

(B) $Q=0$, $W=0$, $\Delta U=0$, $\Delta H<0$

(C) $Q=0$, $W=0$, $\Delta U=0$, $\Delta H>0$

(D) $Q<0$, $W>0$, $\Delta U=0$, $\Delta H<0$

解析：绝热 $Q=0$，不做功 $W=0$，故 $\Delta U=0$；$\mathrm{d}H=\mathrm{d}U+\mathrm{d}(pV)=\mathrm{d}U+p\mathrm{d}V+V\mathrm{d}p$，燃烧后压力增大，故 $\Delta H>0$。

答案：(C)

8. 当理想气体反抗一定的压力做绝热膨胀时，则(　　)

(A) 焓总是不变　　(B) 热力学能总是增加

(C) 焓总是增加　　(D) 热力学能总是减少

解析：$\left.\begin{array}{l}\text{ig}, Q=0\Rightarrow\Delta U=\int nC_{V,\mathrm{m}}\mathrm{d}T\\ \text{绝热膨胀}\Rightarrow\mathrm{d}T<0\end{array}\right\}\Rightarrow\Delta U<0$

答案：(D)

9. 对于一定量的理想气体，有可能发生的过程是(　　)

(1) 对外做功且放出热量　　(2) 恒容绝热升温、无非膨胀功

(3) 恒压绝热膨胀　　(4) 恒温绝热膨胀

(A) (1)、(4)　(B) (2)、(3)　(C) (3)、(4)　(D) (1)、(2)

解析：过程 1 中，$W<0$　$Q<0\Rightarrow\Delta U<0$，因此过程成立；过程 2 中恒容且 $W'=0$，则 $W=0$，绝热则 $Q=0$，从而$\Delta U=0$，则$\Delta T=0$ 不可能升温；过程 3 中由恒压绝热得$\Delta H=Q=0$，而$\Delta T\neq0$，则$\Delta H=C_p\Delta T\neq0$，过程不成立；过程 4 中，理想气体向真空作绝热膨胀时 $Q=0$，$W=0$，因而$\Delta U=0$，$\Delta T=0$，为可实现过程。

答案：(A)

10. 封闭系统指定的始末态之间，绝热可逆途径可以有(　　)

(A) 一条　(B) 二条　(C) 三条　(D) 无限多条

解析：$Q=0\Rightarrow\Delta U=W$，W 有定值且为过程量，因此只能有一种途径。

答案：(A)

11. 某实际气体状态方程为 $pV_\mathrm{m}=RT+bp$ (b 为大于零的常数)，此气体向真空绝热膨胀后的温度将(　　)

(A) 不变　(B) 上升　(C) 下降　(D) 不确定

解析：$\left(\frac{\partial T}{\partial V}\right)_U\left(\frac{\partial V}{\partial U}\right)_T\left(\frac{\partial U}{\partial T}\right)_V=-1\Rightarrow\left(\frac{\partial T}{\partial V}\right)_U=-\frac{1}{C_V}\left(\frac{\partial U}{\partial V}\right)_T=-\frac{1}{C_V}\left[T\left(\frac{\partial p}{\partial T}\right)_V-p\right]\Rightarrow T\left(\frac{\partial p}{\partial T}\right)_V-p=\frac{RT}{V_\mathrm{m}-b}-p=p-p=0\Rightarrow\left(\frac{\partial T}{\partial V}\right)_U=0$ 温度不变。

答案：(A)

12. 范氏气体经 Joule 实验后(绝热向真空绝热膨胀)气体的温度将(　　)

(A) 上升　　(B) 下降　　(C) 不变　　(D) 不确定

解析：

$$\left.\begin{aligned}\left(\frac{\partial U}{\partial V}\right)_T = T\left(\frac{\partial p}{\partial T}\right)_V - p = \frac{RT}{V_m - b} - p = \frac{a}{V_m^2}\\ p = \frac{RT}{V_m - b} - \frac{a}{V_m^2}\end{aligned}\right\}\rightarrow \left(\frac{\partial T}{\partial V}\right)_U = -\frac{1}{C_V}\left(\frac{\partial U}{\partial V}\right)_T$$

$$= -\frac{a}{C_V \cdot V_m^2} < 0$$

答案：(B)

13. 下述说法正确的是(　　)

(A) 水的标准摩尔生成焓是氧气的标准摩尔燃烧焓

(B) 水蒸气的标准摩尔生成焓是氧气的标准摩尔燃烧焓

(C) 水的标准摩尔生成焓是氢气的标准摩尔燃烧焓

(D) 水蒸气的标准摩尔生成焓是氢气的标准摩尔燃烧焓

解析：区分燃烧热、生成热及反应热的概念

答案：(C)

14. 在等压下，无论用什么手段进行一个 A+B=C 的反应，若 $\Delta_r H_m > 0$，则该反应一定为(　　)

(A) 吸热反应　　(B) 放热反应

(C) 视反应手段而定　　(D) 无热量变化

解释：$\Delta H = Q_p + W'$，因此该反应吸热亦或放热是由反应手段而定。

答案：(C)

15. 定压下一放热的化学反应，且 $\Delta_r C_{p,m} > 0$，则当温度升高时(　　)

(A) 放热减少或变为吸热反应　　(B) 放热增加

(C) 热减少　　(D) 由放热变为吸热

解析：根据 $\left(\frac{\partial \Delta_r H_m}{\partial T}\right)_p = \Delta_r C_p$ 而得 $\left(\frac{\partial \Delta_r H_m}{\partial T}\right)_p > 0$，则温度升高，焓变增大，放热则减少。

答案：(C)

16. 已知 1.6324g 蔗糖在量热计中燃烧时，温度升高 2.854K，1mol 蔗糖的燃烧热为 5646.73kJ · mol^{-1}，量热计与其中水的总热容量为(　　)

(A) 2.00J · K^{-1}　　(B) 11.96J · K^{-1}

(C) 9.444kJ · K^{-1}　　(D) 8.361kJ · K^{-1}

解析：$Q_{吸} = -Q_{放} \Rightarrow C_V \Delta T = -Q_{放}$

$$C_V = \frac{-\left(-5646.73\text{kJ}\cdot\text{mol}^{-1}\times\frac{1.6324\text{g}}{342\text{g}\cdot\text{mol}^{-1}}\right)}{2.854\text{K}} = 9.44\text{kJ}\cdot\text{K}^{-1}$$

答案：(C)

1.3.2 填空题

1. 在一个封闭的锅内装半锅水，放在火上加热，以水和蒸汽为系统，则 Q ______ 0，ΔU ______ 0。

答案：>，>

解析：体系得到热量，$Q>0$，体系未做功，$W=0$，则 $\Delta U>0$

2. 1mol 理想气体于恒压下降温 1℃，气体与环境交换的功为______。

解析：$W = -p_e\Delta V = -nR\Delta T = R$

答案：8.314J

3. 封闭系统中，2mol 单原子理想气体经历某过程后，其 $\Delta(pV) = 20\text{kJ}$，则此过程的 $\Delta T=$ ______，$\Delta H=$ ______。

解析：$\Delta(pV) = nR\Delta T$；$\Delta H = nC_{p,\text{m}}\Delta T$

答案：1203K；50kJ

4. 1mol 单原子理想气体从 300K，$p^{\ominus}$ 的始态，经 $pT=$常数的可逆过程压缩到压力为 $2p^{\ominus}$，则该过程的$\Delta U=$ ______，$\Delta H=$ ______。

解析：$p_1T_1 = p_2T_2 \Rightarrow T_2 = 150K \Rightarrow \Delta U = nC_{V,\text{m}}(T_2 - T_1)$；$\Delta H = nC_{p,\text{m}}(T_2 - T_1)$

答案：$-1871\text{kJ}\cdot\text{mol}^{-1}$；$-3118\text{kJ}\cdot\text{mol}^{-1}$

5. 某气体服从状态方程 $pV_\text{m} = RT + bp$（$b>0$，常数），若该气体经恒温可逆膨胀，其热力学能变化 $\Delta U =$ ______。

解析：
$$\text{d}U = C_V\text{d}T + \left(\frac{\partial U}{\partial V}\right)_T\text{d}V = C_V\text{d}T + \left[T\left(\frac{\partial p}{\partial T}\right)_V - p\right]\text{d}V$$
$$= 0 + \left(\frac{RT}{V_\text{m} - b} - p\right)\text{d}V = 0$$

答案：0

6. 5mol 理想气体（单原子分子）的 $\left(\frac{\partial H}{\partial T}\right)_V =$ ______。

解析：$\left(\frac{\partial H}{\partial T}\right)_V = \left(\frac{\partial U}{\partial T}\right)_V + V\left(\frac{\partial p}{\partial T}\right)_V = C_V + nR = 12.5R$

答案：$12.5R$

7. 理想气体从相同始态分别经绝热可逆膨胀和绝热不可逆膨胀到达相同的终态压力，则终态的温度 $T_{\text{可逆}}$ ______ $T_{\text{不可逆}}$，终态的体积 $V_{\text{可逆}}$ ______ $V_{\text{不可逆}}$，过

程的焓变 $\Delta H_{可逆}$ ______ $\Delta H_{不可逆}$。

解析：$W_{R,\ Q=0} > W_{IR,\ Q=0} \Rightarrow T_R < T_{IR}$；$V = \dfrac{nRT}{p} \Rightarrow V_R < V_{IR}$；$\Delta H = \int nC_{p,\ m}\mathrm{d}T \Rightarrow \Delta H_R < \Delta H_{IR}$

答案：<；<；<

8. 取量均为1mol的三种理想气体He、H_2及CO_2，若都从温度为T_1恒容加热到T_2，则吸热最多的物质是______。

答案：CO_2

9. 氧弹量热计中1mol液态苯完全燃烧，生成$CO_2(g)$和$H_2O(l)$。保持反应前后的温度都是298K，测得的放出热量为3264kJ。设气体为理想气体，则该反应的Q_p=______。

解析：$Q_p = Q_V - 1.5RT = -3301\text{kJ}$

答案：−3301kJ

10. 某气体符合状态方程$p(V-nb)=nRT$，b为常数。若一定温度和压力下，摩尔体积$V_m = 10b$，则其压缩因子Z=______。

解析：$Z = \dfrac{pV}{nRT} = \dfrac{p10b}{p(10b-b)} = \dfrac{10}{9}$

答案：10/9

1.3.3 简答题

1. 从同一始态A出发，经历三种不同途径到达不同的终态(如图1-2)：①经等温可逆过程从A→B；②经绝热可逆过程从A→C；③经绝热不可逆过程从A→D。试问：

(a) 若使终态的体积相同，D点应位于BC虚线的什么位置，为什么？

(b) 若使终态的压力相同，D点应位于BC虚线的什么位置，为什么？

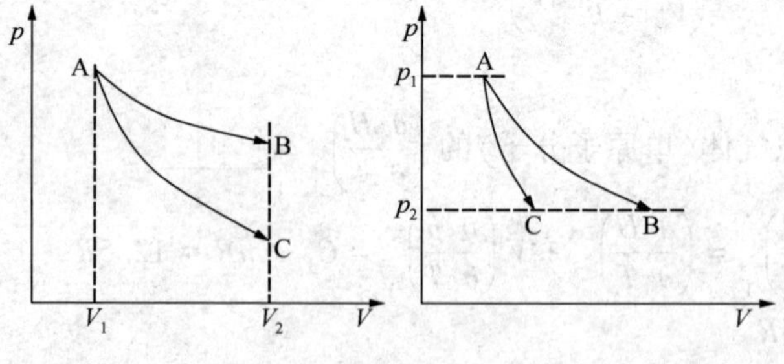

图1-2

答案：绝热可逆膨胀过程与绝热不可逆膨胀比较：从同一始态出发，当到达相同的终态体积 V_2或相同的终态压力 p_2 时，$W_{R,\ Q=0} > W_{IR,\ Q=0}$，$T_{2,\ R} < T_{2,\ IR}$。在 V_2相同时 $p = \dfrac{nRT}{V_2}$，则 $p_{2,\ R} < p_{2,\ IR}$。在终态 p_2 相同时 $V = \dfrac{nRT}{p_2}$，$V_{2,\ r} < V_{2,\ ir}$。

不可逆过程与等温可逆过程相比较：由于等温可逆过程温度不变，绝热膨胀温度下降，所以 $T_{2,\ 等温} > T_{2,\ 绝热不可逆}$；在 V_2相同时，$p_{2,\ 等温} > p_{2,\ 绝热不可逆}$；在 p_2 相同时，$V_{2,\ 等温} > V_{2,\ 绝热不可逆}$。

综上所述，从同一始态出发经三种不同过程：

当 V_2相同时，D 点在 B、C 之间，$p_{2,\ 等温} > p_{2,\ 绝热不可逆} > p_{2,\ 绝热可逆}$；

当 p_2 相同时，D 点在 B、C 之间，$V_{2,\ 等温} > V_{2,\ 绝热不可逆} > V_{2,\ 绝热可逆}$。

2. 状态改变后，状态函数一定都改变？

答案：不对，有一个状态函数变了，状态也就变了，但并不是所有的状态函数都会改变。

3. 在一个绝热真空箱上刺一个小洞，让空气很快进入，当两边压力相等时，两边温度是否相同？为什么？

答案：不同，内部温度比外面高。在本实验中，体系是冲入箱内的气体，体积是这些气体原来占有的体积和真空瓶的体积。气体冲入瓶内，体积缩小，环境对体系做了功，所以体系温度升高。

4. $\left(\dfrac{\partial U}{\partial T}\right)_p = \left(\dfrac{\partial U}{\partial T}\right)_V + \left(\dfrac{\partial U}{\partial V}\right)_T \left(\dfrac{\partial V}{\partial T}\right)_p$ 的物理意义是什么？

答案：上式表明，在恒压下改变温度而引起热力学能变化是由两方面引起的。其一为恒容时改变温度而引起热力学能的变化。此变化是由于温度的改变导致分子运动的动能改变，从而引起热力学能的变化；另一方面是在恒压条件下改变温度导致体积发生变化，从而使分子间距发生变化，引起势能变化，热力学能亦随之变化。

5. 请指出下列公式的适用条件

（1）$H = U + pV$；（2）$\Delta H = Q_p$；（3）$\Delta U = Q_V$；（4）$\Delta H = \int_{T_1}^{T_2} C_p \mathrm{d}T$

（5）$W = nRT\ln \dfrac{V_1}{V_2}$；（6）$W = -p\Delta V$；（7）$pV^\gamma =$ 常数；（8）$W = \dfrac{p_1V_1 - p_2V_2}{1-\gamma}$

答案：（1）$H = U + pV$　定义式，适用于任何处于热力学平衡态的封闭体系。

（2）$\Delta H = Q_p$　适用于不做非体积功的等压过程。

（3）$\Delta U = Q_V$　适用于不做非体积功的等容过程。

（4）$\Delta H = \int_{T_1}^{T_2} C_p \mathrm{d}T$　适用于不做非体积功且状态连续变化的等压过程。

(5) $W = nRT\ln\frac{V_1}{V_2}$　　适用不做非体积功理想气体的可逆过程。

(6) $W = -p\Delta V$　　适用于不做非体系功的等外压过程。

(7) $pV^{\gamma}=$常数　　适用于不做非体积功，理想气体的绝热可逆过程。

(8) $W = \frac{p_1V_1 - p_2V_2}{1-\gamma}$　　适用于不做非体积功，理想气体的绝热过程。

6. 判断下列过程功、热、热力学能和焓的变化值

(1) 范氏气体等温自由膨胀

(2) $H_2(g) + Cl_2(g) = 2HCl(g)$ 在绝热钢瓶中进行

(3) $H_2(g) + Cl_2(g) = 2HCl(g)$ 在非绝热钢瓶中进行

(4) 理想气体的焦耳-汤姆逊节流实验

(5) 273.15K、$p^{\ominus}$ 下水结成冰

(6) 氢气和氧气在绝热钢瓶中爆鸣生成水，电火花能量不计

答案：(1) 范氏气体等温自由膨胀

$W=0$　自由膨胀外压为0

$Q>0$　范氏气体分子间有引力，体积增大分子间势能增加，为了保持温度不变，必须从环境吸热

$\Delta U>0$　从环境吸取热量使热力学能增加

$\Delta H>0$　根据焓的定义式判断

(2) $H_2(g) + Cl_2(g) = 2HCl(g)$ 在绝热钢瓶中进行

$W=0$　刚性容器体积不变，无非体积功

$Q=0$　绝热过程

$\Delta U=0$　根据热力学第一定律判断

$\Delta H>0$　该反应为放热反应，钢瓶内温度升高，压力增加，根据 $dH = dU + pdV + Vdp$ 判断焓变大于零

(3) $H_2(g) + Cl_2(g) = 2HCl(g)$ 在非绝热钢瓶中进行

$W=0$　刚性容器体积不变，无非体积功

$Q<0$　反应放热而钢瓶非绝热

$\Delta U<0$　根据热力学第一定律判断

$\Delta H<0$　该反应虽为放热反应，但钢瓶非绝热，压力不变，根据 $dH = dU + pdV + Vdp$ 判断焓变小于零

(4) 理想气体的焦耳-汤姆逊节流实验

$\Delta H=0$　节流过程为等焓过程

$\Delta U=0$　理想气体节流膨胀温度不变，而理想气体的内能只是温度的函数，

因此内能不变

$Q=0$　　节流过程在绝热管中进行，与环境无热交换

$W=0$　　根据热力学第一定律判断

(5) 273.15K、$p^{\ominus}$ 下水结成冰

$W<0$　　$W=-p\Delta V$，水结冰是体积增大的过程

$Q<0$　　结冰为放热过程

$\Delta U<0$　根据热力学第一定律判断

$\Delta H<0$　$\Delta H=Q_p$，因此焓变小于零

(6) 氢气和氧气在绝热钢瓶中爆鸣生成水，电火花能量不计

$W=0$　　刚性容器体积不变，无非体积功

$Q=0$　　绝热过程

$\Delta U=0$　根据热力学第一定律判断

$\Delta H<0$　该反应为生成液态水，容器内压力下降，根据 $\mathrm{d}H=\mathrm{d}U+p\mathrm{d}V+V\mathrm{d}p$ 判断焓变小于零

1.3.4 计算及证明题

1. 容积为 $27\mathrm{m}^3$的绝热容器中有一小加热器件，器壁上有一小孔与 100kPa 的大气相通，以维持容器内空气的压力恒定，今利用加热器件使容器内的空气由 0℃加热至 20℃，问需要供给容器内的空气多少热量。已知空气的 $C_{V,\mathrm{m}}=20.4\ \mathrm{J\cdot K^{-1}\cdot mol^{-1}}$。假设空气为理想气体，加热过程中容器的温度均匀。

解： 容器内的空气的压力恒定，但物质的量随温度而改变。

$$\delta Q=nC_{p,\mathrm{m}}\mathrm{d}T=\frac{pV}{RT}C_{p,\mathrm{m}}\mathrm{d}T$$

$$Q=\int_{T_1}^{T_2}\frac{pV}{RT}C_{p,\mathrm{m}}dT=\frac{pV}{R}C_{p,\mathrm{m}}\ln\frac{T_2}{T_1}$$

$$=\left[\frac{100\times10^3\times27}{8.314}\times(20.4+8.314)\times\ln\frac{293.15}{273.15}\right]\mathrm{kJ}=659\mathrm{kJ}$$

2. 1mol 单原子理想气体，始态为 2×101.325kPa、$11.2\mathrm{dm}^3$，经 $pT=$ 常数 的可逆过程压缩到终态为 4×101.325kPa，求(1)终态的体积和温度；(2)过程的 ΔU 和 ΔH；(3)体系所做的功。

解：

$$\begin{bmatrix}n=1\mathrm{mol}\\p_1=2\mathrm{atm}\\V_1=11.2\mathrm{dm}^3\end{bmatrix}\xrightarrow{pT=\mathrm{Const.}}\begin{bmatrix}n=1\mathrm{mol}\\p_2=4\mathrm{atm}\\V_2\end{bmatrix}$$

$$(1)\ \left.\begin{array}{l} p_1T_1 = p_2T_2 \\ pV = nRT \end{array}\right\} \rightarrow p_1^2V_1 = p_2^2V_2 \rightarrow V_2 = \frac{p_1^2V_1}{p_2^2} = \frac{2^2 \times 11.2\ \mathrm{dm}^3}{4^2} = 2.8\ \mathrm{dm}^3$$

$$T_2 = \frac{p_2V_2}{nR} = \left[\frac{4 \times 2.8}{1 \times 0.082}\right]\mathrm{K} = 136.58\mathrm{K}$$

$$(2)\ \Delta U = nC_{V,\ \mathrm{m}}(T_2 - T_1) = \left[\frac{3}{2} \times 8.314 \times (136.58 - 273.15)\right]\mathrm{J} = -1.70\mathrm{kJ}$$

$$\Delta H = nC_{p,\ \mathrm{m}}(T_2 - T_1) = \left[\frac{5}{2} \times 8.314 \times (136.58 - 273.15)\right]\mathrm{J} = -2.84\mathrm{kJ}$$

$$(3)\ \left.\begin{array}{l} W = -\int p_{\mathrm{e}}\mathrm{d}V \\ \text{可逆过程} \end{array}\right\} = W = -\int p\mathrm{d}V = -\int \frac{a}{T}\mathrm{d}\left(\frac{nRT}{p}\right) = -\int \frac{a}{T}\mathrm{d}\left(\frac{nRT^2}{a}\right)$$

$$= -\int \frac{a}{T} \cdot \frac{2nRT}{a}\mathrm{d}T = -\int 2nR\mathrm{d}T$$

$$W = -2nR(T_2 - T_1) = -\left[2 \times 8.314 \times (136.58 - 273.15)\right]\mathrm{J} = 2.27\mathrm{J}$$

3. 容积为 $0.1\mathrm{m}^3$ 的恒容密闭容器中有一绝热隔板，其两侧分别为 0℃、4mol 的 Ar(g) 及 150℃、2mol 的 Cu(s)。现将隔板撤掉，整个系统达到热平衡，求末态温度 T 及过程的 ΔH。已知：$C_{p,\ \mathrm{m}}(\mathrm{Ar}) = 20.786\mathrm{J \cdot K^{-1} \cdot mol^{-1}}$，$C_{p,\ \mathrm{m}}(\mathrm{Cu}) = 24.435\mathrm{J \cdot K^{-1} \cdot mol^{-1}}$，且假设均不随温度而变。

解：图示如下

$$\left[\begin{array}{l|l} \mathrm{Ar(g)} & \mathrm{Cu(s)} \\ n_{\mathrm{Ar}} = 4\mathrm{mol} & n_{\mathrm{Cu}} = 2\mathrm{mol} \\ T_{\mathrm{Ar}} = 0℃ & T_{\mathrm{Cu}} = 150℃ \end{array}\right] \xrightarrow{Q_V = 0} \left[\begin{array}{ll} \mathrm{Ar(g)} & \mathrm{Cu(s)} \\ n_{\mathrm{Ar}} = 4\mathrm{mol} & n_{\mathrm{Cu}} = 2\mathrm{mol} \\ T_2 & \end{array}\right]$$

$$Q_V = \Delta U_{\mathrm{Ar}} + \Delta U_{\mathrm{Cu}} = n_{\mathrm{Ar}}C_{V,\ \mathrm{m}}(\mathrm{Ar})(T_2 - T_{\mathrm{Ar}}) + n_{\mathrm{Cu}}C_{V,\ \mathrm{m}}(\mathrm{Cu})(T_2 - T_{\mathrm{Cu}}) = 0$$

$$C_{V,\ \mathrm{m}}(\mathrm{Cu}) \approx C_{p,\ \mathrm{m}}(\mathrm{Cu}) \Rightarrow 4 \times (20.786 - 8.314)T_2 + 2 \times 24.435 \times (T_2 - 150) = 0$$

$$T_2 = 74.23℃$$

$$\Delta H = \Delta H_{\mathrm{Ar}} + \Delta H_{\mathrm{Cu}} = n_{\mathrm{Ar}}C_{p,\ \mathrm{m}}(\mathrm{Ar})\Delta T + n_{\mathrm{Cu}}C_{p,\ \mathrm{m}}(\mathrm{Cu})\Delta T$$
$$= 4 \times 20.786 \times 74.23 + 2 \times 24.435 \times (74.23 - 150)$$
$$= 2.47\mathrm{kJ}$$

4. 在一带活塞的绝热容器中有一绝热隔板，隔板的两侧分别为 2mol、0℃ 的单原子理想气体 A 及 5mol、100℃ 的双原子理想气体 B，两气体的压力均为 100kPa。活塞外的压力维持在 100kPa 不变。今将容器内的隔板撤去，使两种气体混合达到平衡态。求末态的温度 T 及过程的 W 及 ΔU。

解：过程图示如下

$$\begin{bmatrix} A(ig) \\ n_A = 2mol \\ T_A = 0℃ \\ p_1 = 100kPa \end{bmatrix} \begin{bmatrix} B(ig) \\ n_B = 5mol \\ T_B = 100℃ \\ p_1 = 100kPa \end{bmatrix} \xrightarrow{Q=0,\ p_e=100kPa} \begin{bmatrix} A + B(ig) \\ n_A = 2mol \quad n_B = 5mol \\ T \\ p_2 = 100kPa \end{bmatrix}$$

等压绝热过程

$$Q_V = \Delta H = \Delta H_A + \Delta H_B = n_A C_{p,m}(A)(T_2 - T_A) + n_B C_{p,m}(B)(T_2 - T_B) = 0$$

$$2 \times \frac{5}{2}R \times T_2 + 5 \times \frac{7}{2}R \times (T_2 - 100) = 0 \Rightarrow T_2 = 350.93K$$

$$W = -p_e\Delta V = -p_e(V_2 - V_1) = -p_e\left[\frac{nRT_2}{p_2} - \left(\frac{n_ART_A}{p_1} + \frac{n_BRT_B}{p_1}\right)\right]$$

$$= (n_ART_A + n_BRT_B) - nRT_2$$

$$= (2 \times 273.15 + 5 \times 373.15 - 7 \times 350.93) \times 8.314 = -369.64J$$

$$\Delta U = W = -369.64J$$

5. 在 101.325kPa 下，把一块极小冰粒投入 100g、−5℃的过冷水中，结果有一定数量的水凝结为冰，体系的温度则变为 0℃。过程可看作是绝热的。已知冰的熔化热为 333.5J · g^{-1}，在−5~0℃之间水的比热容为 4.230J · K^{-1} · g^{-1}。投入极小冰粒的质量可以忽略不计。

（1）确定体系的始终状态，并求过程的 ΔH；（2）求析出冰的量。

解：（1）

$$\begin{bmatrix} 始态 \\ m_1 = 100g,\ T_1 = -5℃ \\ p_1 = 1atm \end{bmatrix} \xrightarrow{Q=0,\ 等压} \begin{bmatrix} 终态 \\ m_1 = (100 - m_s)g,\ T_2 = 0℃ \\ m_s,\ p_2 = 1atm \end{bmatrix}$$

绝热且等压过程，所以 $\Delta H = Q_p = 0$

（2）设计过程如下：

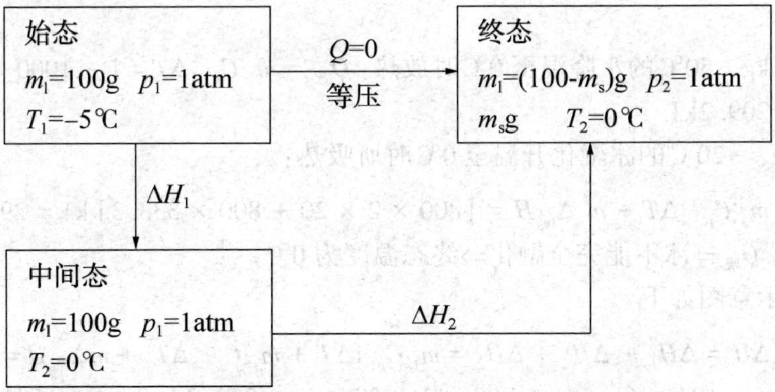

$\Delta H = \Delta H_1 + \Delta H_2 = mC_p\Delta T + m_s\Delta_{fus}H$

$= 100g \times 4.230J \cdot K^{-1} \cdot g^{-1} \times (-5)K - m_s \times 333.5J \cdot g^{-1} = 0$

$m_s = 6.34g$

6. 已知 100kPa 下冰的熔点为 0℃，此时冰的熔化焓为 $\Delta_{fus}H = 333.3J \cdot g^{-1}$。水的平均等压热容 $\overline{C_p} = 4.184J \cdot g^{-1} \cdot K^{-1}$。求在绝热容器内向 1kg50℃的水中投入 0.1kg0℃的冰后，系统终态的温度。计算时不考虑容器的热容。

解：示意图如下

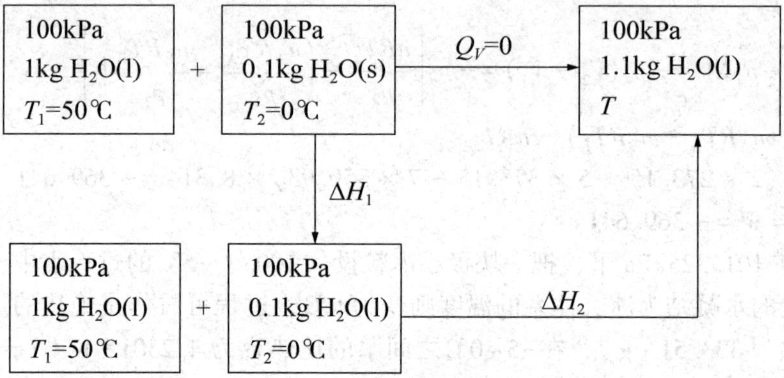

$Q_p = \Delta H = \Delta H_1 + \Delta H_2 = m_s\Delta_{fus}H + m_1\overline{C_p}(T - T_1) + m_s\overline{C_p}(T - T_2) = 0$

$100 \times 333.3 + 1000 \times 4.184 \times (T - 50) + 100 \times 4.184 \times T = 0 \Rightarrow T = 38.21℃$

7. 已知 100kPa 下冰的熔点为 0℃，此时冰的熔化焓为 $\Delta_{fus}H = 333.3J \cdot g^{-1}$。水和冰的平均等压热容 $\overline{C_p}$ 分别为 $4.184J \cdot K^{-1} \cdot g^{-1}$ 及 $2.000J \cdot K^{-1} \cdot g^{-1}$。今在绝热容器内向 1kg50℃的水中投入 0.8kg 温度−20℃的冰。求：（1）终态的温度；（2）终态水和冰的质量。

解：

（1）1kg、50℃的水降温至 0℃时放热：$Q_{放} = m_1\overline{C}_{p,1}\Delta T = [-1000 \times 4.184 \times 50]kJ = -209.2kJ$

0.8kg、−20℃的冰融化升温至 0℃时所吸热：

$Q_{吸} = m_s\overline{C}_{p,s}\Delta T + m_s\Delta_{fus}H = [800 \times 2 \times 20 + 800 \times 333.3]kJ = 298.64kJ$

$Q_{放} < Q_{吸}$⇒冰不能完全融化⇒终态温度为 0℃。

（2）示意图如下

$Q_p = \Delta H = \Delta H_1 + \Delta H_2 + \Delta H_2 = m_1\overline{C}_{p,1}\Delta T + m_s\overline{C}_{p,s}\Delta T' + m\Delta_{fus}H = 0$

$1000 \times 4.184 \times (-50) + 800 \times 2 \times 20 + m \times 333.3 = 0 \Rightarrow m = 531.65g$

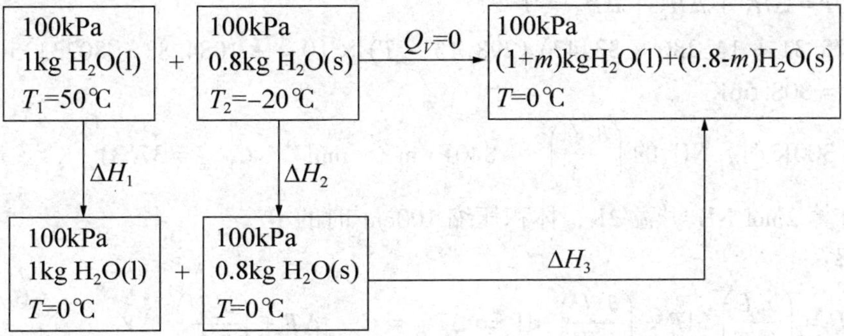

$m_s = [800 - 531.65]\text{ g} = 268.34\text{g}$　　　　$m_l = [1000 + 531.65]\text{ g} = 1531.65\text{g}$

8. 甲烷与过量50%的空气混合，为使恒压燃烧的最高温度能达到2000℃，求燃烧前混合气体应预热到多少摄氏度。空气组成按 $y(O_2,\ g) = 0.21$，$y(N_2,\ g) = 0.79$ 计算。各物质平均摩尔定压热容及298.5K、$p^{\ominus}$ 时标准摩尔生成焓及如下表所示：

	$CH_4(g)$	$O_2(g)$	$N_2(g)$	$CO_2(g)$	$H_2O(g)$
$\Delta_f H_m/(\text{kJ}\cdot\text{mol}^{-1})$	-74.81			-393.509	-241.818
$\overline{C}_{p,m}/(\text{J}\cdot\text{mol}^{-1}\cdot\text{K}^{-1})$	75.31	33.47	33.47	54.39	41.84

解：反应过程如下：

$T,\ p^{\ominus}$　$CH_4(g) + 3O_2(g) + 11.286N_2(g)$　$\xrightarrow[\Delta_r H_m]{Q_p = 0}$　$CO_2(g) + 2H_2O(g) + 11.286N_2(g) + O_2(g)$　2273.15K，$p^{\ominus}$

$\downarrow \Delta H_1$　　　　　　　　　　　　$\uparrow \Delta H_2$

298.15K，$p^{\ominus}$ $CH_4(g) + 3O_2(g) + 11.286N_2(g)$　$\xrightarrow{\Delta_r H_m(298)}$　$CO_2(g) + 2H_2O(g) + 11.286N_2(g) + O_2(g)$　298.15K，$p^{\ominus}$

$$\Delta H_1 = \sum_B n_B \overline{C}_{p,m}\Delta T = (75.31 + 14.286 \times 33.47)(298.15 - T)$$

$$\Delta H_2 = \sum_B n_B \overline{C}_{p,m}\Delta T$$
$$= [(54.39 + 2 \times 41.84 + 12.286 \times 33.47) \times (2273.15 - 298.15)]\ \text{kJ}\cdot\text{mol}^{-1} = 1084.83\text{kJ}\cdot\text{mol}^{-1}$$

$$\Delta_r H_m(298.15) = \sum_B \nu_B \Delta_f H_m(B) = [-2 \times 241.818 - 393.509 + 74.81]\ \text{kJ}\cdot\text{mol}^{-1} = -802.335\text{kJ}\cdot\text{mol}^{-1}$$

$\Delta H = \Delta H_1 + \Delta H_2 + \Delta H_3 = 0$

$(75.31 + 14.286 \times 33.47)(298.15 - T) \times 10^{-3} + 1084.83 - 802.335 = 0 \Rightarrow$

$T = 808.56\text{K}$

9. 300K 时，NH_3的 $\left(\frac{\partial U}{\partial V}\right)_T = 840\text{J} \cdot \text{m}^{-3} \cdot \text{mol}^{-1}$，$C_{V,\text{m}} = 37.3\text{J} \cdot \text{K}^{-1} \cdot \text{mol}^{-1}$，近似计算 2mol NH_3升温 2K，体积压缩 100cm^3时的ΔU。

解：

$$\text{d}U = \left(\frac{\partial U}{\partial T}\right)_V \text{d}T + \left(\frac{\partial U}{\partial V}\right)_T \text{d}V \Rightarrow \Delta U_\text{m} = C_{V,\text{m}}\Delta T + \left(\frac{\partial U}{\partial V}\right)_T \Delta V$$

$$\Delta U_\text{m} = 37.3\text{J} \cdot \text{K}^{-1} \cdot \text{mol}^{-1} \times 2\text{K} + 840\text{J} \cdot \text{m}^3 \cdot \text{mol}^{-1} \times 100 \times 10^{-6}\text{m}^3 = 74.684\text{J} \cdot \text{mol}^{-1}$$

$$\Delta U = 2 \times \Delta U_\text{m} = 149.4\text{J}$$

10. 某实际气体服从状态方程 $p(V_\text{m} - b) = RT$，其中 b 是大于零的常数。

(1) 证明该气体的热力学能只是温度的函数。

(2) 推出该气体的绝热可逆过程方程：$\frac{T_2}{T_1} = \left(\frac{V_2 - b}{V_1 - b}\right)^{\frac{R}{C_{V,\text{m}}}}$

证：(1)

$$\left.\begin{aligned} & p(V_\text{m} - b) = RT \\ & \text{d}U = T\text{d}S - p\text{d}V \Rightarrow \left(\frac{\partial U}{\partial V}\right)_T = T\left(\frac{\partial S}{\partial V}\right)_T - p \Rightarrow \left(\frac{\partial U}{\partial V}\right)_T = T\left(\frac{\partial p}{\partial T}\right)_V - p \end{aligned}\right\} \Rightarrow$$

$$\left(\frac{\partial U}{\partial V}\right)_T = \frac{TR}{V_\text{m} - b} - p = 0$$

(2)

$$\left.\begin{aligned} & p(V_\text{m} - b) = RT \\ & Q = 0 \Rightarrow \text{d}U = W \Rightarrow C_{V,\text{m}}\text{d}T = -p\text{d}V \end{aligned}\right\} \Rightarrow C_{V,\text{m}}\text{d}T = -\frac{RT}{V_\text{m} - b}\text{d}V \Rightarrow$$

$$\frac{\text{d}T}{T} = -\frac{R}{C_{V,\text{m}}}\frac{\text{d}(V_\text{m} - b)}{V_\text{m} - b} \Rightarrow \int_{T_1}^{T_2}\frac{\text{d}T}{T} = -\frac{R}{C_{V,\text{m}}}\int_{V_1}^{V_2}\frac{\text{d}(V_\text{m} - b)}{V_\text{m} - b} \Rightarrow$$

$$\ln\frac{T_2}{T_1} = \frac{R}{C_{V,\text{m}}}\ln\frac{V_1 - b}{V_2 - b} \Rightarrow \frac{T_2}{T_1} = \left(\frac{V_1 - b}{V_2 - b}\right)^{\frac{R}{C_{V,\text{m}}}}$$

§2 热力学第二定律

2.1 重要知识点

$$\text{变化的方向及限度：}\begin{bmatrix}\text{状态 1}\\ T_1,\ p_1,\ V_1,\ U_1,\ H_1\cdots\end{bmatrix}\underset{\longleftarrow}{\overset{\longrightarrow}{\text{或}}}\begin{bmatrix}\text{状态 2}\\ T_2,\ p_2,\ V_2,\ U_2,\ H_2\cdots\end{bmatrix}$$

2.1.1 自发过程的方向和限度

引入可逆过程的概念之后，可以把自然界的过程分为可逆过程和不可逆过程两类，其中不可逆过程代表一切可能发生的过程。

自然界的过程虽千差万别，但都有各自固定的方向。在一定环境条件下，人们把不需环境做非体积功(即不耗电、光等)就能在系统中自动发生的过程称为自发过程，如自由膨胀过程、酸碱中和反应。只有通过耗电、耗光等形式的非体积功才能发生的过程称为非自发过程，如电解水的过程。自发过程的共同特点是其热力学上的不可逆性，其本质可归结为功变热过程的不可逆性，即“热能否全部转化为功而不引起任何其他变化”这样基本一个问题。

$$\text{自然界的过程}\begin{cases}\text{不可逆过程}\begin{cases}\text{自发过程(代表方向)}\\ \text{非自发过程}\end{cases}\\ \text{可逆过程(代表限度)}\end{cases}$$

2.1.2 卡诺循环及卡诺定理

卡诺循环：在两个热源之间，理想气体经过恒温可逆膨胀、绝热可逆膨胀、恒温可逆压缩和绝热可逆压缩四个可逆过程回到始态。整个过程中从高温(T_h)热源吸收热量(Q_h)，一部分通过理想热机用来对外做功 W，另一部分的热量(Q_c)放给低温(T_c)热源。这种循环称为卡诺循环。

卡诺定理及推论：所有工作于同温热源(T_h)和同温冷源(T_c)之间的热机，其效率(η_{IR})都不能超过可逆机效率(η_R)，即可逆机的效率最大，$\eta_{IR} \leq \eta_R$。所有工作于同温热源与同温冷源之间的可逆机，其热机效率都相等，即与热机的工作物质无关。

2.1.3　热机效率及冷冻系数

$$\eta \leqslant 1 - \frac{T_c}{T_h} \begin{pmatrix} =:\text{可逆热机} \\ <:\text{不可逆热机} \end{pmatrix}$$

可逆热机的效率最高，且与工作介质以及是否有相变化或化学反应无关，仅取决于高温热源与低温热源的温度

$$\beta = \frac{Q_c'}{W} = \frac{T_c}{T_h - T_c}(W\text{ 为环境对体系做的功})$$

卡诺热机的冷冻系数β最大，可用来衡量非卡诺热机的制冷(制热)效率。

2.1.4　熵的定义及类型

熵的定义：$\mathrm{d}S = \dfrac{\delta Q_R}{T}$ 或 $\Delta S = \int_1^2 \dfrac{\delta Q_R}{T}$ $S = k\ln\Omega$

根据熵产生的原因和计算方法的不同，熵主要分数量热熵、统计熵、残余熵、构型熵、规定熵及标准摩尔熵。

量热熵：历史上克劳修斯根据卡诺循环显示的特点定义了熵，它的变化值用可逆过程的热温熵表示，称为量热熵，即 $\Delta S = \dfrac{Q_R}{T}$。

统计熵：又称为光谱熵。用统计力学原理计算出来的熵称为统计熵。因计算时要用到分子光谱数据，故又称为光谱熵。

残余熵：统计熵与量热熵之间的差值称为残余熵。有许多物质的残余熵很小，有的物质由于电子、核及构型对熵的贡献，量热熵测不到，故残余熵较大。

构型熵：分为取向构型熵和混合构型熵。不对称分子在0K时，由于取向不同产生的微态数的贡献称为取向构型熵。混合构型熵是由于非全同粒子的可辨性引起的微态数增加。

规定熵：规定完整晶体0K时的微态数为零，用积分式计算温度T时的熵值。若有状态变化，则进行分段积分，这样得到的熵称为规定熵，即 $S = \int_0^T \dfrac{C_p}{T}\mathrm{d}T$。

标准摩尔熵 $S_m^\ominus(T)$ ：在标准压力下，实验温度T时求得1mol物质的熵值称为标准摩尔熵。只有298.15K时的数值有表可查。

2.1.5　熵增原理

Clausius 不等式：$\Delta S_{A\to B} - \left(\sum_i \dfrac{\delta Q_i}{T}\right)_{A\to B} \geqslant 0$

熵增原理：对于绝热体系

$$dS \geqslant 0 \begin{bmatrix} >：不可逆 \\ =：可逆 \end{bmatrix}$$

此式表明，绝热不可逆过程使熵增加，绝热可逆过程熵值不变。即绝热体系的熵永不减少，或者说发生在绝热体系中的一切实际过程都会使熵值增加，这就是熵增原理。

2.1.6 熵判据

对于孤立体系 $dS_{孤立} = dS_{体系} + dS_{环境}$，$dS_{环境} = -\dfrac{Q_{体系，实际}}{T_{环}}$

$$dS_{孤立} \geqslant 0 \begin{bmatrix} >：自发 \\ =：平衡态 \end{bmatrix}$$

此式表明，孤立体系中所发生的一切实际变化都是朝着熵加的方向，即孤立体系总是自发地使熵值增加，直至达到熵值最大的平衡态。该式用于判断孤立体系中过程的方向和限度，称为熵判据。

2.1.7 亥姆霍兹函数(*A*)及吉布斯函数(*G*)

亥姆霍兹函数的定义式为：$A \xlongequal{\text{def}} U - TS$。在等温条件下，$-\Delta A$ 代表体系的做功能力(可逆功)，即 $-\Delta A \geqslant -W_R$。

吉布斯函数的定义式为：$G \xlongequal{\text{def}} H - TS$。在等温等压过程中，$-\Delta G \geqslant -W'_R$，它表明系统所做的非体积功不可能大于其本身吉布斯函数的减少，即 $-\Delta G$ 相当于该过程做非体积功的最大本领。

2.1.8 亥姆霍兹判据及吉布斯判据

亥姆霍兹判据：等温、等容、不做非体积功时，下式表明系统的自发过程总是朝着亥姆霍兹函数减少的方向进行，直至到达该条件下 A 值最小的平衡状态为止。

$$\Delta A_{T,\ V,\ W'=0} \leqslant 0 \begin{bmatrix} <：自发过程 \\ =：平衡态 \\ >：不能自发进行的过程 \end{bmatrix}$$

吉布斯判据：等温、等压、不做非体积功时，下式表明系统的自发过程总是朝着吉布斯函数减少的方向进行，直至到达该条件下 G 值最小的平衡状态为止。

$$\Delta G_{T,\ p,\ W'=0} \leqslant 0 \begin{bmatrix} <:\ \text{自发过程} \\ =:\ \text{平衡态} \\ >:\ \text{不能自发进行的过程} \end{bmatrix}$$

2.1.9 理想气体的混合性质

不同的理想气体在等温等压下混合时没有热效应和体积效应，因而不引起能量和热容的变化，但该过程使熵增加和吉布斯函数减少，即 $\Delta_{\text{mix}}U=0$，$\Delta_{\text{mix}}H=0$，$\Delta_{\text{mix}}C_p=0$，$\Delta_{\text{mix}}C_V=0$，$\Delta_{\text{mix}}S=-R\sum_{\text{B}}n_{\text{B}}\ln x_{\text{B}}$，$\Delta_{\text{mix}}G=RT\sum_{\text{B}}n_{\text{B}}\ln x_{\text{B}}$。其中 x_{B} 代表物质的量为 n_{B} 的气体 B 在混合物中的摩尔分数。

2.1.10 证明题常用的两个数学公式

链关系：$\left(\dfrac{\partial z}{\partial x}\right)_y=\left(\dfrac{\partial z}{\partial t}\right)_y\left(\dfrac{\partial t}{\partial x}\right)_y$

循环关系：$\left(\dfrac{\partial z}{\partial x}\right)_y\left(\dfrac{\partial y}{\partial z}\right)_x\left(\dfrac{\partial x}{\partial y}\right)_z=-1$

2.2 基本结构

	内容	定义及注意事项
基本概念	Carnot 循环	效率与工作介质无关
	熵	$\mathrm{d}S=\dfrac{\delta Q_{\text{R}}}{T}$（$Q_{\text{R}}$ 为可逆过程热）
	Helmholtz 自由能	$A=U-TS$
	Gibbs 自由能	$G=H-TS$
基本定律	Carnot 定理	$\eta_{\text{IR}}\leqslant\eta_{\text{R}}\quad \eta_{\text{R}}=1-\dfrac{T_{\text{低}}}{T_{\text{高}}}$
	第二定律	$\mathrm{d}S-\sum_i\dfrac{\delta Q_i}{T}\geqslant 0$
	熵增原理	绝热体系及孤立体系熵只增不减
	第三定律	$\lim\limits_{T\to 0\text{K}}S_T=0$

基本方法与计算		公式
基本方法	Gibbs 公式	$\mathrm{d}U = T\mathrm{d}S - p\mathrm{d}V$　$\mathrm{d}H = T\mathrm{d}S + V\mathrm{d}p$ $\mathrm{d}A = -S\mathrm{d}T - p\mathrm{d}V$　$\mathrm{d}G = -S\mathrm{d}T + V\mathrm{d}p$　（组成不变，W=0，封闭体系）
	对应系数关系	$\left(\frac{\partial U}{\partial S}\right)_V = T$　$\left(\frac{\partial U}{\partial T}\right)_S = -p$ $\left(\frac{\partial H}{\partial S}\right)_p = T$　$\left(\frac{\partial H}{\partial p}\right)_S = V$ $\left(\frac{\partial A}{\partial T}\right)_V = -S$　$\left(\frac{\partial A}{\partial V}\right)_T = -p$ $\left(\frac{\partial G}{\partial T}\right)_p = -S$　$\left(\frac{\partial G}{\partial p}\right)_T = V$
	Maxwell 关系式	$\left(\frac{\partial T}{\partial V}\right)_S = -\left(\frac{\partial p}{\partial S}\right)_V$　$\left(\frac{\partial T}{\partial p}\right)_S = \left(\frac{\partial V}{\partial S}\right)_p$ $\left(\frac{\partial S}{\partial V}\right)_T = \left(\frac{\partial p}{\partial T}\right)_V$　$\left(\frac{\partial S}{\partial p}\right)_T = -\left(\frac{\partial V}{\partial T}\right)_p$
理想气体	等温过程(W'=0)	$\Delta S = nR\ln\frac{V_2}{V_1} = nR\ln\frac{p_1}{p_2}$　$\Delta G = \Delta H - T\Delta S$ ($\Delta G = \int_{p_1}^{p_2} V\mathrm{d}p$)
	等容过程(W'=0)	$\Delta S = C_V\ln\frac{T_2}{T_1}$　$\Delta G = \Delta H - (T_2S_2 - T_1S_1)$
	等压过程(W'=0)	$\Delta S = C_p\ln\frac{T_2}{T_1}$　$\Delta G = \Delta H - (T_2S_2 - T_1S_1)$
	混合过程(W'=0)	$\Delta_{\mathrm{mix}} S = -R\sum_i n_i\ln x_i$　$\Delta_{\mathrm{mix}} G = -RT\sum_i n_i\ln x_i$
相变过程	可逆过程	$\Delta S = \frac{\Delta H_{相变}}{T}$
	不可逆过程	设计过程
化变过程	298K 时	$\Delta_r S_m^{\ominus} = \sum_B \nu_B S_{m,B}^{\ominus}$　$\Delta_r G_m^{\ominus} = \sum_B \nu_B \Delta_f G_{m,B}^{\ominus}$
	任意温度	$\Delta_r S_m(T) = \Delta_r S_m^{\ominus}(\Phi) + \int_{\Phi}^{T}\frac{\Delta C_{p,m}}{T}\mathrm{d}T$ $\left(\frac{\partial}{\partial T}\left(\frac{\Delta_r G_m}{T}\right)\right)_p = -\frac{\Delta_r H_m}{T^2}$

2.3 例题精解

2.3.1 选择题

1. 在标准压力 100kPa 时，1mol 的氩气反抗 10kPa 的外压作不可逆绝热膨胀，则有：(　　)

(A) $\Delta S = 0$，$\Delta H = 0$，$\Delta U = 0$　　(B) $\Delta S = 0$，$\Delta H < 0$，$\Delta U < 0$

(C) $\Delta S > 0$，$\Delta H > 0$，$\Delta U > 0$　　(D) $\Delta S > 0$，$\Delta H < 0$，$\Delta U < 0$

解析：根据熵增原理，绝热不可逆过程熵只增不减，因此 $\Delta S > 0$。绝热膨胀内能降低以维持体系对外进行做功，因此 $\Delta H < 0$，$\Delta U < 0$。

答案：(D)

2. 某气体由始态 A 经绝热不可逆膨胀到终态 B，则 S_A(　　)S_B

(A) >　　(B) =　　(C) <　　(D) 不能确定

答案：(C)

3. 下列过程中系统的熵减少的是(　　)

(A) 在 900℃时，$CaCO_3(s) \rightarrow CaO(s) + CO_2(g)$

(B) 在 0℃时，常压下水结成冰

(C) 理想气体的恒温膨胀

(D) 水在正常沸点的气化

答案：(B)

4. 实际气体节流膨胀后，其熵变为(　　)

(A) $\Delta S = nR\ln\dfrac{V_2}{V_1}$　　(B) $\Delta S = -\displaystyle\int_{p_1}^{p_2}\frac{V}{T}\mathrm{d}p$

(C) $\Delta S = -\displaystyle\int_{T_1}^{T_2}\frac{C_p}{T}\mathrm{d}T$　　(D) $\Delta S = -\displaystyle\int_{T_1}^{T_2}\frac{C_V}{T}\mathrm{d}T$

解析：$\mathrm{d}H = T\mathrm{d}S + V\mathrm{d}p \xrightarrow{\text{节流膨胀 } \mathrm{d}H = 0} T\mathrm{d}S + V\mathrm{d}p = 0 \Rightarrow \Delta S = -\displaystyle\int_{p_1}^{p_2}\frac{V}{T}\mathrm{d}p$

答案：(B)

5. 非理想气体进行节流膨胀，若 μ 为焦耳–汤姆逊系数、ΔS 为过程的熵变，下列答案中哪一个是正确的？(　　)

(A) $\mu>0$，$\Delta S<0$　　(B) $\mu<0$，$\Delta S>0$

(C) μ 不一定，$\Delta S>0$　　(D) μ 不一定，$\Delta S<0$

解析：$\mu = \left(\dfrac{\partial T}{\partial p}\right)_H$，随压力的降低温度变化不定，因此 μ 的正负不确定。节

流膨胀为绝热不可逆过程，根据熵增原理熵变大于零。

答案：（C）

6. 理想气体与温度为 T 的大热源接触作等温膨胀，吸热 Q，所做的功是变到相同终态的最大功的 20%，则系统的熵变为(　　)

（A）Q/T　　（B）0　　（C）$5Q/T$　　（D）$2Q/T$

解析：

$$\left.\begin{aligned}&\Delta S=\frac{Q_R}{T}\xrightarrow{\text{理气等温过程 } Q_R=-W_R}\Delta S=-\frac{W_R}{T}\\&Q=-W=-20\%W_R\Rightarrow -W_R=5Q\end{aligned}\right\}\Rightarrow\Delta S=5Q/T$$

答案：（C）

7. 温度 $T_1=400\text{K}$ 的巨大物体，从温度 $T_2=500\text{K}$ 的另一巨大物体吸热 1000J，若以两物体为系统，则系统的熵变(单位 $\text{J}\cdot\text{K}^{-1}$)的值为多少，该过程是否为自发过程(　　)

（A）0.5，否　　（B）−0.5，否

（C）0.5，是　　（D）−0.5，是

解析：$\Delta S=\Delta S_1+\Delta S_2=\dfrac{Q}{T_1}-\dfrac{Q}{T_2}=\dfrac{1000}{400}-\dfrac{1000}{500}=0.5\text{J}\cdot\text{K}^{-1}$

答案：（C）

8. 系统经历一个不可逆循环后(　　)

（A）系统的熵增加

（B）系统吸热大于对外做的功

（C）环境的熵一定增加

（D）环境的内能减少

解析：对于一个循环过程，$\Delta S_{体}=0$，但因不可逆循环，则 $\Delta S_{隔}>0$，因此 $\Delta S_{环}>0$。

答案：（C）

9. 1mol 理想气体①经等温自由膨胀使体积增加 1 倍；②经等温可逆膨胀使体积增加 1 倍；③经绝热自由膨胀使体积增加 1 倍；④经绝热可逆膨胀使体积增加 1 倍。在下列绪论中何者正确？(　　)

（A）$\Delta S_1=\Delta S_2=\Delta S_3=\Delta S_4$　　（B）$\Delta S_1=\Delta S_2$，$\Delta S_3=\Delta S_4=0$

（C）$\Delta S_1=\Delta S_4$，$\Delta S_3=\Delta S_3$　　（D）$\Delta S_1=\Delta S_2=\Delta S_3$，$\Delta S_4=0$

解析：比较不同过程的同一热力学函数值的大小，一直是测试的重点。这类题的解题方法即是需要确定不同途径的始终态，再根据熵的特点与计算公式进行分析判断。

不同途径的始终态及 ΔS

途径	始态	终态	ΔS
①	T_1, V_1	$T_2=T_1$, $V_2=2V_1$	$\Delta S_1 = R\ln(V_2/V_1) = R\ln2$
②	T_1, V_1	$T_2=T_1$, $V_2=2V_1$	$\Delta S_2 = R\ln(V_2/V_1) = R\ln2$
③	T_1, V_1	$^*T_2=T_1$, $V_2=2V_1$	$\Delta S_3 = R\ln(V_2/V_1) = R\ln2$
④	T_1, V_1	T_2, $V_2=2V_1$	$\Delta S_4 = 0$

注：$\Delta U = W = nC_{V,\mathrm{m}}\Delta T = 0 \Rightarrow T_2 = T_1$

答案：(D)

10. 将 0℃ 10g 冰块放入盛有 90℃ 20g 水的绝热瓶中，若以冰、水及绝热瓶为体系，则此过程(　　)

(A) $\Delta S=0$, $\Delta H=0$, $\Delta G=0$　　(B) $\Delta S>0$, $\Delta H=0$, $\Delta G<0$

(C) $\Delta S>0$, $\Delta H<0$, $\Delta G<0$　　(D) $\Delta S=0$, $\Delta H>0$, $\Delta G<0$

解析：冰→水时，$\Delta S>0$，绝热 $\Delta H=0$，$\Delta G=\Delta H-T\Delta S<0$

答案：(B)

11. 在 $p^\ominus$ 下，100g、283K 的 $H_2O(l)$ 与 200g、313K 的 $H_2O(l)$ 混合，平衡温度为 303K，已知 $H_2O(l)$ 的 $C_{p,\mathrm{m}}=75.30\mathrm{J\cdot K^{-1}\cdot mol^{-1}}$，则混合后体系的总熵变为(　　)

(A) 0　　(B) $0.60\mathrm{J\cdot K^{-1}}$　　(C) $1.40\mathrm{J\cdot K^{-1}}$　　(D) $25.0\mathrm{J\cdot K^{-1}}$

解析：$\Delta S=nC_{p,\mathrm{m}}\ln(T_2/T_1)$，$\Delta S=\Delta S_1+\Delta S_2$

答案：(C)

12. 1mol 理想气体经一等温可逆压缩过程，则：(　　)

(A) $\Delta G>\Delta A$　　(B) $\Delta G<\Delta A$　　(C) $\Delta G=\Delta A$　　(D) 无法比较

解析：理想气体等温过程中 $\Delta G=\Delta A=nRT\ln\dfrac{p_2}{p_1}$

答案：(C)

13. 373.15K 和 $p^\ominus$ 下，1mol 水向真空气化膨胀为 373.15K 和 $p^\ominus$ 的水蒸气，则该变化的ΔG 为：(　　)

(A) 40.7kJ　　(B) 52.5kJ　　(C) 37.6kJ　　(D) 0

解析：该过程为不可逆相变过程，可以设计由两步完成：①373.15K，$p^\ominus$，$H_2O(l)$→373.15K，$p^\ominus$，$H_2O(g)$　$\Delta G_1=0$；②373.15K，$p^\ominus$，$H_2O(g)$真空膨胀为 373.15K，$p^\ominus$，$H_2O(g)$ $\Delta G_2=0$。由此可见，$\Delta G=\Delta G_1+\Delta G_2=0$

答案：(D)

14. 101.325kPa 下，−5℃的水变为−5℃的冰，ΔS (　　)

(A) $=\dfrac{\Delta H}{T}$　　(B) $>\dfrac{\Delta H}{T}$　　(C) $<\dfrac{\Delta H}{T}$　　(D) 与 ΔH 关系不定

解析：$\Delta G=\Delta H-T\Delta S<0\Rightarrow \Delta S>\dfrac{\Delta H}{T}$

答案：(B)

15. 对于只做膨胀功的封闭系统的 $\left(\dfrac{\partial A}{\partial T}\right)_V$ 值是(　　)

(A) 大于零　　(B) 小于零　　(C) 等于零　　(D) 不能确定

答案：(B)

16. 对于一个只做膨胀功的简单封闭体系，等压时，下列哪一个图是正确的？(　　)

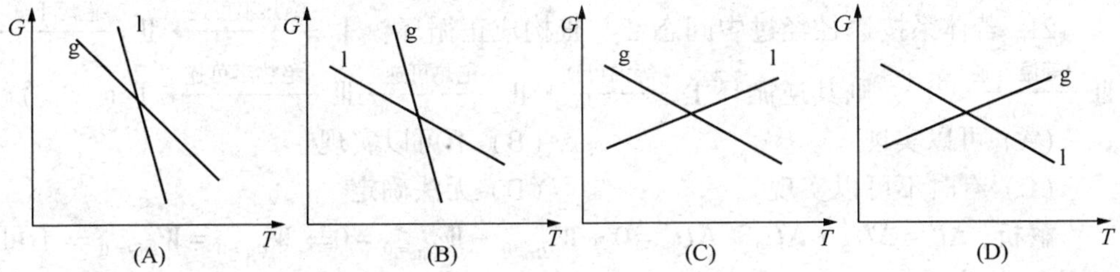

解析：$\left(\dfrac{\partial G}{\partial T}\right)_p=-S<0$　$S_g>S_l$

答案：(B)

17. 对于 $\Delta_r S_m>0$ 和 $\Delta_r V_m>0$ 的化学反应，若使反应的 $\Delta_r G_m$ 减小，可采用的方法是(　　)

(A) 升温升压　　(B) 升温降压

(C) 降温升压　　(D) 降温降压

解析：根据 Gibbs 公式 $dG=-SdT+Vdp$ 进行判断。

答案：(B)

18. 对于双原子分子的理想气体，$\left(\dfrac{\partial T}{\partial V}\right)_S$ 应等于(　　)

(A) $\dfrac{5T}{3V}$　　(B) $-\dfrac{2T}{5V}$　　(C) $\dfrac{5V}{3T}$　　(D) $-\dfrac{7T}{5V}$

解析：$\left(\dfrac{\partial T}{\partial V}\right)_S=-\dfrac{T}{C_V}\left(\dfrac{\partial p}{\partial T}\right)_V$

答案：(B)

19. 某气体服从状态方程式 $pV_m=RT+bp$（b 为大于零的常数），若该气体经

等温可逆膨胀，其热力学能变化(ΔU)为(　　)

(A) $\Delta U > 0$　　(B) $\Delta U < 0$　　(C) $\Delta U = 0$　　(D) 不确定

解析：$\left(\frac{\partial U}{\partial V}\right)_T = T\left(\frac{\partial S}{\partial V}\right)_T - p = T\left(\frac{\partial p}{\partial T}\right)_V - p = \frac{RT}{(V_m - b)} - p = 0$

答案：(C)

20. 某系统恒压过程 A →B 的焓变 ΔH 与温度 T 无关，则该过程的(　　)

(A) ΔU 与温度无关　　(B) ΔS 与温度无关

(C) ΔA 与温度无关　　(D) ΔG 与温度无关

解析：$\left(\frac{\partial H}{\partial T}\right)_p = T\left(\frac{\partial S}{\partial T}\right)_p$

答案：(B)

21. 若体系按途径经过中间态Ⅱ、Ⅲ构成正循环：Ⅰ $\xrightarrow{\text{绝热不可逆}}$ Ⅱ $\xrightarrow{\text{绝热可逆}}$ Ⅲ $\xrightarrow{\text{等温可逆}}$ Ⅰ，则其逆循环Ⅰ $\xrightarrow{\text{等温可逆}}$ Ⅱ $\xrightarrow{\text{绝热可逆}}$ Ⅲ $\xrightarrow{\text{绝热不可逆}}$ Ⅰ(　　)

(A) 可以实现　　(B) 不可以实现

(C) 有时不可以实现　　(D) 无法确定

解析：$\Delta U = \Delta U_1 + \Delta U_2 + \Delta U_3 = 0 + W_{Q_R=0} + W_{Q_{IR}=0} = 0 \Rightarrow W_{Q_R=0} = W_{Q_{IR}=0} \Rightarrow$ 不可以实现

答案：(B)

2.3.2　填空题

1. 热力学第三定律表述为______，其用途为______。

答案：在 0K 时，任何完整晶体的熵等于零；利用量热数据，就可计算出任意物质在各种状态的熵值。

2. 对于 1mol 范德华气体，其 $\left(\frac{\partial U}{\partial V}\right)_T =$______，$\left(\frac{\partial S}{\partial V}\right)_T =$______。对于 1mol 理想气体 $\left(\frac{\partial S}{\partial V}\right)_T =$______，$\left(\frac{\partial S}{\partial p}\right)_T =$______。

解析：范德华气体 $\left(p + \frac{a}{V_m^2}\right)(V_m - b) = RT$

$$dU = TdS - pdV \xrightarrow{\text{同除 }dV} \left(\frac{\partial U}{\partial V}\right)_T = T\left(\frac{\partial S}{\partial V}\right)_T - p \xrightarrow{\text{Maxwell}} \left(\frac{\partial U}{\partial V}\right)_T = T\left(\frac{\partial p}{\partial T}\right)_V - p$$

$$\left(\frac{\partial S}{\partial V}\right)_T = \left(\frac{\partial p}{\partial T}\right)_V = \frac{R}{V - b}$$

$$\left.\begin{array}{l}\left(\dfrac{\partial U}{\partial V}\right)_T = T\left(\dfrac{\partial p}{\partial T}\right)_V - p \\ p = \dfrac{RT}{V-b} - \dfrac{a}{V^2} \Rightarrow \left(\dfrac{\partial p}{\partial T}\right)_V = \dfrac{R}{V-b}\end{array}\right\} \Rightarrow \left(\dfrac{\partial U}{\partial V}\right)_T = \dfrac{a}{V^2}$$

对于理想气体：$\left(\dfrac{\partial S}{\partial p}\right)_T = -\left(\dfrac{\partial V}{\partial T}\right)_p = -\dfrac{R}{p}$　$\left(\dfrac{\partial S}{\partial V}\right)_T = \left(\dfrac{\partial p}{\partial T}\right)_V = \dfrac{R}{V}$

3. 物质的量为 n 的理想气体由始态 A($p_A V_A T_A$)经绝热可逆膨胀过程至终点 D($p_D V_D T_D$)，另经一绝热真空自由膨胀过程，终点为 B($p_B V_B T_B$)，若有 $V_B = V_D$，则两个过程终点的关系是：T_D ______ T_B，p_D ______ p_B，S_D ______ S_B。

解析： $W_R > W_{IR} \Rightarrow nC_{V,m}(T_D - T_A) > nC_{V,m}(T_B - T_A) \Rightarrow T_D < T_B$

理想气体 $pV = nRT$，因此可知 $p_D < p_B$

绝热可逆 $S_D = S_A$，绝热不可逆则 $S_B > S_A$，因此 $S_D < S_B$

答案： <，<，<

4. 298K 下压力为 101. 325kPa 的 0. 2mol $O_2(g)$与同样温度、压力的 0. 8mol $N_2(g)$混合，则混合过程的熵变 $\Delta S =$ ______。

解析： 该过程表示为

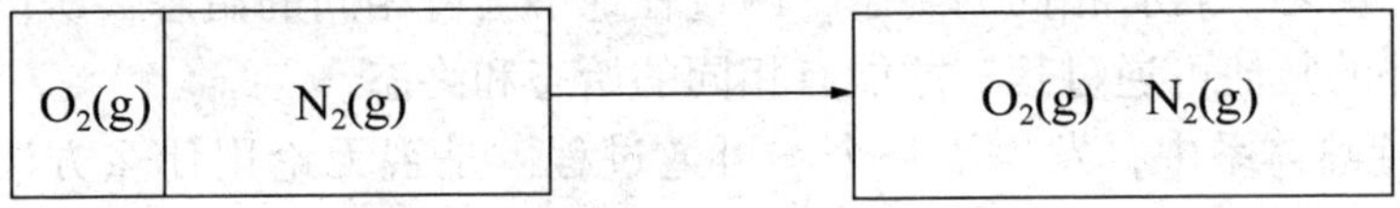

$$\Delta S = -R\sum_i n_i \ln x_i = [-R(0.2\ln 0.2 + 0.8\ln 0.8)]\ \mathrm{J\cdot K^{-1}} = 4.16\mathrm{J\cdot K^{-1}}$$

答案： $4.16\mathrm{J\cdot K^{-1}}$

5. 298K 下压力为 101. 325kPa 的 0. 2mol $O_2(g)$与同样温度、压力的 0. 8mol $O_2(g)$混合，则混合过程的熵变 $\Delta S =$ ______。

解析： 该过程表示为

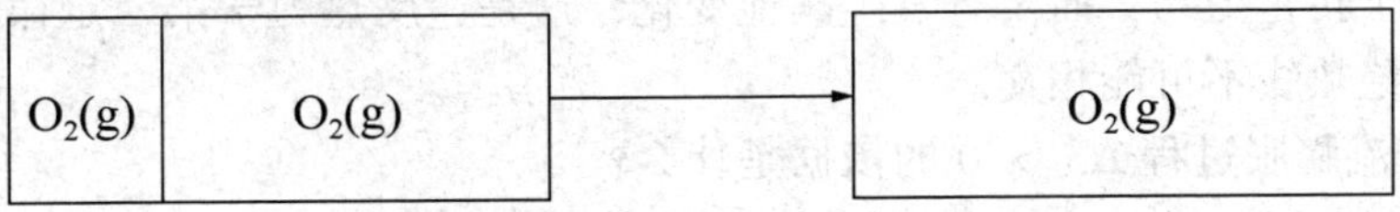

氧分子与氧分子在微观上是不可分辨的，微观状态数不变，则 $\Delta S = 0$

6. 某理想气体经一过程后，得知该过程 $Q = -W = T\Delta S = -\Delta A = -\Delta G$，试具体说明此过程为______。

答案： 该过程为理想气体等温可逆变化过程。

7. 一定量的实际气体(其状态方程已知)经历等温膨胀过程，压力从 p_1 变为 p_2，或要计算该过程的 ΔS，需要用到的 Maxwell 关系式是______。

解析：$\mathrm{d}S=\left(\frac{\partial S}{\mathrm{d}T}\right)_p\mathrm{d}T+\left(\frac{\partial S}{\mathrm{d}p}\right)_T\mathrm{d}p=\left(\frac{\partial S}{\mathrm{d}p}\right)_T\mathrm{d}p=-\left(\frac{\partial V}{\mathrm{d}T}\right)_p\mathrm{d}p$

答案：$\left(\frac{\partial S}{\mathrm{d}p}\right)_T=-\left(\frac{\partial V}{dT}\right)_p$

8. $\left(\frac{\partial S_{\mathrm{m}}}{\mathrm{d}T}\right)_V=$______。

答案：$\frac{C_{V,\mathrm{m}}}{T}$

2.3.3 简答题

1. 某体系从始态出发，经一个绝热不可逆过程到达终态。为了计算熵值，能否设计一个绝热可逆过程来计算？

答案：不可能。若从同一始态出发，绝热可逆过程的熵变 $\Delta S_R=S_{终}-S_{始}=0$，而绝热不可逆过程的熵变则为 $\Delta S_{\mathrm{IR}}=S'_{终}-S_{始}>0$，因此，两个过程绝不会有相同的终态。反之，若有相同的终态，两过程绝不会有相同的始态，所以只有设计除绝热以外的其他可逆过程，才能有相同的始态和终态。

2. 在绝热体系中，发生了一个不可逆过程，是否无论用什么方法，都无法回到原来状态了？

答案：是的。在绝热体系中发生的一个不可逆过程，熵只会增加。因此只能用非绝热过程才有可能使它回到初始状态。

3. $p-V$ 图上的两条绝热可逆线可能相交吗？为什么？

答案：若两条可逆绝热线相交，它们将与可逆恒温线形成循环，则总体过程的熵变 $\Delta S=0$。而三个过程的熵变 $\Delta S=\Delta S_{绝热可逆1}+\Delta S_{绝热可逆2}+\Delta S_{等温可逆}>0$，这与循环过程相违背。又因循环后 $\Delta U=0$，故 $W=-Q$。这表明系统从一个热源吸热，并完全转化为功，而没有发生其他变化，这是违反热力学第二定律的。因而两条可逆绝热线不可能相交。

4. 节流膨胀过程 $\Delta S>0$ 的依据是什么？

答案：节流膨胀过程是等焓过程，即 $\mathrm{d}H=T\mathrm{d}S+V\mathrm{d}p=0$，有 $\left(\frac{\partial S}{\partial p}\right)_H=-\frac{V}{T}<0$。由于经节流膨胀压力降低，所以熵增加。

5. 将理想气体卡诺循环的四个过程按 1-2 等温可逆膨胀(T_{h})、2-3 绝热可逆膨胀、3-4 等温可逆压缩(T_{c})及 4-1 绝热可逆压缩分别画在下列不同的坐标图上：① $p-V$ 图；② $T-p$ 图；③ $U-S$ 图；④ $S-V$ 图；⑤ $T-S$ 图；⑥ $T-H$ 图。

答案：

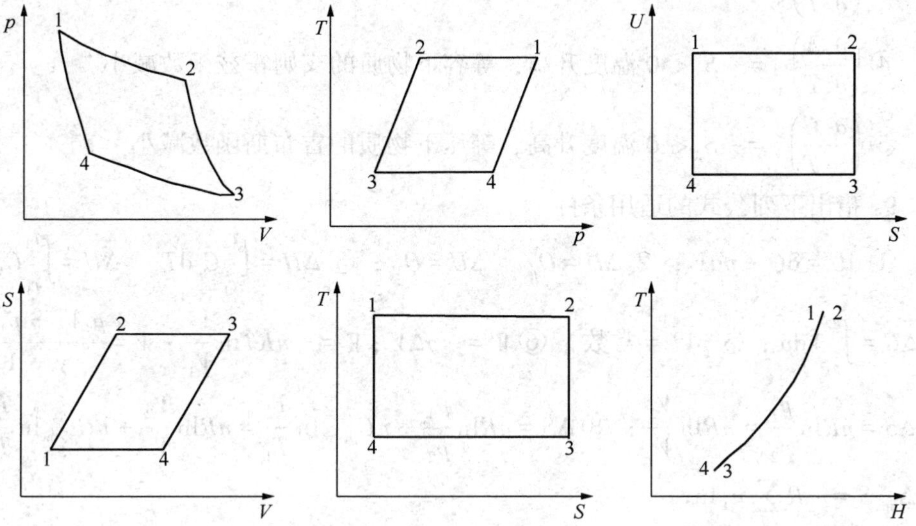

6. 绝热可逆膨胀与节流膨胀两种方法都可以获得低温，试分析两者的差别。

答案：对于绝热可逆膨胀过程，$\left(\dfrac{\partial T}{\partial p}\right)_S=-\dfrac{(\partial S/\partial p)_T}{(\partial S/\partial T)_p}=\dfrac{T(\partial V/\partial T)_p}{C_p}>0$，因此理想气体及实际气体经绝热可逆膨胀都会降温(除4℃左右的液态水)。

对于节流膨胀过程，$\left(\dfrac{\partial T}{\partial p}\right)_H=\dfrac{[T(\partial V/\partial T)_p-V]}{C_p}$，因此理想气体该式为0，无温度变化，而实际气体在节流膨胀中该式大于零则有降温现象，而在其他区域，可能还会有升温现象。

7. 在绝热箱中，1mol O_2(288K)和1mol N_2(280K)用板隔开，抽去隔板后的熵变值如何计算？

答案：将过程设计成传热过程及混合过程，则熵变 $\Delta S_{IR}=\Delta S$(混合熵) + ΔS(传热熵)

8. 温度升高对物质的下列各量有何影响(增大、减少或不变)？

① 等压下物质的焓；② 等容下物质的内能；③ 等压下物质的熵；

④ 等容下物质的亥姆霍兹函数；⑤ 等压下物质的吉布斯函数

答案：① $\left(\dfrac{\partial H}{\partial T}\right)_p=C_p>0$ 温度升高，等压下物质的焓增加

② $\left(\dfrac{\partial U}{\partial T}\right)_V=C_V>0$ 温度升高，等容下物质的内能增加

③ $\left(\frac{\partial S}{\partial T}\right)_p = \frac{C_p}{T} > 0$ 温度升高，等压下物质的熵增加

④ $\left(\frac{\partial A}{\partial T}\right)_V = -S < 0$ 温度升高，等容下物质的亥姆霍兹函数减小

⑤ $\left(\frac{\partial G}{\partial T}\right)_p = -S < 0$ 温度升高，等压下物质的吉布斯函数减小

9. 指出下列公式的适用条件

① $\mathrm{d}U = \delta Q - p\mathrm{d}V$；② $\Delta H = Q_p \quad \Delta U = Q_V$；③ $\Delta H = \int_{T_1}^{T_2} C_p \mathrm{d}T \quad \Delta U = \int_{T_1}^{T_2} C_V \mathrm{d}T$

④ $\Delta G = \int_{p_1}^{p_2} V\mathrm{d}p$；⑤ $pV^\gamma =$ 常数；⑥ $W = -p\Delta V$；$W = -nRT\ln\frac{V_2}{V_1}$；$W = \frac{p_1V_1 - p_1V_1}{\gamma - 1}$

⑦ $\Delta S = nR\ln\frac{p_1}{p_2} = nR\ln\frac{V_2}{V_1}$；⑧ $\Delta S = nR\ln\frac{p_1}{p_2} + nC_{p,\mathrm{m}}\ln\frac{T_2}{T_1} = nR\ln\frac{V_2}{V_1} + nC_{p,\mathrm{m}}\ln\frac{T_2}{T_1}$；

⑨ $\Delta_{\mathrm{mix}}S = -R\sum_B n_B \ln x_B$

答案：

① $\mathrm{d}U = \delta Q - p\mathrm{d}V$：封闭体系、$W' = 0$

② $\Delta H = Q_p$：封闭体系、$W' = 0$、等压过程

$\Delta U = Q_V$：封闭体系、$W' = 0$、等容过程

③ $\Delta H = \int_{T_1}^{T_2} C_p \mathrm{d}T$：封闭体系、$W' = 0$、无相变及化变的等压过程

$\Delta U = \int_{T_1}^{T_2} C_V \mathrm{d}T$：封闭体系、$W' = 0$、无相变及化变的等容过程

如理想气体两式适用于简单物理变化(pVT变化)的一切过程。

④ $\Delta G = \int_{p_1}^{p_2} V\mathrm{d}p$；封闭体系、$W' = 0$、无相变及化变的等温过程

⑤ $pV^\gamma =$ 常数：封闭体系、$W' = 0$、理想气体绝热可逆过程

⑥ $W = -p\Delta V$：封闭体系、$W' = 0$、等压过程

$W = -nRT\ln\frac{V_2}{V_1}$：封闭体系、$W' = 0$、理想气体的等温可逆过程

$W = \frac{p_1V_1 - p_1V_1}{\gamma - 1}$：封闭体系、$W' = 0$、理想气体绝热可逆过程

⑦ $\Delta S = nR\ln\frac{p_1}{p_2} = nR\ln\frac{V_2}{V_1}$：封闭体系、$W' = 0$、理想气体等温过程

⑧ $\Delta S = nR\ln\frac{p_1}{p_2} + nC_{p,\mathrm{m}}\ln\frac{T_2}{T_1} = nR\ln\frac{V_2}{V_1} + nC_{p,\mathrm{m}}\ln\frac{T_2}{T_1}$：封闭体系、$W' = 0$、理想

气体简单物理变化过程

⑨ $\Delta_{mix}S=-R\sum_{B}n_B\ln x_B$：封闭体系、$W'=0$、理想气体(液体)等温等压混合过程

2.3.4 计算题及证明题

1. 温度为400K，压力为$5p^{\ominus}$的10g He，在外压为$10p^{\ominus}$时进行等温压缩至平衡，计算此过程的ΔU、ΔH、ΔS、ΔA和ΔG。(设He为理想气体)

解：状态变化过程图如下

$$\begin{bmatrix}T_1=400\text{K}\\ p_1=5p^{\ominus}\\ V_1\end{bmatrix}\xrightarrow{\text{等温}(dT=0)\text{，}p_{外}=10p^{\ominus}}\begin{bmatrix}T_2=400\text{K}\\ p_2=10p^{\ominus}\\ V_2\end{bmatrix}$$

$$n=\frac{m}{M}=\left[\frac{10}{4}\right]\text{mol}=2.5\text{mol}$$

$$dT=0\Rightarrow\Delta U=\Delta H=0$$

$$W=-p_{外}(V_2-V_1)=-10p^{\ominus}\left(\frac{nRT}{10p^{\ominus}}-\frac{nRT}{5p^{\ominus}}\right)=[2.5\times8.314\times400]\text{J}=8.314\text{kJ}$$

$$Q=-W=-8.314\text{kJ}$$

$$\Delta S=\frac{Q_R}{T}=nR\ln\frac{p_1}{p_2}=\left[2.5\times8.314\times\ln\frac{1}{2}\right]\text{J}\cdot\text{K}^{-1}=-14.4\text{J}\cdot\text{K}^{-1}$$

$$\Delta A=\Delta G=W_R=nRT\ln\frac{p_2}{p_1}=[2.5\times8.314\times400\times\ln2]\text{kJ}=5.76\text{kJ}$$

2. 1mol双原子理想气体从始态273K、100kPa，分别经下列可逆变化到达各自的终态。试计算各过程的Q、W、ΔH、ΔS和ΔG。已知该气体在273K、100kPa的摩尔熵$S_m^{\ominus}=100\text{J}\cdot\text{K}^{-1}\cdot\text{mol}^{-1}$。

(1) 恒温可逆压力加倍；(2) 绝热可逆膨胀至压力减少一半。

解：(1)恒温可逆压力加倍变化过程示意图如下

$$\begin{bmatrix}1\text{mol, dig}\\ T_1=273\text{K}\\ p_1=100\text{kPa}\\ V_1\end{bmatrix}\xrightarrow{\text{等温可逆}(dT_R=0)}\begin{bmatrix}1\text{mol, dig}\\ T_2=273\text{K}\\ p_2=200\text{kPa}\\ V_2\end{bmatrix}$$

$$dT_R=0\ \text{ig}\Rightarrow\Delta U=0\quad\Delta H=0$$

$$W=nRT\ln\frac{p_2}{p_1}=[1\times8.314\times273\times\ln2]\text{J}=1.57\text{kJ}$$

$Q = -W = -1.53\text{kJ}$

$$\Delta S = nR\ln\frac{p_1}{p_2} = \left[1 \times 8.314 \times \ln\frac{1}{2}\right]\text{J} \cdot \text{K}^{-1} = -5.76\text{J} \cdot \text{K}^{-1}$$

$\mathrm{d}T_{\mathrm{R}} = 0 \Rightarrow \Delta G = W_{\mathrm{R}} = 1.57\text{kJ}$

(2) 绝热可逆膨胀至压力减少一半变化过程示意图如下

$$\begin{bmatrix} 1\text{mol, dig} \\ T_1 = 273\text{K} \\ p_1 = 100\text{kPa} \\ V_1 \end{bmatrix} \xrightarrow{\text{绝热可逆}(Q_R = 0)} \begin{bmatrix} 1\text{mol, dig} \\ T_2 \\ p_2 = 50\text{kPa} \\ V_2 \end{bmatrix}$$

$Q_{\mathrm{R}} = 0 \Rightarrow \Delta S = 0$

$Q_{\mathrm{R}} = 0 \Rightarrow p_1^{1-\gamma}T_1^{\gamma} = p_2^{1-\gamma}T_2^{\gamma} \Rightarrow 100^{1-1.4} \cdot 273^{1.4} = 50^{1-1.4} \cdot T_2^{1.4} \Rightarrow T_2 = 224\text{K}$

$\Delta H = nC_{p,\mathrm{m}}(T_2 - T_1) = [1 \times 3.5 \times 8.314 \times (224 - 273)]\text{J} = -1.42\text{kJ}$

$\Delta U = nC_{V,\mathrm{m}}(T_2 - T_1) = [1 \times 2.5 \times 8.314 \times (224 - 273)]\text{J} = -1.02\text{kJ}$

$Q_{\mathrm{R}} = 0 \Rightarrow W = \Delta U = -1.02\text{kJ}$

$\Delta G = \Delta H - S\Delta T = [-1.42 - 100 \times (224 - 273) \times 10^{-3}]\text{kJ} = 3.47\text{kJ}$

3. 2mol 单原子理想气体从始态 273K、101. 325kPa，经历绝热不可逆反抗恒外压 0. 5×101. 325kPa 膨胀至平衡，试计算该过程的 Q，W，ΔU，ΔH，ΔS，ΔA 和ΔG。已知该气体在 273K、101. 325kPa 的摩尔熵 $S_{\mathrm{m}}^{\ominus} = 100\text{J} \cdot \text{K}^{-1} \cdot \text{mol}^{-1}$ 。

解：体系变化过程如下图

$$\begin{bmatrix} 2\text{mol, mig} \\ T_1 = 273\text{K} \\ p_1 = 1\text{atm} \\ V_1 \end{bmatrix} \xrightarrow{\text{绝热不可逆}(Q = 0)\text{，}p_{\text{外}} = 0.5\text{atm}} \begin{bmatrix} 2\text{mol, mig} \\ T_2 \\ p_2 = 0.5\text{atm} \\ V_2 \end{bmatrix}$$

$Q = 0 \Rightarrow W = \Delta U \Rightarrow -p_{\text{外}}(V_2 - V_1) = nC_{V,\mathrm{m}}(T_2 - T_1) \Rightarrow$

$$-p_2\left(\frac{nRT_2}{p_2} - \frac{nRT_1}{p_1}\right) = nC_{V,\mathrm{m}}(T_2 - T_1) \Rightarrow T_2 = 218.4\text{K}$$

$$W = \Delta U = nC_{V,\mathrm{m}}(T_2 - T_1) = \left[2 \times \frac{3}{2} \times 8.314 \times (218.4 - 273)\right]\text{J} = -1.36\text{kJ}$$

$$\Delta H = nC_{p,\mathrm{m}}(T_2 - T_1) = \left[2 \times \frac{5}{2} \times 8.314 \times (218.4 - 273)\right]\text{J} = -2.27\text{kJ}$$

$$\Delta S = nR\ln\frac{p_1}{p_2} + nC_{p,\mathrm{m}}\ln\frac{T_2}{T_1} = nR\left(\ln\frac{p_1}{p_2} + \frac{5}{2}\ln\frac{T_2}{T_1}\right)$$

$$= \left[2 \times 8.314 \times \left(\ln\frac{100}{50} + \frac{5}{2}\ln\frac{218.4}{273}\right)\right]\text{J} \cdot \text{K}^{-1} = 2.25\text{J} \cdot \text{K}^{-1}$$

$\Delta S = S_2 - S_1 \Rightarrow S_2 = \Delta S + S_1 = [2.25 + 200]\ \mathrm{J \cdot K^{-1}} = 202.25\mathrm{J \cdot K^{-1}}$

$\Delta A = \Delta U - \Delta(TS) = \Delta U - (T_2S_2 - T_1S_1)$

$= [-1.36 - (218.4 \times 202.25 - 273 \times 200) \times 10^{-3}]\ \mathrm{kJ} = 9.07\mathrm{kJ}$

$\Delta G = \Delta H - \Delta(TS) = \Delta H - (T_2S_2 - T_1S_1)$

$= [-2.27 - (218.4 \times 202.25 - 273 \times 200) \times 10^{-3}]\ \mathrm{kJ} = 8.16\mathrm{kJ}$

4. 2mol 理想气体在 122K 等温的情况下，反抗恒定外压从 $20\mathrm{dm^3}$膨胀到终态。已知在该过程中，系统的熵变为 $38.28\mathrm{J \cdot K^{-1}}$。求该膨胀过程系统反抗的外压 p_e 和终态体积 V_2，并计算ΔU，ΔH，ΔA，ΔG 及环境熵变ΔS_{sur}和ΔS_{iso}。

解：体系变化过程如下

$$\begin{bmatrix} 2\mathrm{mol，ig} \\ T_1 = 122\mathrm{K} \\ p_1 \\ V_1 = 20\mathrm{dm^3} \end{bmatrix} \xrightarrow{\text{等温，} p_e = p_2} \begin{bmatrix} 2\mathrm{mol，ig} \\ T_2 = 122\mathrm{K} \\ p_2 \\ V_2 \end{bmatrix}$$

$\mathrm{d}T = 0 \Rightarrow \Delta U = 0 \quad \Delta H = 0$

$$\Delta S = nR\ln\frac{V_2}{V_1} \Rightarrow 38.28\mathrm{J \cdot K^{-1}} = 2\mathrm{mol} \times 8.314\mathrm{J \cdot K^{-1} \cdot mol^{-1}}\ln\frac{V_2}{20\ \mathrm{dm^3}} \Rightarrow$$

$$V_2 = 200\ \mathrm{dm^3}$$

$$p_e = p_2 = \frac{nRT}{V_2} = \left[\frac{2 \times 8.314 \times 122}{200}\right]\mathrm{kPa} = 10.14\mathrm{kPa}$$

$\Delta G = \Delta A = -T\Delta S = [-122 \times 38.28]\ \mathrm{kJ} = -4.67\mathrm{kJ}$

$Q_{sur} = p_e(V_2 - V_1) = [10.14 \times (200 - 20)]\ \mathrm{kJ} = 1.82\mathrm{kJ}$

$$\Delta S_{sur} = \frac{-Q_{sur}}{T} = \left[\frac{-1825}{122}\right]\mathrm{J \cdot K^{-1}} = -14.96\mathrm{J \cdot K^{-1}}$$

$\Delta S_{iso} = \Delta S_{sur} + \Delta S_{sys} = [-14.96 + 38.28]\ \mathrm{J \cdot K^{-1}} = 23.32\mathrm{J \cdot K^{-1}}$

5. 高温热源温度 $T_1 = 600\mathrm{K}$，低温热源 $T_2 = 300\mathrm{K}$。今有 120kJ 的热直接从高温热源传给低温热源，求此过程的 ΔS。

解：将热源看作无限大，则传热过程对热源来说是可逆过程

$$\Delta S = \Delta S_1 + \Delta S_2 = \frac{-Q}{T_1} + \frac{Q}{T_2} = Q\left(\frac{1}{T_2} - \frac{1}{T_1}\right)$$

$$= \left[120 \times 10^3 \times \left(\frac{1}{300} - \frac{1}{600}\right)\right]\mathrm{J \cdot K^{-1}} = 200\mathrm{J \cdot K^{-1}}$$

6. 设某气体的状态方程 $pV_m = RT + bp$，式中 $b = 2.67 \times 10^{-5}\mathrm{m^3 \cdot mol^{-1}}$。在 298K 和 1000kPa 时，1mol 该气体克服 100kPa 的外压做等温膨胀，直至系统压力为 100kPa。求此过程的 ΔU、ΔS、ΔH、ΔA 和 ΔG。

解：状态变化过程图如下

$$\begin{bmatrix} n = 1\text{mol} \\ T_1 = 298\text{K} \\ p_1 = 1000\text{kPa} \\ V_1 \end{bmatrix} \xrightarrow{\text{等温},\ p_{外} = 100\text{kPa}} \begin{bmatrix} n = 1\text{mol} \\ T_2 = 298\text{K} \\ p_2 = 100\text{kPa} \\ V_2 \end{bmatrix}$$

$$\left.\begin{aligned} &\left(\frac{\partial U}{\partial V}\right)_T = T\left(\frac{\partial S}{\partial V}\right)_T - p = T\left(\frac{\partial p}{\partial T}\right)_V - p \\ &pV_m = RT + bp \to \left(\frac{\partial p}{\partial T}\right)_V = \frac{RT}{V_m - b} - p = 0 \end{aligned}\right\} \Rightarrow \Delta U = 0$$

$$\Delta H = \Delta U + \Delta(pV) = p_2V_2 - p_1V_1 = RT + bp_2 - RT + bp_1 = b(p_2 - p_1) = -24.03\text{J}$$

$$\left.\begin{aligned} &\left(\frac{\partial S}{\partial p}\right)_T = -\left(\frac{\partial V}{\partial T}\right)_p \\ &pV_m = RT + bp \Rightarrow \left(\frac{\partial V}{\partial T}\right)_p = \frac{R}{p} \end{aligned}\right\} \Rightarrow \Delta S = -\int \frac{R}{p}\text{d}p = \int_{p_1}^{p_2} R\text{dln}p = R\ln\frac{p_1}{p_2}$$

$$= 19.14\text{J} \cdot \text{mol}^{-1} \cdot \text{K}^{-1}$$

$$\Delta A = \Delta U - T\Delta S = [-298 \times 19.14]\ \text{J} \cdot \text{mol}^{-1} = -5704\text{J} \cdot \text{mol}^{-1}$$

$$\Delta G = \Delta H - T\Delta S = [-24.03 - 298 \times 19.14]\ \text{J} \cdot \text{mol}^{-1} = -5728\text{J} \cdot \text{mol}^{-1}$$

7. 苯的正常沸点为353K，摩尔气化焓为30.77kJ·mol^{-1}，现将353K、标准压力下的1mol液态苯向真空等温蒸发为同温同压苯蒸气（设为理想气体）。（1）计算该过程苯吸收的热量 Q 和做的功 W；（2）求过程的 ΔG 和 ΔS；（3）求环境的熵变；（4）可以使用何种判据判断过程性质。

解：体系变化及设计过程如下

$$\begin{array}{ccc} [353\text{K}\ 100\ \text{kPa}\ H_2O(\text{l})] & \xrightarrow{\Delta S \Delta H \Delta U \Delta G} & [H_2O(\text{g})\ 353\text{K}\ 100\text{kPa}] \\ \downarrow \Delta S_1 \Delta H_1 \Delta U_1 \Delta G_1 & & \uparrow \Delta S_3 \Delta H_3 \Delta U_3 \Delta G_3 \\ [353\text{K}\ 101\ \text{kPa}\ H_2O(\text{l})] & \xrightarrow{\Delta S_2 \Delta H_2 \Delta U_2 \Delta G_2} & [H_2O(\text{g})\ 353\text{K}\ 101\text{kP}a] \end{array}$$

（1）$p_{外} = 0 \Rightarrow W = 0$

等温过程 $\Rightarrow \Delta U_1 = 0 \quad \Delta U_3 = 0$

$\Delta U_2 = \Delta H_2 - nRT = [30.77 - 1 \times 8.314 \times 353 \times 10^{-3}]\ \text{kJ} = 27.84\text{kJ}$

$Q = \Delta U = \Delta U_1 + \Delta U_2 + \Delta U_3 = 27.84\text{kJ}$

（2）$\Delta S_1 = \dfrac{Q_R}{T} = 0$

$$\Delta S_2 = \frac{n\Delta_{\text{vap}}H_m}{T} = \left[\frac{1 \times 30770}{353}\right] \text{J} \cdot \text{K}^{-1} = 87.17\text{J} \cdot \text{K}^{-1}$$

$$\Delta S_3 = nR\ln\frac{p_1}{p_2} = \left[1 \times 8.314 \times \ln\frac{101}{100}\right]\text{J}\cdot\text{K}^{-1} = 0.11\text{J}\cdot\text{K}^{-1}$$

$$\Delta S = \Delta S_1 + \Delta S_2 + \Delta S_3 = [0 + 87.17 + 0.11]\text{J}\cdot\text{K}^{-1} = 87.28\text{J}\cdot\text{K}^{-1}$$

$$\Delta G_3 = nRT\ln\frac{p_{终}}{p_{始}} = \left[1 \times 8.314 \times 353 \times \ln\frac{100}{101.325}\right]\text{J} = -38.63\text{J}$$

$$\Delta G = \Delta G_1 + \Delta G_2 + \Delta G_3 = [0 + 0 - 38.63]\text{J} = -38.63\text{J}$$

(3) $\Delta S_{环} = -\dfrac{Q_{体,实}}{T} = \left[-\dfrac{27840}{353}\right]\text{J}\cdot\text{K}^{-1} = -78.87\text{J}\cdot\text{K}^{-1}$

(4) $\Delta S_{iso} = \Delta S_{体系} + \Delta S_{环} = [87.28 - 78.87]\text{J}\cdot\text{K}^{-1} = 8.41\text{J}\cdot\text{K}^{-1} > 0 \Rightarrow$过程自发

8. 已知0℃冰的升华焓为2820J·g^{-1}，水汽的 $C_{p,m}$=(30.12+11.30×10^{-3} T/K)J·K^{-1}·mol^{-1}。在0℃时冰的饱和蒸气压0.611kPa。若将0℃时的1g冰转变为150℃、10.13kPa的水汽，系统的熵变为多少？设水汽为理想气体。已知 H_2O 的摩尔质量 M=18.02g·mol^{-1}。

解：

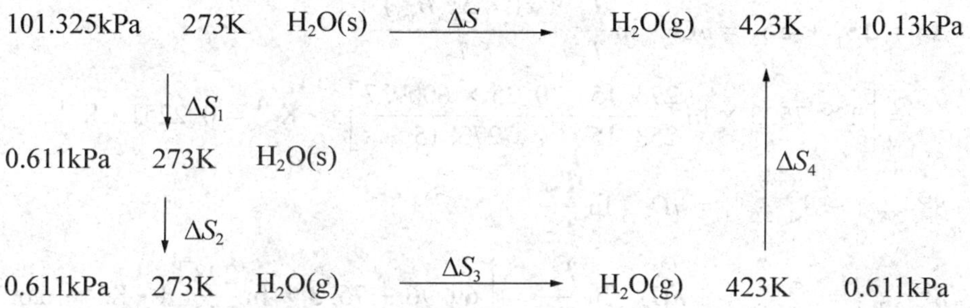

$$\Delta S_1 = \left(\frac{\partial S}{\partial p}\right)_T \mathrm{d}p = -\left(\frac{\partial V}{\partial T}\right)_p \mathrm{d}p \approx 0$$

$$\Delta S_2 = \frac{m\Delta_{\text{sub}}H_{\text{m}}}{T} = \left[\frac{1 \times 2820}{273}\right]\text{J}\cdot\text{K}^{-1} = 10.33\text{J}\cdot\text{K}^{-1}$$

$$\Delta S_3 = \int_{T_{273}}^{T_{423}} \frac{nC_{p,\text{m}}}{T}\mathrm{d}T = \int_{T_{273}}^{T_{423}} \frac{1}{18}\cdot\frac{(30.12 + 11.30 \times 10^{-3}T)}{T}\mathrm{d}T = 0.83\text{J}\cdot\text{K}^{-1}$$

$$\Delta S_3 = nR\ln\frac{p_{0.611}}{p_{10.13}} = \left[\frac{1}{18} \times 8.314 \times \ln\frac{0.611}{10.13}\right]\text{J}\cdot\text{K}^{-1} = -1.30\text{J}\cdot\text{K}^{-1}$$

$$\Delta S = \Delta S_1 + \Delta S_2 + \Delta S_3 + \Delta S_4 = 9.86\text{J}\cdot\text{K}^{-1}$$

9. 有1mol 20℃的过冷水，在绝热密闭的容器中部分凝结成0℃的冰、水两相共存的平衡系统。计算(1)有多少摩尔的水结成了冰；(2)该过程的 Q、W、Δ

U、ΔH、ΔS、ΔA 和ΔG。已知 0℃时，冰的熔化热为 6009. 7J · mol^{-1}。在 25℃时，水与冰的标准摩尔熵分别为 69. 96J · K^{-1} · mol^{-1}和 39. 33J · K^{-1} · mol^{-1}；水与冰的平均恒压热容分别为 75. 3J · K^{-1} · mol^{-1}和 36. 0J · K^{-1} · mol^{-1}。设系统的体积 $V_{终} = V_{初}$。

解：体系变化过程及设计过程如下

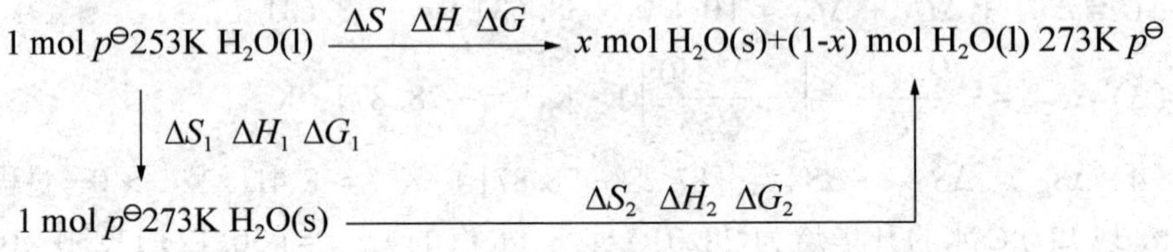

$Q = 0 \quad dV = 0 \Rightarrow W = 0 \Rightarrow \Delta U = 0 \quad \Delta H = 0$

$$\Delta H = \Delta H_1 + \Delta H_2 = nC_{p,\,m}(T_2 - T_1) + x(-\Delta_{fus}H_m^\ominus)$$

$$= 1mol \times 75.3J \cdot K^{-1} \cdot mol^{-1} \times 20K - 6009.7J \cdot mol^{-1}x = 0 \Rightarrow x = 0.25mol$$

$$\Delta S = \Delta S_1 + \Delta S_2 = nC_{p,\,m}\ln\frac{T_2}{T_1} + \frac{x(-\Delta_{fus}H_m^\ominus)}{T_2}$$

$$= \left[1 \times 75.3 \times \ln\frac{273.15}{253.15} - \frac{0.25 \times 6009.7}{273.15}\right]J \cdot K^{-1} = 0.225J \cdot K^{-1}$$

$$S_{m,\,298,\,l}^\ominus - S_{m,\,273,\,l}^\ominus = nC_{p,\,m}\ln\frac{T_{298}}{T_{273}}$$

$$S_{m,\,273,\,l}^\ominus = S_{m,\,298,\,l}^\ominus - nC_{p,\,m}\ln\frac{T_{298}}{T_{273}} = \left[69.96 - 75.3 \times \ln\frac{298}{273}\right]J \cdot K^{-1} \cdot mol^{-1}$$

$$= 63.36J \cdot K^{-1} \cdot mol^{-1}$$

$$S_{m,\,298,\,s}^\ominus - S_{m,\,273,\,s}^\ominus = nC_{p,\,m}\ln\frac{T_{298}}{T_{273}}$$

$$S_{m,\,273,\,s}^\ominus = S_{m,\,298,\,s}^\ominus - nC_{p,\,m}\ln\frac{T_{298}}{T_{273}} = \left[39.33 - 36 \times \ln\frac{298}{273}\right]J \cdot K^{-1} \cdot mol^{-1}$$

$$= 36.18J \cdot K^{-1} \cdot mol^{-1}$$

$$\Delta S = (1 - x)S_{m,\,273,\,l}^\ominus + xS_{m,\,273,\,s}^\ominus - S_1 \Rightarrow S_1 = (1 - x)S_{m,\,273,\,l}^\ominus + xS_{m,\,273,\,s}^\ominus - \Delta S$$

$$S_1 = [0.75 \times 63.36 + 0.25 \times 36.18 - 0.225]J \cdot K^{-1} = 56.34J \cdot K^{-1}$$

$$\Delta A = \Delta U - \Delta(TS) = -(T_2S_2 - T_1S_1) = [253.15 \times 56.34 - 273.15 \times 56.565]J$$

$$= -1.19kJ$$

$$\Delta G = \Delta H - \Delta(TS) = \Delta A = -1304J$$

10. 装有 0. 1mol 乙醚的一个玻璃微泡，放在容积为 10dm^3 充满 308. 15K、

101325Pa 的 N_2的恒温密闭容器中，打碎微泡，乙醚全部气化，将形成的混和气体视为理想气体。已知在 101325Pa 时乙醚的正常沸点为 308. 15K，摩尔气化焓为 25. 10kJ · mol^{-1}。计算

（1）乙醚全部气化所产生的压力。

（2）乙醚气化过程中的ΔH(乙醚)、ΔS(乙醚)、ΔG(乙醚)。

（3）瓶中 N_2的$\Delta H(N_2)$、$\Delta S(N_2)$、$\Delta G(N_2)$。

解：(1) $p=\dfrac{nRT}{V}=\left[\dfrac{0.1\times 8.314\times 308.15}{10}\right]\text{kPa}=25.6\text{kPa}$

（2）乙醚变化及设计过程如下

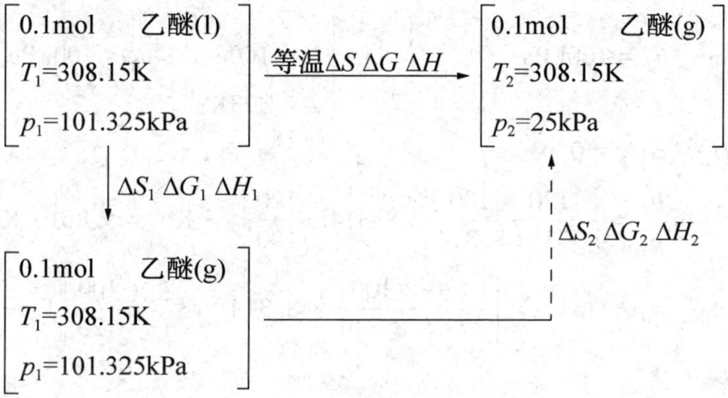

$$\Delta H=\Delta H_1+\Delta H_2=n\Delta_{\text{Vap}}H_{\text{m}}+0=[0.1\times 25.10]\text{kJ}=2.51\text{kJ}$$

$$\Delta S=\Delta S_1+\Delta S_2=\frac{\Delta H_1}{T}+nR\ln\frac{p_1}{p_2}$$

$$=\left[\frac{2510}{308.15}+0.1\times 8.314\times\ln\frac{101.325}{25}\right]\text{J}\cdot\text{K}^{-1}=9.31\text{J}\cdot\text{K}^{-1}$$

$$\Delta G=\Delta H-T\Delta S=2.51-308.15\times 9.31\times 10^{-3}=-0.36\text{kJ}$$

(3) $\Delta H=0,\ \Delta S=0,\ \Delta G=0$

11. 已知水的饱和蒸汽压为 101. 325kPa，此条件下水的摩尔蒸发焓 $\Delta_{\text{vap}}H_{\text{m}}$ = 40. 668kJ · mol^{-1} 。在置于 100℃恒温槽中的容积为 100dm^3的密闭容器中，有压力 120kPa 的过饱和水蒸气。此状态为亚稳态。今过饱和蒸汽失稳，部分凝结成液态水并达到热力学平衡态。求过程的 Q、ΔU、ΔH、ΔS、ΔA 和 ΔG。（气体可用理想气体近似处理）

解：$\Delta p=[120-101.325]\text{kPa}=18.675\text{kPa}$

$$\begin{bmatrix} H_2O(g) \quad n_1 = \left(\dfrac{120 \times 100}{373 \times 8.314}\right)\text{mol} \\ \\ V = 100\text{dm}^3 \quad p_2 = 120\text{kPa} \\ T = 373\text{K} \end{bmatrix} \xrightarrow{(1)}$$

$$\begin{bmatrix} H_2O(g) \quad n_1 = \left(\dfrac{120 \times 100}{373 \times 8.314}\right)\text{mol} \\ \\ V = 100\text{dm}^3 \quad p_2 = 100\text{kPa} \\ T = 373\text{K} \end{bmatrix} \xrightarrow{(2)} \begin{bmatrix} H_2O(l) \quad n_2 = \left(\dfrac{18.675 \times 100}{373 \times 8.314}\right)\text{mol} \\ \\ V = 100\text{dm}^3 \quad p_2 = 100\text{kPa} \\ T = 373\text{K} \end{bmatrix}$$

(1) $\Delta H_1 = \Delta U_1 = 0$

$$\Delta S_1 = nR\ln\frac{p_1}{p_2} = \left[\frac{120 \times 100}{373 \times 8.314} \times 8.314\ln\frac{120}{100}\right]\text{J}\cdot\text{K}^{-1} = 5.86\text{J}\cdot\text{K}^{-1}$$

$$\Delta A_1 = \Delta G_1 = nRT\ln\frac{p_2}{p_1} = \left[\frac{120 \times 100}{373 \times 8.314} \times 8.314 \times 373\ln\frac{100}{120}\right]\text{J} = -2.19\text{kJ}$$

(2) $\Delta G_2 = 0$

$$\Delta H_2 = -n_2\Delta_{\text{vap}}H_{\text{m}} = -\left[\frac{18.675 \times 100}{373 \times 8.314} \times 40.668\right]\text{kJ} = -24.49\text{kJ}$$

$$\Delta S_2 = \frac{\Delta H_2}{T} = \left[\frac{-24.49 \times 1000}{373}\right]\text{J}\cdot\text{K}^{-1} = -65.66\text{J}\cdot\text{K}^{-1}$$

$$\Delta A_2 = W_{\text{R}} = -p_2(V_1 - V_g) = n_2RT = \left[\frac{18.675 \times 100}{373 \times 8.314} \times 373 \times 8.314\right]\text{J} = 1.87\text{kJ}$$

$$\Delta U_2 = \Delta H_2 - p_2\Delta V = \Delta H_2 + n_2RT = [-24.49 + 1.87]\text{J} = -22.62\text{kJ}$$

$$\Delta U = \Delta U_1 + \Delta U_2 = -22.62\text{kJ} \qquad \Delta H = \Delta H_1 + \Delta H_2 = -24.49\text{kJ}$$

$$\Delta A = \Delta A_1 + \Delta A_2 = [-2.19 + 1.87]\text{kJ} = -0.32\text{kJ}$$

$$\Delta G = \Delta G_1 + \Delta G_2 = -2.19\text{kJ} \qquad Q = \Delta U = -22.62\text{kJ}$$

12. 绝热恒容容器中有一绝热耐压力隔板，隔板两侧均为 $N_2(g)$，一侧容积为 50dm^3，含有 200K 的 2mol $N_2(g)$；另一侧容积为 75dm^3，内有 500K 的 4mol $N_2(g)$。$N_2(g)$可视为理想气体，$C_{p,\text{m}} = 7R/2$。现将容器中的绝热耐压力隔板撤去，使系统达到平衡，求过程的 ΔS。

解：体系变化设计过程如下

$$\begin{bmatrix} n_1=2mol & N_2 & p_1 \\ T_1=200K & V_1=50dm^3 \end{bmatrix} + \begin{bmatrix} n_2=4mol & N_2 & p_2 \\ T_2=500K & V_2=75dm^3 \end{bmatrix} \xrightarrow{Q=0\ \Delta S} \begin{bmatrix} n=6mol & N_2 & p \\ T & V=175dm^3 \end{bmatrix}$$

$$\downarrow \Delta S_1 \qquad \downarrow \Delta S_2 \qquad \uparrow \Delta S_3$$

$$\begin{bmatrix} n_1=2mol & N_2 & p_1 \\ T & V_1=50dm^3 \end{bmatrix} + \begin{bmatrix} n_2=4mol & N_2 & p_2 \\ T & V_2=75dm^3 \end{bmatrix}$$

$$Q = 0 \Rightarrow Q_{吸} = -Q_{放} \Rightarrow 2C_{V,\ m}(T - 200) = 4C_{V,\ m}(T - 500) \Rightarrow T = 400K$$

$$p_1 = \left[\frac{2 \times 8.314 \times 200}{50}\right] kPa = 66.512kPa$$

$$p_2 = \left[\frac{4 \times 8.314 \times 200}{75}\right] kPa = 221.70kPa$$

$$p = \left[\frac{6 \times 8.314 \times 400}{125}\right] kPa = 159.63kPa$$

$$\Delta S_1 = n_1 C_{p,\ m} \ln\frac{T}{T_1} = \left[2 \times \frac{7}{2} \times 8.314 \times \ln\frac{400}{200}\right] J \cdot K^{-1} = 40.34J \cdot K^{-1}$$

$$\Delta S_2 = n_2 C_{p,\ m} \ln\frac{T}{T_2} = \left[4 \times \frac{7}{2} \times 8.314 \times \ln\frac{400}{500}\right] J \cdot K^{-1} = -25.97J \cdot K^{-1}$$

$$\Delta S_3 = n_1 R \ln\frac{p_1}{p} + n_2 R \ln\frac{p_2}{p}$$

$$= \left[2 \times 8.314 \times \ln\frac{66.512}{159.63} + 4 \times 8.314 \times \ln\frac{221.7}{159.63}\right] J \cdot K^{-1} = -3.63J \cdot K^{-1}$$

$$\Delta S = \Delta S_1 + \Delta S_2 + \Delta S_3 = 10.74J \cdot K^{-1}$$

13. 将 1mol He($p^{\ominus}$、273K)、2mol H_2($p^{\ominus}$、283K)及 3mol N_2($p^{\ominus}$、293K)三种气体(可视为理想气体)在绝热刚性容器混合，计算此过程的熵变。

解：(1)终态温度计算

$$\Delta U = 0 \Rightarrow n_{He} C_{V,\ m}(T - T_{He}) + n_{H_2} C_{V,\ m}(T - T_{H_2}) + n_{N_2} C_{V,\ m}(T - T_{N_2}) = 0$$

$$1mol \times \frac{3}{2}R \times (T - 273K) + 2mol \times \frac{5}{2}R \times (T - 283K) + 3mol \times \frac{5}{2}R$$

$$\times (T - 293K) = 0 \Rightarrow T = 287.3K$$

(2) 体积计算

$$V_{He} = \frac{n_{He}RT}{p} = \left[\frac{1 \times 8.314 \times 273}{100}\right] dm^3 = 22.7\ dm^3$$

$$V_{H_2} = \frac{n_{H_2}RT}{p} = \left[\frac{2 \times 8.314 \times 283}{100}\right] dm^3 = 47.0\ dm^3$$

$$V_{N_2}=\frac{n_{N_2}RT}{p}=\left[\frac{3\times 8.314\times 293}{100}\right]dm^3=73.1\ dm^3$$

$$V_{sum}=V_{He}+V_{H_2}+V_{N_2}=(22.7+47.0+73.1)\ dm^3=142.8\ dm^3$$

(3) 熵变计算

$$\Delta S_{He}=nC_{V,m}\ln\frac{T}{T_{He}}+nR\ln\frac{V_{sum}}{V_{He}}$$

$$=\left[\frac{3}{2}R\times\ln\frac{287.3}{273}+R\times\ln\frac{142.8}{22.7}\right]J\cdot K^{-1}\cdot mol^{-1}=15.9J\cdot K^{-1}\cdot mol^{-1}$$

$$\Delta S_{H_2}=nC_{V,m}\ln\frac{T}{T_{H_2}}+nR\ln\frac{V_{sum}}{V_{H_2}}$$

$$=\left[\frac{5}{2}R\times\ln\frac{287.3}{283}+R\times\ln\frac{142.8}{47.0}\right]J\cdot K^{-1}\cdot mol^{-1}=9.6J\cdot K^{-1}\cdot mol^{-1}$$

$$\Delta S_{N_2}=nC_{V,m}\ln\frac{T}{T_{N_2}}+nR\ln\frac{V_{sum}}{V_{N_2}}$$

$$=\left[\frac{5}{2}R\times\ln\frac{287.3}{293}+R\times\ln\frac{142.8}{73.1}\right]J\cdot K^{-1}\cdot mol^{-1}=5.2J\cdot K^{-1}\cdot mol^{-1}$$

$$\Delta S=\Delta S_{He}+\Delta S_{H_2}+\Delta S_{N_2}=(15.9+9.6+5.2)\ J\cdot K^{-1}\cdot mol^{-1}=30.7J\cdot K^{-1}\cdot mol^{-1}$$

14. 在 600K、100kPa 压力下，生石膏的脱水反应为 $CaSO_4\cdot 2H_2O(s)\rightarrow CaSO_4(s)+2H_2O(g)$ 试计算：该反应进度为 1mol 时的 Q、W、$\Delta_r U_m$、$\Delta_r H_m$、$\Delta_r S_m$、$\Delta_r A_m$ 及 $\Delta_r G_m$。已知各物质在 298K，100kPa 的热力学数据为：

	$\Delta_f H_m^\ominus/(kJ\cdot mol^{-1})$	$S_m^\ominus/(J\cdot K^{-1}\cdot mol^{-1})$	$C_{p,m}/(J\cdot K^{-1}\cdot mol^{-1})$
$CaSO_4\cdot 2H_2O$	−2021.12	193.97	186.20
$CaSO_4$	−1432.68	106.70	99.60
$H_2O(g)$	−241.82	188.83	33.58

解: $W=-p\Delta V=-nRT=[-2\times 8.314\times 600]\ J=-9.98kJ$

$$\Delta_r H_m^\ominus(298K)=[-241.82\times 2-1432.68+2021.12]\ kJ\cdot mol^{-1}$$
$$=104.8kJ\cdot mol^{-1}$$

$$\Delta_r S_m^\ominus(298K)=[188.83\times 2+106.70-193.97]\ J\cdot K^{-1}\cdot mol^{-1}$$
$$=290.39J\cdot K^{-1}\cdot mol^{-1}$$

$$\Delta_r C_{p,m}=[33.58\times 2+99.60-186.20]\ J\cdot K^{-1}\cdot mol^{-1}=-19.44J\cdot K^{-1}\cdot mol^{-1}$$

$$\Delta_r H_m^\ominus(600K)=\Delta_r H_m^\ominus(298K)+\int_{T_1}^{T_2}\Delta_r C_{p,m}dT$$
$$=[104.8-19.44\times(600-298)\times 10^{-3}]\ kJ\cdot mol^{-1}$$
$$=98.93kJ\cdot mol^{-1}$$

$$\Delta_r S_m^{\ominus}(600\text{K}) = \Delta_r S_m^{\ominus}(298\text{K}) + \int_{T_1}^{T_2} \Delta_r C_{p,\text{m}} \text{dln}T$$

$$= [290.39 - 19.44 \times \ln(600/298)]\ \text{J} \cdot \text{K}^{-1} \cdot \text{mol}^{-1}$$

$$= 276.79\text{J} \cdot \text{K}^{-1} \cdot \text{mol}^{-1}$$

$$\Delta_r U_m^{\ominus}(600\text{K}) = \Delta_r H_m^{\ominus}(600\text{K}) - W = [98.93 - 9.98]\ \text{kJ} \cdot \text{mol}^{-1}$$

$$= 88.95\text{kJ} \cdot \text{mol}^{-1}$$

$$\Delta_r A_m^{\ominus}(600\text{K}) = \Delta_r U_m^{\ominus}(600\text{K}) - T\Delta_r S_m^{\ominus}(600\text{K})$$

$$= [88.95 - 600 \times 276.79 \times 10^{-3}]\ \text{kJ} \cdot \text{mol}^{-1} = -77.12\text{kJ} \cdot \text{mol}^{-1}$$

$$\Delta_r G_m^{\ominus}(600\text{K}) = \Delta_r H_m^{\ominus}(600\text{K}) - T\Delta_r S_m^{\ominus}(600\text{K})$$

$$= [98.93 - 600 \times 276.79 \times 10^{-3}]\ \text{kJ} \cdot \text{mol}^{-1} = -67.14\text{kJ} \cdot \text{mol}^{-1}$$

15. 在一个带活塞并用隔板隔开的绝热容器内分别装有温度为 $T=298\text{K}$，压力为 $p=100\text{kPa}$ 的 2mol H_2 和 1mol O_2。抽开隔板后使气体混合并使 H_2 和 O_2 在等压下发生反应生成 $H_2O(g)$。计算过程的 W、ΔU、ΔH、ΔS、ΔG。已知：$C_{p,\text{m}}(H_2O, g) = 33.577\text{J} \cdot \text{K}^{-1} \cdot \text{mol}^{-1}$，$\Delta_r H_m(H_2O, g) = -241.818\text{kJ} \cdot \text{mol}^{-1}$ 及标准熵的数据如下：

物质	$H_2(g)$	$O_2(g)$	$H_2O(g)$
$S_m^{\ominus}/(\text{J} \cdot \text{K}^{-1} \cdot \text{mol}^{-1})$	130.684	205.138	188.825

解：设计路线如下

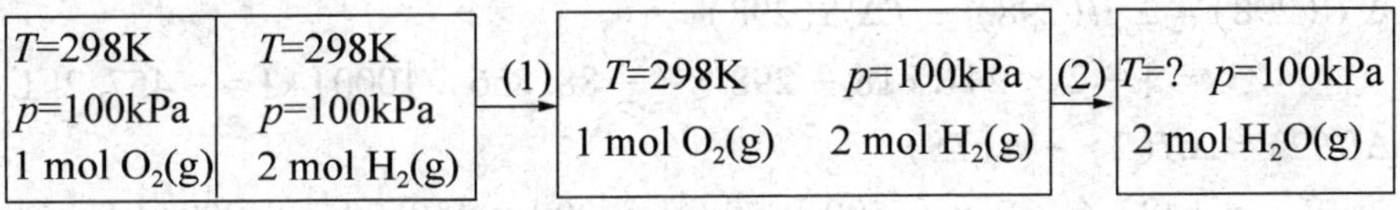

(1) 等温混合过程

$Q_1 = 0$，$W_1 = 0$，$\Delta U_1 = 0$，$\Delta H_1 = 0$

$$\Delta S_1 = n_{H_2} R\ln\frac{3V}{V} + n_{O_2} R\ln\frac{3V}{2V} = [8.314 \times (\ln 3 + 2\ln 1.5)]\ \text{J} \cdot \text{K}^{-1} = 15.9\text{J} \cdot \text{K}^{-1}$$

$$\Delta G_1 = \Delta H_1 - T\Delta S_1 = (-298 \times 15.9)\ \text{J} = -4.7\text{kJ}$$

(2) 绝热等压化学反应过程

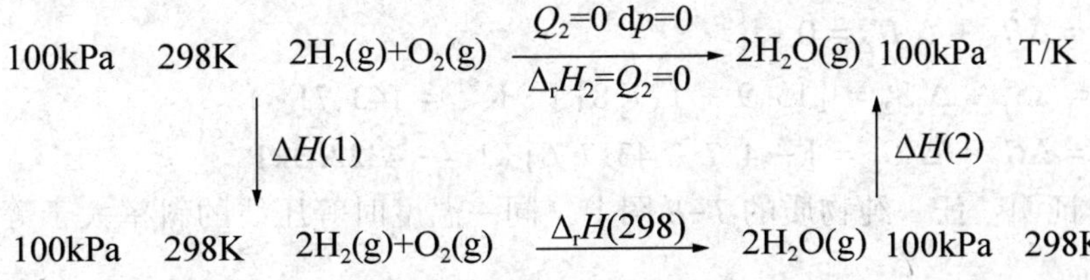

$Q_2 = \Delta_r H_2 = 0$

$\Delta_r H_2 = \Delta H(1) + \Delta_r H(298) + \Delta H(2) = 0 + 2\Delta_f H(H_2O) + \int_{298}^{T} C_p\ (H_2O)\mathrm{d}T$

$= 0 - 2\mathrm{mol} \times 241818\mathrm{J} + 2\mathrm{mol} \times 33.577\mathrm{J \cdot K^{-1} \cdot mol^{-1}} \times (T - 298)\mathrm{K}$

$= 0 \Rightarrow T = 7500\mathrm{K}$

$\Delta_r U(298) = \Delta_r H(298) - \sum \nu_B RT = [-2 \times 241.818 + 8.314 \times 298/1000]\ \mathrm{kJ}$

$= -481.2\mathrm{kJ}$

$\Delta U(2) = \int_{298}^{T} C_V(H_2O)dT = [2 \times (33.577 - 8.314) \times (7500 - 298)]\ \mathrm{J}$

$= 363.9\mathrm{kJ}$

$\Delta_r U_2 = \Delta_r U(298) + \Delta U(2) = [-481.2 + 363.9]\ \mathrm{kJ} = -117.3\mathrm{kJ}$

$W_2 = \Delta U_2 = -117.3\mathrm{kJ}$(此处也可先用 $W = -p(V_3 - V_2)$ 算，比较简单)

$\Delta_r S(298) = \sum \nu_B S_{B,m}^{\ominus} = [2 \times 188.825 - 205.138 - 2 \times 130.684]\ \mathrm{J \cdot K^{-1}}$

$= -88.856\mathrm{J \cdot K^{-1}}$

$\Delta S(2) = \int_{298}^{T} C_p\ (H_2O)\mathrm{d}\ln T$

$= \left[2 \times 33.577 \times \ln \frac{7500}{298}\right] \mathrm{J \cdot K^{-1}} = 216.6\mathrm{J \cdot K^{-1}}$

$\Delta_r S_2 = \Delta_r S(298) + \Delta S(2) = [-88.9 + 216.6]\ \mathrm{J \cdot K^{-1}} = 127.8\mathrm{J \cdot K^{-1}}$

$\Delta_r G(298) = \Delta_r H(298) - T\Delta_r S(298)$

$= [-2 \times 241.818 - 298 \times (-88.856)/1000]\ \mathrm{kJ} = -457.2\mathrm{kJ}$

$\Delta G(2) = \Delta H(2) - \Delta(TS)$

$= [483.6 - 2 \times (7500 \times 297.1 - 298 \times 188.825)/1000]\ \mathrm{kJ}$

$= -3860.4\mathrm{kJ}$

$\Delta_r G_2 = \Delta_r G(298) + \Delta G(2) = [-457.2 - 3860.4]\ \mathrm{kJ} = -4317.6\mathrm{kJ}$

(3) 总过程

$Q = Q_1 + Q_2 = 0$

$W = W_1 + W_2 = 0 - 117.3\mathrm{kJ} = -117.3\mathrm{kJ}$

$\Delta U = \Delta U_1 + \Delta_r U_2 = 0 - 117.3\mathrm{kJ} = -117.3\mathrm{kJ}$

$\Delta H = \Delta H_1 + \Delta_r H_2 = 0$

$\Delta S = \Delta S_1 + \Delta_r S_2 = [15.9 + 127.8]\ \mathrm{J \cdot K^{-1}} = 143.7\mathrm{J \cdot K^{-1}}$

$\Delta G = \Delta G_1 + \Delta_r G_2 = [-4.7 - 4317.6]\ \mathrm{kJ} = -4322.3\mathrm{kJ}$

16. 证明：任一纯物质的 T-S 图上，同一温度时等压线的斜率大于等容线的斜率。

证：同一温度时等压线斜率为 $\left(\frac{\partial S}{\partial T}\right)_p$ ，等容线斜率为 $\left(\frac{\partial S}{\partial T}\right)_V$

$$\left.\begin{array}{l} C_p - C_V = \left(\frac{\partial H}{\partial T}\right)_p - \left(\frac{\partial U}{\partial T}\right)_V = T\left[\left(\frac{\partial S}{\partial T}\right)_p - \left(\frac{\partial S}{\partial T}\right)_V\right] \\ C_p - C_V > 0 \quad T > 0 \end{array}\right\} \Rightarrow \left(\frac{\partial S}{\partial T}\right)_p > \left(\frac{\partial S}{\partial T}\right)_V$$

17. 已知等压下，某化学反应的 $\Delta_r H_m$ 与温度 T 无关。试证明该反应的 $\Delta_r S_m$ 亦与 T 无关。

证：

$$\Delta_r S_m = \frac{\Delta_r H_m - \Delta_r G_m}{T} \Rightarrow \left(\frac{\partial \Delta_r S_m}{\partial T}\right)_p = \left(\frac{\partial (\Delta_r H_m/T)}{\partial T}\right)_p - \left(\frac{\partial (\Delta_r G_m/T)}{\partial T}\right)_p$$

$$\left(\frac{\partial (\Delta_r H_m/T)}{\partial T}\right)_p = \frac{1}{T}\left(\frac{\partial \Delta_r H_m}{\partial T}\right)_p - \frac{\Delta_r H_m}{T^2} \quad \left(\frac{\partial (\Delta_r G_m/T)}{\partial T}\right)_p = -\frac{\Delta_r H_m}{T^2}$$

据题意 $\left(\frac{\partial \Delta_r H_m}{\partial T}\right)_p = 0$ 因此 $\left(\frac{\partial \Delta_r S_m}{\partial T}\right)_p = 0$

18. 纯物质在恒压下 G-T 曲线应该是凹的还是凸的?

证：$\left(\frac{\partial G}{\partial T}\right)_p = -S \Rightarrow \left(\frac{\partial^2 G}{\partial T^2}\right)_p = -\left(\frac{\partial S}{\partial T}\right)_p = -\frac{C_p}{T} < 0$

所以曲线应该如下图呈凸形。

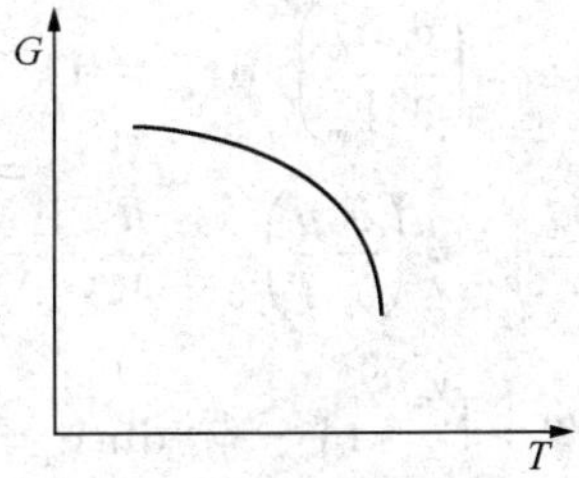

19. 某实际气体服从状态方程 $p(V_m - b) = RT$，其中 b 是大于零的常数。

(1) 证明该气体的热力学能只是温度的函数。

(2) 推出该气体的绝热可逆过程方程：$\frac{T_2}{T_1} = \left(\frac{V_2 - b}{V_1 - b}\right)^{\frac{R}{C_{V,m}}}$

证：(1)

$$\left.\begin{array}{l} p(V_m - b) = RT \\ dU = TdS - pdV \Rightarrow \left(\frac{\partial U}{\partial V}\right)_T = T\left(\frac{\partial S}{\partial V}\right)_T - p \Rightarrow \left(\frac{\partial U}{\partial V}\right)_T = T\left(\frac{\partial p}{\partial T}\right)_V - p \end{array}\right\} \Rightarrow$$

$$\left(\frac{\partial U}{\partial V}\right)_T = \frac{TR}{V_m - b} - p = 0$$

(2)

$$\left.\begin{array}{l} p(V_m - b) = RT \\ Q = 0 \Rightarrow dU = W \Rightarrow C_{V,m}dT = -pdV \end{array}\right\} \Rightarrow C_{V,m}dT = -\frac{RT}{V_m - b}dV \Rightarrow \frac{dT}{T} = -\frac{R}{C_{V,m}}\frac{d(V_m - b)}{V_m - b} \Rightarrow \int_{T_1}^{T_2}\frac{dT}{T} = -\frac{R}{C_{V,m}}\int_{V_1}^{V_2}\frac{d(V_m - b)}{V_m - b} \Rightarrow \ln\frac{T_2}{T_1} = \frac{R}{C_{V,m}}\ln\frac{V_1 - b}{V_2 - b} \Rightarrow \frac{T_2}{T_1} = \left(\frac{V_1 - b}{V_2 - b}\right)^{\frac{R}{C_{V,m}}}$$

20. 已知某气体服从状态方程式 $pV=RT+\alpha p$（$\alpha>0$，且为常量）。证明 1mol 该气体在恒定温度下从 p_1 变到 p_2，求 ΔS 的表示式。

证： $\Delta S = \int_{p_1}^{p_2}\left(\frac{\partial S}{\partial p}\right)_T dp = -\int_{p_1}^{p_2}\left(\frac{\partial V}{\partial T}\right)_p dp = -\int_{p_1}^{p_2}\frac{R}{p}dp = R\ln\frac{p_1}{p_2}$

21. 对 1mol 理想气体，试从 $dS_m = \left(\frac{\partial S_m}{\partial T}\right)_V dT + \left(\frac{\partial S_m}{\partial V_m}\right)_T dV_m$ 出发，证明：对于绝热可逆过程有 $\frac{T_2}{T_1} = \left(\frac{V_{m,1}}{V_{m,2}}\right)^{\gamma-1}$。（其中 $C_{p,m}$、$C_{V,m}$ 为常数，且 $\frac{C_{p,m}}{C_{V,m}} = \gamma$）

证：

$$\left.\begin{array}{l} Q_R = 0 \Rightarrow dS_m = \left(\frac{\partial S_m}{\partial T}\right)_V dT + \left(\frac{\partial S_m}{\partial V_m}\right)_T dV_m = 0 \\ \left(\frac{\partial S_m}{\partial T}\right)_V = \frac{C_{V,m}}{T} \quad \left(\frac{\partial S_m}{\partial V_m}\right)_T = \left(\frac{\partial p}{\partial T}\right)_V = \frac{R}{V} \end{array}\right\} \Rightarrow \frac{C_{V,m}}{T}dT = -\frac{R}{V}dV_m \Rightarrow d\ln T = \frac{C_{V,m} - C_{p,m}}{C_{V,m}}d\ln V_m \Rightarrow \int_{T_1}^{T_2}d\ln T = \int_{V_{m,1}}^{V_{m,2}}(1-\gamma)\,d\ln V_m \Rightarrow \frac{T_2}{T_1} = \left(\frac{V_{m,1}}{V_{m,2}}\right)^{\gamma-1}$$

§3　多组分体系热力学

3.1　重要知识点

3.1.1　溶液组成之间的关系

在热力学中，溶液组成多用四种表示方法，分别为摩尔分数（$x_B \xlongequal{\text{def}} \dfrac{n_B}{\sum_B n_B}$）、质量摩尔浓度（$b_B \xlongequal{\text{def}} \dfrac{n_B}{m_A}$）、物质的量浓度（$c_B \xlongequal{\text{def}} \dfrac{n_B}{V_{mix}}$）及质量分数（$w_B \xlongequal{\text{def}} \dfrac{m_B}{\sum_B m_B}$）。各种浓度表示方法可以相互换算，在很稀的溶液中，它们的相互关系为：$b_B = \dfrac{1}{M_A}x_B$，$c_B = \dfrac{\rho_A^*}{M_A}x_B$，$w_B = \dfrac{M_B}{M_A}x_B$，其中 M_A 和 M_B 分别为溶剂和溶质的摩尔质量，ρ_A^* 为纯溶剂的密度。由此可见，对于指定的溶剂和溶质，很稀的溶液中各种浓度都与 x_B 成正比。

3.1.2　偏摩尔量

（1）定义：等温、等压及除组分 B 以外其余各组分的物质的量均不改变的条件下，广度量 Z 随组分 B 的物质的量 n_B 的变化率 Z_B 称为组分 B 的偏摩尔量，即 $Z_B = \left(\dfrac{\partial Z}{\partial n_B}\right)_{T,\ p,\ n_{C(C \neq B)}}$。需要注意的是：① Z_B 是系统的强度性质。可以理解为在处于一定温度、压力和组成的均相体系中，1mol B 对系统 Z 的贡献；② 求导时下标必须是 T、p 和除 B 以外的组成 n_C 时才为偏摩尔量；③ 偏摩尔量的取值范围可正或负也可以是零，且 Z_B 是针对一个具体相而言，即不同相中同一个偏摩尔量并不相等；④纯物质的偏摩尔量即为它的摩尔量。

（2）测定：以偏摩尔体积为例，先将 V 表示成 $V = f(n_B,\ n_C)$，而对 n_B 的偏导即为偏摩尔体积 V_B。

第一种方法：固定 n_C，不断加入 B 物质，如图 3-1 所示。

第二种方法：已知溶液的摩尔体积 V_m 与浓度的关系，求偏摩尔体积。如，在图 3-2 的 V_m-x_C 图上，在某 x_C 点作曲线的切线，该切线与 $x_C=0$ 及 $x_C=1$ 的两垂线相交，交点即为 V_B 及 V_C。

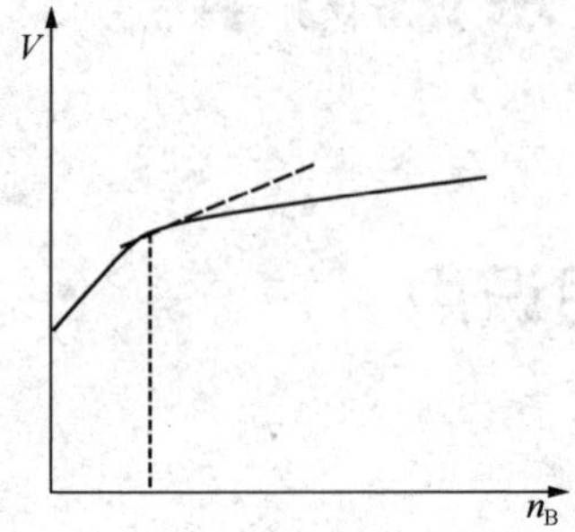

图 3-1

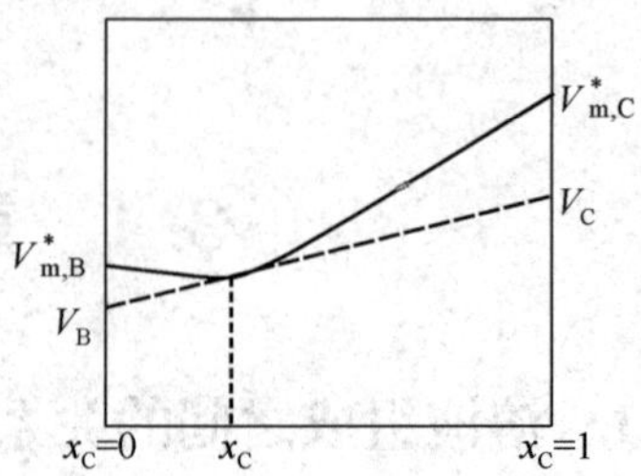

图 3-2

（3）性质：偏摩尔量具有加和性并且服从 Gibbs-Duhem 公式。所谓的加和性，即在等温等压下，体系各组分的某偏摩尔量与其物质的量的乘积之和等于系统的该广度量。数学表达式为，$Z=\sum_B n_B Z_B$，如 $V=\sum_B n_B V_B$，$G=\sum_B n_B G_B$。

Gibbs-Duhem 公式为 $\sum_B n_B \mathrm{d}Z_B=0$。该式表明不同组分同一偏摩尔量之间是有一定联系的，如在二组分体系中，如果一组分的偏摩尔量增大，则另一组分的偏摩尔量必然减小，且增大与减小的比例与系统中两组分的摩尔分数成反比。

3.1.3 化学势

广义的化学势为：$\mu_B=\left(\frac{\partial U}{\partial n_B}\right)_{S,V,n_{C(C\neq B)}}=\left(\frac{\partial H}{\partial n_B}\right)_{S,p,n_{C(C\neq B)}}=\left(\frac{\partial A}{\partial n_B}\right)_{T,V,n_{C(C\neq B)}}=\left(\frac{\partial G}{\partial n_B}\right)_{T,p,n_{C(C\neq B)}}$

狭义的化学势为：$\mu_B=\left(\frac{\partial G}{\partial n_B}\right)_{T,p,n_{C(C\neq B)}}$

目前所使用的化学势主要指狭义化学势，即以 G 定义的化学势。此时的化学势就等于 G 的偏摩尔量，$\mu_B=G_B$，具有加和性且服从 Gibbs-Duhem 公式。纯物质的化学势等于摩尔量 $G*$，即 $\mu_B=G_B=G^*_{m,B}$。

在没有非体积功的条件下，一切传质过程（相变、扩散及化学变化过程等）均遵守化学势判据。$\sum_\alpha \sum_B \mu_B^\alpha \mathrm{d}n_B^\alpha \leqslant 0 \quad \begin{bmatrix} <0 & 自发 \\ =0 & 平衡 \end{bmatrix}$

式中的μ_{B}^{α}为α相中物质B的化学势，dn_{B}^{α}为传质过程中α相中物质B的物质的量的变化。由式可知，在无非体积功的条件下，物质总是由高化学势流向低化学势，直至各处化学势相等。处在不同相中的物质B达相平衡的条件是物质B在各相中化学势相等（$\mu_{B}^{\alpha}=\mu_{B}^{\beta}=\mu_{B}^{\delta}\cdots$），化学反应达到平衡的条件为$\sum_{B}\nu_{B}\mu_{B}=0$。

化学热与温度及压力的关系为：$\left(\frac{\partial\ \mu_{B}}{\partial\ T}\right)_{p,\ n_{B}}=-S_{B}$，$\left(\frac{\partial\ \mu_{B}}{\partial\ p}\right)_{T,\ n_{B}}=V_{B}$

3.1.4 拉乌尔定律及亨利定律

拉乌尔定律：理想混合物中任一组分或稀溶液中溶剂A的蒸气压p_{A}，等于同一温度下纯溶剂的饱和蒸气压与溶液中溶剂A的摩尔分数x_{A}的乘积，$p_{A}=p_{A}^{*}x_{A}$。这里的稀溶液指x_{A}接近于1的溶液，p_{A}^{*}为该温度下纯溶剂的饱和蒸气压。真实液态混合物则有$p_{A}=p_{A}^{*}\gamma_{A}x_{A}=p_{A}^{*}\alpha_{A}$，此式可用来计算活度或活度因子$\alpha_{A}=\gamma_{A}x_{A}=\frac{p_{A}}{p_{A}^{*}}$。

亨利定律：在一定温度下，稀溶液中挥发性溶质B在气相中平衡分压p_{B}与其在溶液中组成x_{B}（或b_{B}、c_{B}）成正比。$p_{B}=k_{x,\ B}x_{B}=k_{b,\ B}b_{B}=k_{c,\ B}c_{B}$，这里的比例系数$k_{x,\ B}$、$k_{b,\ B}$及$k_{c,\ B}$称为亨利系数。使用亨利定律时需要注意以下几点：① 组成标度不同，亨利系数的单位不同。亨利系数仅是一个由实验确定的比例常数，与拉乌尔定律中的p_{A}^{*}不同，其值与温度、溶剂和溶质的性质有关；② 对于混合气体，在总压不大时，亨利定律可分别适用于每一种气体；③ 溶质在气相和在溶液中的分子状态必须相同，不存在缔合、电离等现象。

在A和B构成的溶液中，A和B的许多规律之间都有一定的联系。① 若溶剂在某一浓度范围内服从拉乌尔定律，则溶质必在相同浓度范围内服从亨利定律。② 若一个组分在全部浓度范围内服从拉乌尔定律，则另一个组分也在全部浓度范围内服从拉乌尔定律。

3.1.5 气体组分的化学势表达式

理想气体混合物中任一组分的化学势：$\mu_{B,\ g}=\mu_{B,\ g}^{\ominus}+RT\ln\frac{p_{B}}{p^{\ominus}}$

真实气体混合物中任一组分的化学势：$\mu_{B,\ g}=\mu_{B,\ g}^{\ominus}+RT\ln\frac{p_{B}}{p^{\ominus}}+\int_{0}^{p}\left(\frac{V_{B,\ g}-RT}{p}\right)dp$

其中，$\left(V_{\mathrm{B,g}}-\dfrac{RT}{p}\right)$ 表示同样温度、压力下，真实气体摩尔体积与理想气体摩尔体积的差。

3.1.6 理想液态混合物及各组分化学势表达式

定义：任一组分在全部组成范围内都符合拉乌尔定律的液态混合物。

特征：① 理想液态混合物分子间作用力相同，分子体积相同；② 等温等压下，形成理想液态混合物的过程无热效应，无体积效应。但因该混合过程为自发过程，故混合的 Gibbs 函数是减少的，混合熵是增加的。数学表达式为：$\Delta_{\mathrm{mix}}H=0$，$\Delta_{\mathrm{mix}}U=0$，$\Delta_{\mathrm{mix}}V=0$，$\Delta_{\mathrm{mix}}S=-R\sum_{\mathrm{B}}n_{\mathrm{B}}\ln x_{\mathrm{B}}$，$\Delta_{\mathrm{mix}}G=RT\sum_{\mathrm{B}}n_{\mathrm{B}}\ln x_{\mathrm{B}}$

化学势：$\mu_{\mathrm{B,l}}=\mu_{\mathrm{B,l}}^{\ominus}+RT\ln x_{\mathrm{B}}+\int_{p^{\ominus}}^{p}V_{\mathrm{m,B,l}}^{*}\mathrm{d}p$（当 p 与 $p^{\ominus}$ 差别不大时，$\int_{p^{\ominus}}^{p}V_{\mathrm{m,B,l}}^{*}\mathrm{d}p$ 项可省略）

3.1.7 理想稀溶液及各组分化学势表达式

定义：一定的温度和压力下，在一定浓度范围内，溶剂遵守拉乌尔定律、溶质遵守亨利定律的溶液称为(理想)稀溶液。

特征：理想稀溶液在热力学上的表现为稀释焓为零，$\Delta_{\mathrm{dil}}H=0$。

溶剂(A)的化学势：$\mu_{\mathrm{A,l}}=\mu_{\mathrm{A,l}}^{\ominus}+RT\ln x_{\mathrm{A}}+\int_{p^{\ominus}}^{p}V_{\mathrm{m,A,l}}^{*}\mathrm{d}p$

溶质(B)的化学势：$\mu_{\mathrm{B,l}}=\mu_{\mathrm{B},b}^{\ominus}+RT\ln\dfrac{b_{\mathrm{B}}}{b^{\ominus}}+\int_{p^{\ominus}}^{p}V_{\mathrm{B}}^{\infty}\mathrm{d}p$

$$\mu_{\mathrm{B,l}}=\mu_{\mathrm{B},c}^{\ominus}+RT\ln\frac{c_{\mathrm{B}}}{c^{\ominus}}+\int_{p^{\ominus}}^{p}V_{\mathrm{B}}^{\infty}\mathrm{d}p$$

$$\mu_{\mathrm{B,l}}=\mu_{\mathrm{B},x}^{\ominus}+RT\ln x_{\mathrm{B}}+\int_{p^{\ominus}}^{p}V_{\mathrm{B}}^{\infty}\mathrm{d}p$$

注意：① 当 p 与 $p^{\ominus}$ 差别不大时，最后一项均可省略；② 对于同一系统中同一种溶质，不管其组成标度是什么，其化学势只能有一个确定的值，但 $\mu_{\mathrm{B},x}^{\ominus}\neq\mu_{\mathrm{B},b}^{\ominus}\neq\mu_{\mathrm{B},c}^{\ominus}$。

3.1.8 标准态的定义及物理意义

在任一物质的化学势表达式中，都存在着标准化学势 $\mu_{\mathrm{B}}^{\ominus}$ 这一项，其数值的大小取决于相应体系标准态的选择。标准态是比较同一物质在不同体系或状态时化学势大小的起点。

(1) 气相物质B的标准态：无论是理想气体还是实际气体，其标准态均为T、$p^\ominus$下具有理想气体行为的纯气体。

(2) 液相物质B的标准态：习惯上采取四种方法选取标准态。

① 规定Ⅰ：T、$p^\ominus$下的纯液体为标准态。

② 规定Ⅱ：T、$p^\ominus$下组成$x_B=1$且服从亨利定律的假想液体为标准态。

③ 规定Ⅲ：T、$p^\ominus$下组成$b_B=1\text{mol}\cdot\text{kg}^{-1}$且服从亨利定律的假想液体为标准态。

④ 规定Ⅳ：T、$p^\ominus$下组成$c_B=1\text{mol}\cdot\text{dm}^{-3}$且服从亨利定律的假想液体为标准态。

说明：该四种规定均是人为的四种处理液态多组分体系的不同方法。通常人们多用规定Ⅰ处理理想液态混合物中的任一组分或溶液中的溶剂，用规定Ⅱ、规定Ⅲ及规定Ⅳ处理溶液中的溶质。

3.1.9 逸度、逸度因子及活度、活度因子

逸度及逸度因子：逸度f用$f=\gamma p$表示，具有压力量纲，又称有效压力。式中γ为逸度因子，是一无量纲的纯数，表示气体在热力学上对于理想气体的偏离程度。对于理想气体$\gamma=1$，对于实际气体$\gamma\neq1$，但服从$\lim\limits_{p\to0}\gamma=1$。实际气体的化学势可表示为$\mu_{B,g}=\mu_{B,g}^\ominus+RT\ln(f/p^\ominus)$

活度及活度因子：活度α用$\alpha=\gamma x$、$\alpha=\gamma\dfrac{b}{b^\ominus}$及$\alpha=\gamma\dfrac{c}{c^\ominus}$表示，是量纲为1的纯数，也称有效浓度。式中$\gamma$为活度因子，是一无量纲的纯数，表示某种液态物质在热力学上对于理想情况的偏离程度。在标准态时，$\gamma_B^\ominus=1$，$\alpha_B^\ominus=1$；在理想稀溶液中，$\gamma_B=1$，$\alpha_B=x_B$或$\alpha_B=\dfrac{b_B}{b^\ominus}$或$\alpha_B=\dfrac{c_B}{c^\ominus}$。真实溶液中的溶剂的化学势为$\mu_{A,l}=\mu_{A,l}^\ominus+RT\ln\alpha_A$；真实溶液中的溶质的化学势为$\mu_{B,l}=\mu_{B,b}^\ominus+RT\ln\alpha_B$或$\mu_{B,l}=\mu_{B,c}^\ominus+RT\ln\alpha_B$或$\mu_{B,l}=\mu_{B,x}^\ominus+RT\ln\alpha_B$。这里需要注意，对于同一个溶液，若选取不同的标准状态，则μ_B值相同而α_B值不同。

3.1.10 渗透因子及超额函数

溶液中溶剂占多数，如果也用活度因子来表示，偏差不明显，所以Bjerrum渗透因子φ表示溶剂的非理想程度。

渗透因子：$\mu_A=\mu_A^*+\varphi RT\ln x_A$，或$\varphi=-\dfrac{x_A}{x_B}\ln(x_A\gamma_{x,A})$或$\varphi=-\left(M_A\sum m_B\right)^{-1}\ln\alpha_A$

用活度因子表示溶质的非理想程度，用渗透因子可以较显著地表示溶剂的非理想程度，而超额函数用来较方便地表示整个溶液的非理想程度。如果超额吉布斯自由能 G^E，表示实际混合过程中的 $\Delta_{mix}G^{re}$ 与理想混合过程中的 $\Delta_{mix}G^{id}$ 之差，它包含了参与混合的所有溶剂、溶质等各个组分的活度因子，即 $G^E = \Delta_{mix}G^{re} - \Delta_{mix}G^{id} = \sum_B n_B RT\ln\gamma_B$。

3.1.11 稀溶液的依数性

溶液的沸点升高、凝固点降低、渗透压等性质仅与稀溶液中溶质质点数有关，而与溶质的本性无关。

溶剂蒸气压下降(溶质不挥发)：$\Delta p = p_A^* x_B$

溶剂凝固点下降：$\ln x_A = \dfrac{\Delta_{fus}H_{m,A}^{\ominus}}{R}\left(\dfrac{1}{T_f^*} - \dfrac{1}{T_f}\right) \Rightarrow \Delta T_f = \left(\dfrac{R(T_f^*)^2 M_A}{\Delta_{fus}H_{m,A}^{\ominus}}\right)\cdot b_B = K_f b_B$

沸点升高(溶质不挥发) $\ln x_A = \dfrac{\Delta_{vap}H_{m,A}^{\ominus}}{R}\left(\dfrac{1}{T_b} - \dfrac{1}{T_b^*}\right) \Rightarrow \Delta T_b = \left(\dfrac{R(T_b^*)^2 M_A}{\Delta_{vap}H_{m,A}^{\ominus}}\right)\cdot b_B = K_b b_B$

渗透压：$\ln x_A = -\dfrac{\Pi V_{m,A}^*}{RT} \Rightarrow \Pi V = n_B RT$

3.2 基本结构

	内容	定义及注意事项
	理想混合物	$\mu_B(T,p) = \mu_B^*(T,p) + RT\ln x_B$
	稀溶液	$\mu_B^*(T,p) \approx \mu_B^*(T,p^{\ominus}) \approx \mu_B^{\ominus}(T)$
		$\mu_A(T,p) = \mu_A^*(T,p) + RT\ln x_A$ (A 为溶剂)
		$\mu_B(T,p) = \mu_B^*(T,p) + RT\ln x_B$ (B 为溶质)
		$\mu_B(T,p) = \mu'_{B,b}(T,p) + RT\ln(b_B/b^{\ominus})$
基本概念		$\mu_B(T,p) = \mu''_{B,c}(T,p) + RT\ln(c_B/c^{\ominus})$
	实际溶液	$\mu_A(T,p) = \mu_A^*(T,p) + RT\ln\alpha_A$
		$\mu_B(T,p) = \mu_B^*(T,p) + RT\ln\alpha_B$
	标准态	物质压力为 100kPa 和温度为 T 的状态(纯气体的标准态为假想态)
	依数性	蒸气压的下降为依数性的根本原因
	渗透系数和超额函数	$\varphi = -\dfrac{x_A}{x_B}\ln(x_A\gamma_{x,A})$ $G^E = \Delta_{mix}G^{re} - \Delta_{mix}G^{id} = \sum_B n_B RT\ln\gamma_B$

续表

	内容	定义及注意事项
基本定律	Gibbs-Dyhem 公式	$\sum_B n_B dZ_B = 0$(T, p 恒定)
	Duhem-Margules 公式	$\sum_B x_B d\ln p_B = 0 \quad x_A\left(\frac{\partial \ln p_A}{\partial x_A}\right)_T = x_B\left(\frac{\partial \ln p_B}{\partial x_B}\right)_T$
	Raoult 定律	$p_A = p_A^* x_A$
	Henry 定律	$p_B = k_{x,B}x_B = k_{b,B}b_B = k_{c,B}c_B$
基本计算	理想溶液平衡气、液组成 稀溶液的依数性 理想混合物混合过程中 $\Delta_{mix}G$ 及 $\Delta_{mix}S$ 的计算 化学势改变的计算	

3.3 例题精解

3.3.1 选择题

1. 关于偏摩尔量，下面叙述中不正确的是(　　)

(A) 偏摩尔量的数值可以是正数、负数和零

(B) 溶液中每一种广度性质都有偏摩尔量，而且都不等于其摩尔量

(C) 除偏摩尔吉布斯自由能外，其他偏摩尔量都不等于化学势

(D) 溶液中各组分的偏摩尔量之间符合吉布斯-杜亥姆关系式

答案：(B)

2. 恒温时，B 溶解于 A 中形成溶液。若纯 B 的摩尔体积大于溶液中 B 的偏摩尔体积，则增加压力将使 B 在 A 中的溶解度(　　)

(A) 增大　　　　(B) 减小

(C) 不变　　　　(D) $\Delta A=0$ 变化不确定

解析：在温度 T 时，液相与固相两相平衡时 $\mu_{B(s)}(T, p) = \mu_{B(l)}(T, p, x_B)$

等温下溶液的浓度有 dx_B 的变化(即浓度由 $x_B \rightarrow x_B + dx_B$)，体系的压力相应由 $p \rightarrow p + dp$ 而重新建立平衡，即

$$\left.\begin{aligned}\mu_{B(s)} + d\mu_{B(s)} &= \mu_{B(l)} + d\mu_{B(l)}\\ \mu_{B(s)}(T, p) &= \mu_{B(l)}(T, p, x_B)\end{aligned}\right\} \Rightarrow d\mu_{B(s)} = d\mu_{B(l)} \Rightarrow$$

$$\left(\frac{\partial \mu_{B(s)}}{\partial p}\right)_T dp = \left(\frac{\partial \mu_{B(l)}}{\partial p}\right)_{T,x} dp + \left(\frac{\partial \mu_{B(l)}}{\partial x_B}\right)_{T,p} dx_B \Rightarrow$$

$$V_{B(s)}\,dp = V_{B(l)}\,dp + \left(\frac{\partial\ (\mu_{B(l)}^{\ominus} + RT\ln x_B)}{\partial\ x_B}\right)_{T,\ p} dx_B \Rightarrow$$

$$V_{B(s)}\,dp - V_{B(l)}\,dp = \frac{RT}{x_B}dx_B \Rightarrow$$

$$(V_{B(s)} - V_{B(l)})\,dp = RTd\ln x_B \Rightarrow V_{B(s)} - V_{B(l)} = RT\left(\frac{\partial\ \ln x_B}{\partial\ p}\right)_T > 0$$

答案：(A)

3. 下列各式哪个代表多组分体系中组分 B 的化学势(　　)

(A) $\left(\frac{\partial\ U}{\partial\ n_B}\right)_{T,\ p,\ n_{C(C\neq B)}}$　　(B) $\left(\frac{\partial\ H}{\partial\ n_B}\right)_{T,\ p,\ n_{C(C\neq B)}}$

(C) $\left(\frac{\partial\ A}{\partial\ n_B}\right)_{T,\ p,\ n_{C(C\neq B)}}$　　(D) $\left(\frac{\partial\ G}{\partial\ n_B}\right)_{T,\ p,\ n_{C(C\neq B)}}$

答案：(D)

4. 糖可以顺利溶解在水中，固体糖的化学势与糖水中糖的化学势相比(　　)

(A) 前者高于后者　　(B) 前者低于后者

(C) 二者相等　　(D) 不可比较

解析：传质的方向为化学势高至低的方向

答案：(A)

5. 重结晶抽取纯盐的过程，析出的 NaCl 固体的化学势与母液中 NaCl 的化学势相比(　　)

(A) 前者高于后者　　(B) 前者低于后者

(C) 二者相等　　(D) 不可比较

解析：重结晶过程为过饱和溶液固体析出的过程

答案：(B)

6. 过饱和溶液中溶质的化学势与纯溶质的化学势相比(　　)

(A) 者高于后者　　(B) 前者低于后者

(C) 二者相等　　(D) 不可比较

解析：过饱和溶液，溶质会从溶液中析出

答案：(A)

7. 过饱和溶液中溶剂的化学势与纯溶剂的化学势相比(　　)

(A) 者高于后者　　(B) 前者低于后者

(C) 二者相等　　(D) 不可比较

解析：纯溶剂 $\mu = \mu^*$，溶液中的溶剂 $\mu = \mu^* + RT\ln x_A$

答案：(B)

8. 溶液中组分 A 的化学势与纯组分 B 的化学势相比(　　)

（A）前者高于后者　　（B）前者低于后者
（C）二者相等　　（D）不可比较

答案：（D）

9. 在一下温度、压力下，A、B 形成理想液态混合物。平衡时液相中的摩尔分数 $x_A/x_B=5$，与溶液成平衡的气相中 A 的摩尔分数 $y_A=0.5$，则 A、B 的饱和蒸气压之比为(　　)

（A）5　　（B）1　　（C）0.2　　（D）0.5

解析：$y_A=\dfrac{p_A}{p}\Rightarrow\dfrac{y_A}{y_B}=\dfrac{p_A}{p_B}=1\Rightarrow\dfrac{p_A^* x_A}{p_B^* x_B}=1\Rightarrow\dfrac{p_A^*}{p_B^*}\times5=1\Rightarrow\dfrac{p_A^*}{p_B^*}=0.2$

答案：（C）

10. 二组分理想液态混合物的总蒸气压必定(　　)

（A）与溶液的组成无关　　（B）介于二纯组分的蒸气压之间
（C）大于任一纯组分的蒸气压　　（D）小于任一纯组分的蒸气压

解析：$p=p_A^* x_A+p_B^* x_B=p_A^*+(p_B^*-p_A^*)x_B$

答案：（B）

11. 等温、等压下，1mol C_6H_6 与 1mol $C_6H_5CH_3$ 形成理想液态混合物，现要将两种组分完全分离成纯组分，则最少需要非体积功的数值是(　　)

（A）$RT\ln0.5$　　（B）$2RT\ln0.5$　　（C）$-2RT\ln0.5$　　（D）$-RT\ln0.5$

解析：$W=-\Delta_{mix}G=RT\sum_i n_i\ln x_i=2RT\ln0.5$

答案：（C）

12. 在 298K 时，从大量的等物质的量的对二甲苯(A)与邻二甲苯(B)的理想液态混合物中，分离出 1molA 所需要的最小功等于(　　)

（A）$-RT\ln0.5$　　（B）$RT\ln0.5$　　（C）$-2RT$　　（D）$2RT$

解析：体系变化过程如下

$$\begin{bmatrix} n\text{molA} \\ n\text{molB} \end{bmatrix} \xrightarrow{W=\Delta G} \begin{bmatrix} (n-1)\text{molA} \\ n\text{molB} \end{bmatrix} + 1\text{molA}$$

$W=\Delta G=G_{后}-G_{前}=(n-1)\mu_A+n\mu_B+\mu_A^*-n\mu_A+n\mu_B=\mu_A^*-\mu_A=-RT\ln0.5$

答案：（A）

13. 下述系统中，组分的化学势标准为假想状态的是(　　)

（A）混合理想气体中的组分 B　　（B）理想液态混合物中的组分 B
（C）稀溶液中的溶剂 A　　（D）真实溶液中的溶剂 A

答案：（D）

14. 下述系统中，组分的化学势标准不是假想状态的是(　　)

（A）纯理想气体 B

(B) 以质量摩尔浓度作为组成标度的稀溶液中的溶质 B

(C) 以质量摩尔浓度作为组成标度的真实溶液中的溶质 B

(D) 真实液态混合物中的任意组分 B

答案：(A)

15. 在温度 T 时测得 A、B 二组分液态混合物的气相总压为 30kPa，气相中 B 的摩尔分数 $y_B = 0.82$，该温度时纯 A 的饱和蒸气压为 32kPa，则液态混合物中 A 的活度 α_A =(　　)

(A) 0.94　　(B) 0.77　　(C) 0.19　　(D) 0.16

解析：$\alpha_A = p_A/p_A^* = y_A p/p_A^* = (1-0.82)\times 30/32 = 0.16$

答案：(D)

16. 冬天进行建筑施工时，为了保证施工质量，常在浇注混凝土时加入少量盐，你认为下列四种盐中最理想的一种是(　　)

(A) NaCl　　(B) NH_4Cl　　(C) $CaCl_2$　　(D) KCl

解析：稀溶液的依数性

答案：(C)

17. 稀溶液的凝固点 T_f 与纯溶剂的凝固点 T_f^* 比较，$T_f < T_f^*$ 的条件是(　　)

(A) 溶质必须是挥发性的　　(B) 析出的固相一定是固溶体

(C) 析出的固相是纯溶剂　　(D) 析出的固相是纯溶质

答案：(C)

18. 人的正常体温为 310K，在此温度下将 0.1mol 的葡萄糖从尿液转到血液中，人体肾脏至少需做功 1.1869×10^3J。则葡萄糖在尿液中的浓度是在血液中的倍数为(　　)

(A) 100　　(B) 10　　(C) 0.01　　(D) 0.1

解析：$W = \Delta G = \mu_{血} - \mu_{尿} = nRT\ln(c_{血}/c_{尿}) \Rightarrow c_{尿}/c_{血} = 0.01$

答案：(C)

19. 涉及稀溶液依数性的下列表述中不正确的是(　　)

(A) 在通常实验条件下依数性中凝固点降低是最灵敏的一个性质

(B) 用热力学方法推导依数性公式时都要应用拉乌尔定律

(C) 凝固点降低公式只适用于固相是纯溶剂的系统

(D) 依数性都可以用来测定溶质的相对分子量

解析：在通常实验条件下，对于凝固点降低和沸点升高，其灵敏度主要体现在凝固点降低常数 K_f 和沸点升高 K_b 常数上，对一般溶剂 $K_f>K_b$，所以凝固点降低实验较沸点升高实验灵敏。但依数性实验中最灵敏的要数渗透压测定实验。

答案：(A)

20. 有一稀溶液浓度为 m，沸点升高值为 ΔT_b，凝固点下降值为 ΔT_f，则(　　)

(A) $\Delta T_f > \Delta T_b$　(B) $\Delta T_f = \Delta T_b$　(C) $\Delta T_f < \Delta T_b$　(D) 不确定

解析：$K_f > K_b$

答案：(A)

21. $Al_2(SO_4)_3$ 的化学势为 μ，Al^{3+}、SO_4^{2-} 的化学势分别为 μ_+、μ_-。它们之间的关系为(　　)

(A) $\mu = \mu_+ + \mu_-$　　(B) $\mu = 3\mu_+ + 2\mu_-$

(C) $\mu = 2\mu_+ + 3\mu_-$　　(D) $\mu = \mu_+ \mu_-$

答案：(C)

3.3.2　填空题

1. 保持压力不变，稀溶液中溶剂 A 的化学势 μ_A 随温度的降低而______。

解析：$\left(\dfrac{\partial \mu_A}{\partial T}\right) = -S < 0$

答案：增加

2. 氧气和乙炔气溶于水中的亨利系数分别是 $7.2\times10^7 Pa\cdot kg\cdot mol^{-1}$ 和 $133\times10^8 Pa\cdot kg\cdot mol^{-1}$，由亨利定律可知，在相同条件下，______在水中的溶解度大于______在水中的溶解度。

答案：氧气；乙炔气

3. 对于理想稀溶液，在一定温度下溶质 B 的质量摩尔浓度为 b_B，则 B 的化学势表达式为______。

答案：$\mu_{B,1} = \mu^*_{B,b,1} + RT\ln(b_B/b^\ominus)$

4. 理想气体分子间作用力______；理想液态混合物分子间作用力______。

答案：为零；相等

5. 由 A、B 构成真实液态混合物 $x_B = 0.4$，其中 $p_A^* = 36kPa$，$p_A = 30kPa$，则 A 组分的活度因子 $\gamma_A =$______，活度 $\alpha_A =$______。

解析：$\alpha_A = p_A/p_A^* = 30/36 = 0.83$；$\gamma_A = \alpha_A/x_A = 0.83/0.6 = 1.39$

答案：1.39；0.83

3.3.3　简答题

1. 系统达平衡时，偏摩尔量为一个确定的值吗？

答案：不是，不同相中的偏摩尔量一般不相同。

2. 溶液的化学等于溶液中各组分的化学势之和，这样说对吗？

答案：不对。化学势是某组分的偏摩尔吉布斯自由能。溶液中可以分溶剂的化学或溶质的化学势，而没有整个溶液的化学势。

3. 理想气体与理想液态(或固态)混合物的微观粒子间的相互作用有何区别？

答案：理想气体的分子间不存在相互作用，而理想液态混合物的粒子间存在相互作用，只不过是不管是同种粒子还是异种粒子之间的作用力都几乎一样大。

4. 按照真实气体化学势公式 $\mu_B = \mu_B^{\ominus} + RT\ln(f_B/p^{\ominus})$，已知真实气体在 $f_B = p^{\ominus}$ 时的化学势就是标准态的化学势，所以真实气体在 $f_B = 1.0 \times 10^5 Pa$ 时的状态就是它的标准态。此话对吗？为什么？

解：不对。无论是理想气体还是实际气体，其标准态均为 T、$p^{\ominus}$ 条件下具有理想气体行为的纯气体。对实际气体，还必须同时满足 $\gamma_B = 1$。

5. 试说明标准态和活度等于1状态的关系。

答案：标准态一定是活度等于1的状态，但活度等于1并不一定是标准态。

6. 下列六种状态的水的化学势：

① 100℃、$p^{\ominus}$、液态；② 100℃、$p^{\ominus}$、气态；③ 100℃、$2p^{\ominus}$、液态；

④ 100℃、$2p^{\ominus}$、气态；⑤ 101℃、$p^{\ominus}$、液态；⑥ 101℃、$p^{\ominus}$、气态。

请问：(A) μ_1 与 μ_2 谁大？(B) μ_3 与 μ_1 相差多少？(C) μ_4 与 μ_2 谁大？(D) μ_3 与 μ_4 谁大？由此可得关于变化方向的什么结论？(E) 比较熵 S_1 与 S_2 谁大？(F) μ_5 与 μ_6 何者较大？由此可得何结论？

答案：对于纯物质，$d\mu = dG_m^*$，则 $\left(\frac{\partial \mu}{\partial p}\right)_T = \left(\frac{\partial G_m^*}{\partial p}\right)_T = V_m^* > 0$，$\left(\frac{\partial \mu}{\partial T}\right)_p = \left(\frac{\partial G_m^*}{\partial T}\right)_p = -S_m^* < 0$。

(A) $\mu_1 = \mu_2$，两相平衡；

(B) $\mu_3 - \mu_1 = \int_{p_1}^{p_2} V_{m,1}^* dp = 18 \times 10^{-6} p^{\ominus} = 1.8 J \cdot mol^{-1} > 0$

(C) $\mu_4 - \mu_2 = \int_{p_2}^{p_4} V_{m,g}^* dp = RT\ln(p_4/p_2) = 2.15 kJ \cdot mol^{-1} > 0$

(D) $\mu_4 - \mu_2 = \int_p^{2p} V_{m,g}^* dp$，并且 $\mu_3 - \mu_1 = \int_p^{2p} V_{m,1}^* dp$，而 $\mu_1 = \mu_2$，$V_{m,g}^* > V_{m,1}^*$，因此 $\mu_4 > \mu_3$。由此可知在100℃、$2p^{\ominus}$ 的条件下，$H_2O(g) \rightarrow H_2O(l)$。

(E) 熵为混乱度的量度，因此 $S_2 > S_1$

(F) $\mu_6 - \mu_2 = -\int_{100}^{101} S_{m,g}^* dT$，并且 $\mu_5 - \mu_1 = -\int_{100}^{101} S_{m,1}^* dT$，而 $\mu_1 = \mu_2$，$S_{m,g}^* > S_{m,1}^*$，因此 $\mu_5 > \mu_6$。由此可知在101℃、$p^{\ominus}$ 的条件下，$H_2O(l) \rightarrow H_2O(g)$。

7. 稀溶液的依数性包括哪些？用其中之一说明如何测某物质的摩尔质量。

答案：蒸气压下降，凝固点降低，沸点升高，渗透压的产生。用渗透压法测高分子(电解质)摩尔质量时，应半透膜将纯溶剂与稀高分子(电解质)溶液隔开，然后采用依数性公式 $\Pi V = n_B RT$ 将 n_B 求出，进而求出 M_B 。

8. 烧杯 A 中装有 10g、0℃的水；烧杯 B 中装有 10g、0℃的冰水混合物(水 5g，冰 5g)，用滴管分别向两烧杯中滴入数滴浓 H_2SO_4，则两烧杯中的温度将如何变化？(假设无其他热损失)。

答案：由于 H_2SO_4溶于水放出溶解热，故 A 杯中温度升高；由于稀溶液的冰点降低，故只要 H_2SO_4溶解放出的热量小于 5g 冰融化所需要的热量，B 杯中的冰未全部熔化，则 B 杯中温度将降低。

3.3.4 计算及证明题

1. 在 292.15K，$p^\ominus$ 下，某酒窖中有 10.0m^3的蒸馏酒，其中含乙醇(质量百分数)96%。今欲加水调制为含乙醇 56%的白酒，问：(1)应加多少体积的水？(2)能得到多少立方米的含乙醇 56%的酒。已知该条件下水的密度为 999.1$kg \cdot m^{-3}$，水和乙醇的偏摩尔体积分别为：

乙醇的质量分数	$V_{H_2O}/10^{-6}m^3 \cdot mol^{-1}$	$V_{乙醇}/10^{-6}m^3 \cdot mol^{-1}$
96%	14.61	58.01
56%	17.11	56.58

解：(1) 设加入水的物质的量为 $x$mol

$$\left.\begin{array}{l} V = n_{乙醇}V_{乙醇} + n_{H_2O}V_{H_2O} \Rightarrow 10 = n_{乙醇} \times 58.01 \times 10^{-6} + n_{H_2O} \times 14.61 \times 10^{-6} \\ \dfrac{n_{乙醇}}{n_{H_2O}} = \dfrac{m_{乙醇}/M_{乙醇}}{m_{H_2O}/M_{H_2O}} = \dfrac{96/46.05}{4/18.02} = 9.39 \end{array}\right\} \Rightarrow$$

$$\begin{cases} n_{乙醇} = 1.68 \times 10^5 mol \\ n_{H_2O} = 1.79 \times 10^4 mol \end{cases}$$

$$\frac{n_{乙醇}}{n_{H_2O} + x} = \frac{m_{乙醇}/M_{乙醇}}{m_{H_2O}/M_{H_2O}} = \frac{56/46.05}{44/18.02} \Rightarrow x = 3.19 \times 10^5 mol$$

$$\Delta V_{H_2O} = \frac{xM_{H_2O}}{\rho} = \left[\frac{3.19 \times 10^5 \times 18.02 \times 10}{999.1}\right] m^3 = 5.75 m^3$$

(2) $V = n_{乙醇}V_{乙醇} + (n_{H_2O} + x)V_{H_2O} = [1.68 \times 10^5 \times 56.58 \times 10^{-6} + (1.79 \times 10^4 + 3.19 \times 10^5) \times 17.11 \times 10^{-6}] m^3 = 15.3 m^3$

2. 298K 时，K_2SO_4 在水溶液中的偏摩尔体积 V_2(m^3) 与其质量摩尔浓度

$m(\mathrm{mol \cdot kg^{-1}})$的关系为：$V_2 = 3.228\times10^{-5} + 1.821\times10^{-5}m^{\frac{1}{2}} + 2.2\times10^{-8}m$，求$H_2O$偏摩尔体积$V_{H_2O}$与$m$的关系。已知纯水的摩尔体积为$1.7963\times10^{-5}\mathrm{m^3 \cdot mol^{-1}}$。

解：$n_{H_2O}\mathrm{d}V_{H_2O} + n_2\mathrm{d}V_2 = 0 \Rightarrow \mathrm{d}V_{H_2O} = -\dfrac{n_2}{n_{H_2O}}\mathrm{d}V_2$

由已知关系式可推出$\mathrm{d}V_2 = (9.105\times10^{-6}m^{-\frac{1}{2}} + 2.2\times10^{-8})\mathrm{d}m$

当水的质量为1kg时$n_2 = m$，$n_{H_2O} = \dfrac{m_{H_2O}}{M_{H_2O}} = \dfrac{1\mathrm{kg}}{0.018\mathrm{kg \cdot mol^{-1}}}$

则$\mathrm{d}V_{H_2O} = [-0.018m(9.105\times10^{-6}m^{-\frac{1}{2}} + 2.2\times10^{-8})]\mathrm{d}m$

$= [-1.6389\times10^{-7}m^{\frac{1}{2}} - 3.96\times10^{-10}m]\mathrm{d}m$

$V_{H_2O} = \int(-1.6389\times10^{-7}m^{\frac{1}{2}} - 3.96\times10^{-8}m)\mathrm{d}m$

$= -1.0926\times10^{-7}m^{\frac{3}{2}} - 1.98\times10^{-10}m^2 + C$

对于纯水$m=0$，则$1.7963\times10^{-5} = -1.0926\times10^{-7}\times0^{\frac{3}{2}} - 1.98\times10^{-10}\times0^2 + C \Rightarrow C = 1.7963\times10^{-5}$

$V_{H_2O} = -1.0926\times10^{-7}m^{\frac{3}{2}} - 1.98\times10^{-10}m^2 + 1.7963\times10^{-5}$

3. 已知288.15K时纯水的饱和蒸气压为1705Pa，现将1mol NaOH溶解在4.559mol水中，测得该溶液的饱和蒸气压596.5Pa，求：(1)溶液中水的活度；(2)在纯水中和在溶液中，水的化学势的差值。

解：(1) 水的活度

$p_A = p_A^*\alpha_A \Rightarrow 596.5\mathrm{Pa} = 1705\mathrm{Pa}\times\alpha_A \Rightarrow \alpha_A = 0.3498$

(2) 化学势的差值

$\mu_A = \mu_A^* + RT\ln\alpha_A \Rightarrow \Delta\mu = -RT\ln\alpha_A$

$= [-8.314\times288.15\times\ln0.3498]\mathrm{kJ \cdot mol^{-1}} = 2.52\mathrm{kJ \cdot mol^{-1}}$

4. 已知某气体的状态方程为$pV_m = RT + ap$，其中a为常数，求该气体的逸度表达式。

解：$\left(\dfrac{\partial\mu}{\partial p}\right)_T = V_m \Rightarrow \mathrm{d}\mu = \int V_m\mathrm{d}p$

对于实际气体：$\mu = \mu^\ominus + RT\ln(f/f^\ominus)$

当温度恒定时$\mathrm{d}\mu = RT\mathrm{d}\ln f$

$\int_{\ln f^*}^{\ln f} RT\mathrm{d}\ln f = \int_{p^*}^{p} V_m\mathrm{d}p = \int_{p^*}^{p}\left(\dfrac{RT}{p} + a\right)\mathrm{d}p = RT\ln\dfrac{p}{p^*} + a(p - p^*)$

$RT\ln(f/f^*) = RT\ln(p/p^*) + a(p - p^*)$

$p^* \to 0$ 时，$f^* \to p^*$，$a(p-p^*) \to ap$

所以 $f = pe^{\frac{ap}{RT}}$

5. 在20℃和40℃，CO_2的压力为 p(101.325kPa)时，某饮料的每1kg水中可分别溶解1.70g和1.00g CO_2。今用只能承受 $2p$ 压力的容器充满该饮料。试计算20℃下充装时，必须控制 CO_2的平衡压力最高为多少才能确保40℃下饮料在容器中安全存放？假设饮料可视为 CO_2的水溶液，且服从亨利定律。

解：$\left.\begin{aligned} p &= K_{20}b_{20} \\ p &= K_{40}b_{40} \end{aligned}\right\} \Rightarrow \dfrac{K_{20}}{K_{40}} = \dfrac{b_{40}}{b_{20}} \qquad \left.\begin{aligned} p_x &= K_{20}b \\ 2p &= K_{40}b \end{aligned}\right\} \Rightarrow \dfrac{p_x}{2p} = \dfrac{K_{20}}{K_{40}}$

$$\frac{p_x}{2p} = \frac{K_{20}}{K_{40}} = \frac{b_{40}}{b_{20}} \Rightarrow p_x = 2p\frac{b_{40}}{b_{20}} = [2 \times 101.325 \times 1/1.7]\ \text{kPa} = 119.2\text{kPa}$$

6. 实验测得某水溶液的凝固点为-15℃，求该溶液中水的活度以及25℃时该溶液的渗透压。已知冰的熔化热 $\Delta_{fus}H_m^{\ominus} = 6025\text{J} \cdot \text{mol}^{-1}$，设为常数。

解：$\ln\alpha_A = \dfrac{\Delta_{fus}H_m^{\ominus}}{R}\left(\dfrac{1}{T_f^*} - \dfrac{1}{T_f}\right) = \dfrac{6025}{8.314}\left(\dfrac{1}{273} - \dfrac{1}{258}\right) \Rightarrow \alpha_A = 0.857$

$$\ln\alpha_A = -\Pi V_{m,A}^*/RT \Rightarrow \Pi = -\frac{RT\ln\alpha_A}{V_{m,A}^*} = \left[\frac{8.314 \times 298 \times 0.1543}{1.8 \times 10^{-5}}\right]\text{Pa}$$

$$= 2.12 \times 10^{-7}\text{Pa}$$

7. 353K时纯苯蒸气压为100kPa，纯甲苯的蒸气压为38.7kPa。两液体可形成理想液态混合物。若有苯-甲苯的气-液平衡混合物，353K时气相中苯的摩尔分数为0.300，求液相的组成。

解：由题意可得

$$y_{苯} = \frac{p_{苯}}{p} = \frac{p_{苯}^* x_{苯}}{p_{苯}^* x_{苯} + p_{甲苯}^* x_{甲苯}} \Rightarrow 0.300 = \frac{100x_{苯}}{100x_{苯} + 38.7(1 - x_{苯})} \Rightarrow$$

$x_{苯} = 0.142$，$x_{甲苯} = 0.858$

8. 在100g苯中加入13.76g联苯($C_6H_5C_6H_5$)所形成溶液的沸点为82.4℃，已知苯的沸点为80.1℃，求(1)沸点升高常数；(2)苯的摩尔蒸发热。

解：(1) 沸点升高常数

$$\Delta T_b = K_b b_{联苯} \Rightarrow 2.1\text{K} = K_b\frac{(13.76\text{g}/154.2\text{g} \cdot \text{mol}^{-1})}{0.1\text{kg}} \Rightarrow K_b = 2.578\text{K} \cdot \text{kg} \cdot \text{mol}^{-1}$$

(2) 苯的摩尔蒸发热

$$K_b = \frac{R(T_b^*)^2}{\Delta_{vap}H_m^{\ominus}}M_A \Rightarrow \Delta_{vap}H_m^{\ominus} = \frac{R(T_b^*)^2}{K_b}M_A$$

$$= \left[\frac{8.314 \times 353.25^2 \times 0.0781}{2.578}\right]\text{J} \cdot \text{mol}^{-1} = 31.34\text{kJ} \cdot \text{mol}^{-1}$$

9. Na 在汞齐中的活度 α_2 符合：$\ln\alpha_2 = \ln x_2 + 35.7x_2$，$x_2$ 为汞齐中 Na 的摩尔分数，求 $x_2 = 0.04$ 时，汞齐中 Hg 的活度 α_1（汞齐中只有 Na 及 Hg）。

解：$\ln\alpha_2 = \ln x_2 + 35.7x_2 \Rightarrow$

$$\mathrm{d}\ln\alpha_2 = \mathrm{d}(\ln x_2 + 35.7x_2) = \frac{1}{x_2}\mathrm{d}x_2 + 35.7\mathrm{d}x_2 \Rightarrow$$

$\ln\alpha_2 = \ln x_2 + 35.7x_2 \Rightarrow$

$$\mathrm{d}\ln\alpha_2 = \frac{1}{x_2}\mathrm{d}(1-x_1) + 35.7\mathrm{d}(1-x_1) = -\frac{\mathrm{d}x_1}{x_2} - 35.7\mathrm{d}x_1$$

根据杜亥姆-马居尔公式：$x_1\mathrm{d}\ln\alpha_1 + x_2\mathrm{d}\ln\alpha_2 = 0$

$$\mathrm{d}\ln\alpha_1 = -\frac{x_2}{x_1}\mathrm{d}\ln\alpha_2 = -\frac{x_2}{x_1}\left(-\frac{\mathrm{d}x_1}{x_2} - 35.7\mathrm{d}x_1\right) \Rightarrow \int\mathrm{d}\ln\alpha_1 = \int\frac{\mathrm{d}x_1}{x_1} + 35.7\int\frac{1-x_1}{x_1}\mathrm{d}x_1$$

$$\ln\alpha_1 = \ln x_1 + 35.7(\ln x_1 - x_1) + C = 36.7\ln x_1 - 35.7x_1 + C$$

当 $\alpha_1 = 1$ 时，$x_1 = 1$，求得 $C = 35.7$

$$\ln\alpha_1 = 36.7\ln x_1 - 35.7x_1 + 35.7 = 36.7\ln x_1 + 35.7(1 - x_1)$$

由此，当 $x_2 = 0.04$ 时，$x_1 = 0.96$，$\alpha_1 = 0.932$

§4 相平衡

4.1 重要知识点

4.1.1 相平衡体系

对于一个多相体系，相平衡并不要求每一种物质都在所有相中存在，只要求每一种物质在它所存在的所有相中化学势相等。如，蔗糖水溶液与其蒸气平衡共存，气相中虽然不存在蔗糖，但该体系仍属于相平衡体系。

4.1.2 吉布斯相律

$$f = C - \Phi + 2$$

f：系统的自由度数(独立变量数)，是保持相平衡系统中相的数目不变的条件下，系统中可独立改变的强度性质变量的数目；

Φ：相数，是相平衡系统中相的数目；

2：表示相平衡系统只受温度、压力两个因素影响；

C：组分数(或独立组分数)，是足以确定相平衡系统中所有各相组成所需最少数目的独立物质数，$C = S - R - R'$

S：物种数，是系统中所含有的化学物质的数目；

R：化学平衡数，是系统中各物种之间存在的独立的化学平衡的数目；

R'：独立限制条件数，是同一相中独立的浓度限制条件的数目。

相律说明：

① 相律只适用于处于热力学平衡的多相系统；

② 相律表达式中“2”代表温度、压力两个影响因素，对凝聚系统来说，压力对相平衡影响很小，此时相律可表示为$f = C - \Phi + 1$，该自由度可称为条件自由度。若除此之外还受其他因素(如磁场、电场、重力场等)影响，相律可表示为：$f = C - \Phi + n$，n代表影响因素的个数。

4.1.3 杠杆规则

杠杆规则表示多组分体系两相平衡时，两相的数量之比与两相组成、系统组成间的关系。杠杆规则示意如图 4-1。

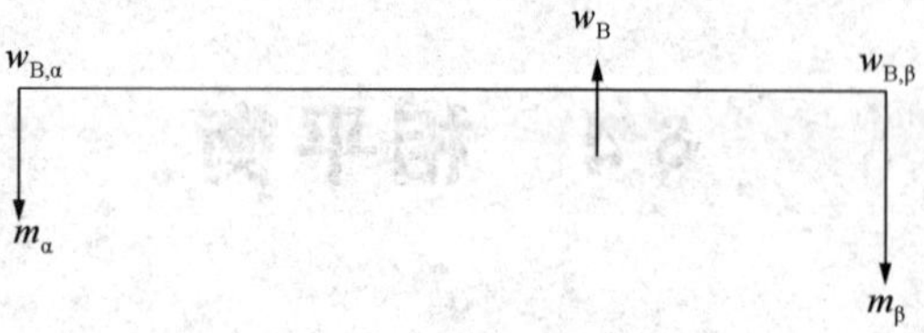

图 4-1　杠杆规则示意图

对一定温度、压力下的 A、B 两组分系统中的 α、β 两相平衡，杠杆规则可表示为 $m_\alpha(w_B - w_{B,\alpha}) = m_\beta(w_{B,\beta} - w_B)$，式中 w_B、$w_{B,\alpha}$、$w_{B,\beta}$ 分别是以组分 B 质量分数表示的系统组成及 α、β 两相的组成；$m(\alpha)$、$m(\beta)$ 分别是 α、β 两相的质量。若组分 B 组成以摩尔分数 x_B 表示时，可运用杠杆规则计算两相的物质的量，计算式为：$m_\alpha(x_B - x_{B,\alpha}) = m_\beta(x_{B,\beta} - x_B)$。

4.1.4　单组分相图

（1）纯物质两相平衡时 T-p 关系及相变焓的计算：

Clapeyron 方程：任意两相平衡的 T-p 关系式 $\frac{dp}{dT} = \frac{\Delta_\alpha^\beta H_m}{T\Delta_\alpha^\beta V}$

Clapeyron-Clausius 方程：两相中有一相为气相时 $\Delta V \approx V_g$ 而气相可视为理想气体时，两相平衡的 T-p 关系式为 $\frac{d\ln p}{dT} = \frac{\Delta_{vap}H_m}{RT^2}$，定积分结果为 $\ln\frac{p_2}{p_1} = \frac{\Delta_{vap}H_m}{R}\left(\frac{1}{T_1} - \frac{1}{T_2}\right)$，不定积分的结果为 $\ln p = -\frac{\Delta_{vap}H_m}{RT} + C$。

（2）单组分系统 p-T 相图（如图 4-2）的特征：相图上的区域为单相区，f=2。两相间的交界线为两相平衡线，其 p 与 T 间的关系服从克拉佩龙方程，f=1。各两相平衡线的交点为三相点，f=0。水的三相点（273.16K，610.5Pa）和通常所说的冰点（273.15K，100kPa）是不同的。造成二者不同的原因是处在冰点时，水中溶有空气，变成了稀溶液，导致其凝固点降低；此外压力由 610.5Pa 改变至 100kPa，也导致冰点下降。由相律可知，单组分系统最多有三相平衡共存。

4.1.5　二组分液态完全互溶系统气-液平衡相图

二组分液态完全互溶系统分为理想液态混合物和真实液态混合物，对于真实液态混合物系统依据溶液蒸气压对拉乌尔定律的偏差程度分为四类：一般正偏差、一般负偏差、最大正偏差、最大负偏差。二组分液态完全互溶系统的各类气-液平衡相图示意于图 4-3。

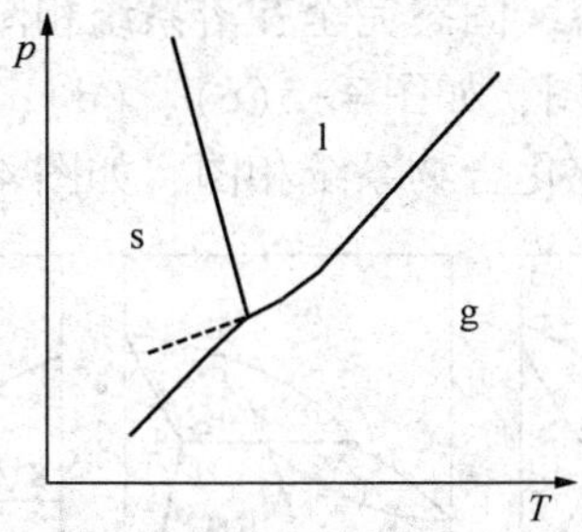

图 4-2　水的相图

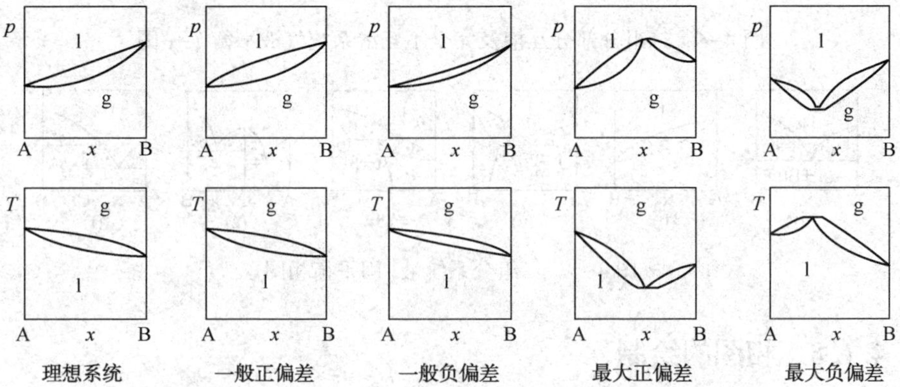

图 4-3　二组分完全互溶系统气液平衡 p-x 图、T-x 图

恒沸物：具有最大正偏差或最大负偏差的溶液系统可形成恒沸物。恒沸物在沸腾时气液相的组成相同，因而不能用精馏的方法将其分离。恒沸物的组成随着压力的变化而变化，在某些条件下，恒沸物甚至可能消失。

4.1.6　二组分液态部分互溶系统及液态完全不互溶系统气-液平衡相图

由气、液、液三相组成的关系，可将二组分液态部分互溶系统分为两类：一类是气相组成介于两液相组成之间，如图 4-4(a)所示；另一类是液相组成介于气相组成和另一个液相组成之间如图 4-4(b)所示。二组分液态完全不互溶系统温度-组成图如图 4-4(c)所示。一定温度下，两互不相溶的液体共存时系统的蒸气压为这两种纯液体饱和蒸气压之和，即在同样外压下两液体的共沸点低于两纯液体各自的沸点。

4.1.7　二组分液-固平衡相图

典型的二组分凝聚系统相图有：液态完全互溶、固态完全不互溶系统相图，如图 4-5(a)；液态完全互溶、固态完全互溶系统相图，如图 4-5(b)；液态完全互溶、固态部分互溶系统相图，如图 4-5(c)、(d)；生成稳定化合物系统相图，如图 4-5(e)；和生成不稳定化合物系统相图，如图 4-5(f)。

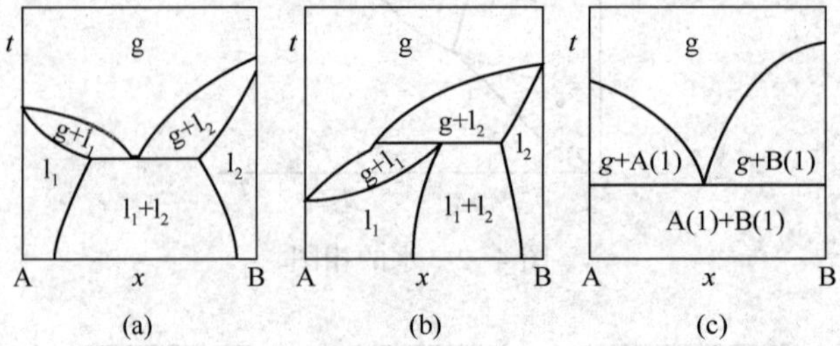

图 4-4　二组分部分互溶及完全不互溶系统气液平衡 $T-x$ 图

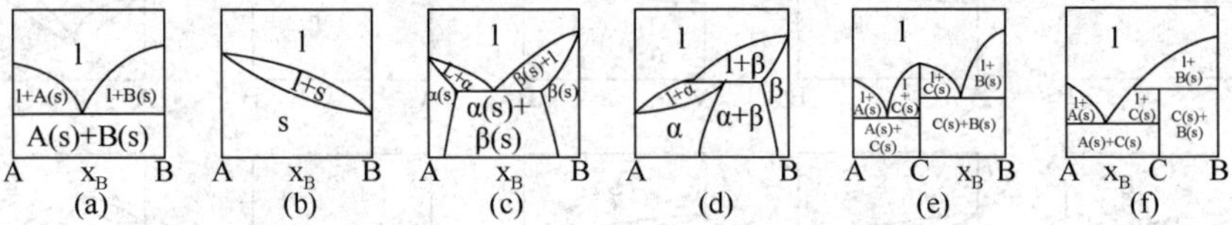

图 4-5　二组分系统液-固平衡相图

4.1.8　相图的绘制

相图是用图解的方法研究一种或数种物质所构成的相平衡系统的性质(如蒸气压、沸点、熔点、溶解度)与条件(如温度、压力、组成)的函数关系，可以根据实验测定得到的一系列数据绘制而成(理想液态混合物的相图可由拉乌尔定律计算得出)。常用的实验方法主要有：蒸馏法、溶解度法和热分析法。

考察气-液相平衡关系，如二组分系统气-液平衡相图，常采用蒸馏法，即对不同组成的二组分混合物进行恒温蒸馏或恒压蒸馏，测定平衡时的蒸气压(或温度)与气、液相组成，从而得到恒定温度下的蒸气压-组成图、恒定压力下的温度-组成图。

考察二组分液态部分互溶系统或水-盐系统，常采用溶解度法绘制相图。即在一定压力下，测定不同温度时两种组分的相互溶解度(或盐类在水中的溶解度)，根据溶解度数据可绘制出相图。

热分析法是绘制凝聚系统相图常用的基本方法。热分析法的核心是测定样品平衡相数发生突变时的温度。其原理是根据系统在冷却过程中温度随时间的变化情况(步冷曲线)来判断系统是否发生了相变化。由步冷曲线可得到以下信息：① 各平滑线段内部系统相数不变；② 各折点对应着系统相数发生突变；③ 水平线段内系统自由度数为 0。

4.1.9 二组分相图的阅读及分析

掌握七张基本相图的形状和特点。对于复杂的相图，可以把它分解为若干个基本类型的相图，并遵照一定规则读图。

七张基本二组分相图(如图 4-6)：① 高温相、低温相均完全互溶且理想状态混合物的二组分相图；② 高温相、低温相均完全互溶但为非理想状态混合物的二组分相图；③ 部分互溶双液系或双固系的相图(有共轭溶液或共轭固溶体)；④ 高温完全互溶、低温完全不互溶的二组分相图；⑤ 液相完全互溶、固相完全不互溶且形成稳定化合物的二组分液—固相图；⑥ 液相完全互溶、固相完全不互溶且形成不稳定化合物的二组分液—固相图。⑦ 高温完全互溶、低温部分互溶的二组分相图；

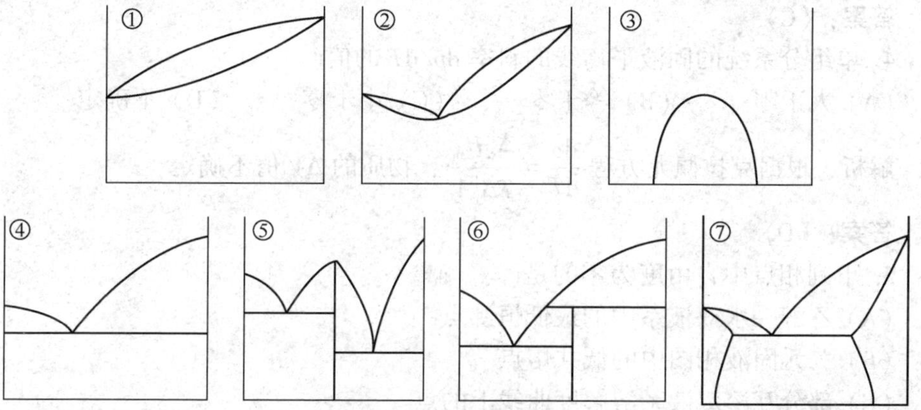

图 4-6 基本二组分相图汇总

读图规则：① 读水平的三相线。三相线的两端分别为两个单相，同时中间会与另一个单相区相连。② 确定两相区。任何两相区的两侧必是两个单相区，而且它们所代表的相态分别是两侧相区所包含的两种相态。

4.2 例题精解

4.2.1 选择题

1. 相律和相图应用于(　　)

(A) 封闭系统　　(B) 开放系统

(C) 未达平衡的开放系统　　(D) 已达平衡的多相开放系统

答案：(D)

2. 相律和相图之间的关系为(　　)

(A) 相图由相律推导得出

(B) 相图决定相律

(C) 相图由实验结果绘制得出，相图不能违背相律

(D) 相图由实验结果绘制得出，与相律无关

答案：(C)

3. 下述说法中错误的是(　　)

(A) 通过相图可以确定一定条件下系统由几相构成

(B) 相图可表示出平衡时每一相的组成如何

(C) 相图可表示出达到相平衡所需的时间长短

(D) 通过杠杆规则可在相图上计算各相的相对数量多少

答案：(C)

4. 单组分系统的固液平衡线的斜率 dp/dT 的值(　　)

(A) 大于零　　(B) 等于零　　(C) 小于零　　(D) 不确定

解析：根据克拉佩龙方程 $\frac{dp}{dT} = \frac{\Delta_{\alpha}^{\beta} H_{m}}{T\Delta_{\alpha}^{\beta} V}$，物质的 ΔV 值不确定

答案：(D)

5. 下列相点中自由度为零的是(　　)

(A) 乙醇—水双液系中的最低恒沸点

(B) 二元固液相图中的低共熔点

(C) 部分互溶双液系溶解度曲线上的点

(D) 水相图中熔化曲线上的点

解析：本题需注意“相图”中的条件；恒沸点 $f = C - \Phi + 2 = 1 - 2 + 2 = 1$，相图上的低共熔点压力固定，则 $f^{*} = C - \Phi + 2 = 2 - 3 + 1 = 0$

答案：(B)

6. 某纯物质的液体密度大于固体密度，则该液体的凝固点随压力升高而(　　)

(A) 升高　　(B) 降低　　(C) 不变　　(D) 不能确定

解析：$\rho_{l} > \rho_{s} \Rightarrow V_{l}^{*} = \frac{m}{\rho_{l}} < V_{s}^{*} = \frac{m}{\rho_{s}}$，则 $\frac{dT}{dp} = \frac{T(V_{l} - V_{s})}{\Delta_{fus} H_{m}} < 0$

答案：(B)

7. 某一固体在 25℃ 和 101325Pa 下升华，这意味着(　　)

(A) 固体比液体密度大　　(B) 三相点压力大于 101325Pa

(C) 三相点温度小于 25℃　　(D) 三相点压力小于 101325Pa

答案：(B)

8. 在一定外压下，多组分系统的沸点(　　)

(A) 有恒定值　　(B) 随组分而变化

(C) 随浓度而变化　　(D) 随组分及浓度而变化

解析：沸点时 $f^* = C - \Phi + 2 = S - R - R' - 2 + 2 = 0$

答案：(D)

9. 已知温度为 T 时，液体 A 的蒸气压为 13330Pa，液体 B 的蒸气压为 6665Pa。设 A 与 B 构成理想液体混合物，则当 A 在溶液中的摩尔分数为 0.5 时，其在气相中的摩尔分数为(　　)

(A) 1/3　　(B) 1/2　　(C) 2/3　　(D) 3/4

解析：$y_A = \dfrac{p_A^* x_A}{p_A^* x_A + p_B^* x_B} = \dfrac{13330 \times 0.5}{13330 \times 0.5 + 6665 \times 0.5} = \dfrac{2}{3}$

答案：(C)

10. 一定温度下二元理想溶液中，若纯 B 的饱和蒸气压 p_B^* 大于纯 A 的 p_A^*，则当 x_B 增大时，气液两相达平衡时系统压力(　　)

(A) 不变　　(B) 减小　　(C) 增大　　(D) 不一定

解析：根据题意画出 p–x 图

答案：(C)

11. A、B 可形成完全互溶系统，在一定温度下，若 $p_B^* > p_A^*$，则当此二组分构成的混合液处于气液平衡时(　　)

(A) $y_B > x_B$　　(B) $y_B < x_B$　　(C) $y_B = x_B$　　(D) 均可能

解析：题面并未指明蒸气压对拉乌尔定律的偏差程度

答案：(D)

12. A、B 两液体混合物在 T–x 图上出现最高点，则该混合物对拉乌尔定律产生(　　)

(A) 正偏差　　(B) 负偏差　　(C) 没偏差　　(D) 无规则

解析：根据题意画出 p–x 图

答案：(B)

13. 对于恒沸混合物，下列说法中错误的是(　　)

(A) 不具有确定的组成　　(B) 平衡时气相和液相组成相同

(C) 其沸点随外压的改变而改变　　(D) 与化合物一样具有确定组成

答案：(D)

14. 物质 A 与物质 B 构成的系统可形成低恒沸物 E。已知纯 A 与纯 B 的沸点间关系为 $T_b(B) > T_b(A)$。若将任意比例的 A+B 系统在一个精馏塔中蒸馏，则塔顶馏出物是(　　)，塔底馏出物是(　　)

(A) 纯 B (B) 纯 A (C) 低恒沸物 E (D) 不一定

解析：根据 5-6②的相图可知

答案：(C)(D)

15. $CuSO_4$与水可生成 $CuSO_4 \cdot H_2O$、$CuSO_4 \cdot 3H_2O$ 和 $CuSO_4 \cdot 5H_2O$ 三种水合物，则在一定温度下与水蒸气达平衡的含水盐最多为

(A) 3 种 (B) 2 种

(C) 1 种 (D) 不可能有共存的含水盐

解析：一定温度时 $f^* = C - \Phi + 1 = 2 - \Phi + 1 = 3 - \Phi$，当$f^*$等于 0 时，相数达最大即含水盐最多。现已有水蒸气一相存在，所以可以共存的含水盐最多只可能为 2 种。

答案：(B)

16. A–B 的气液平衡相图如图 4–7。液体 A 与液体 B 的关系为(　　)

(A) A–B 完全互溶 (B) A–B 完全不互溶

(C) A 微溶于 B，而 B 不溶于 A (D) A 不溶于 B，而 B 微溶于 A

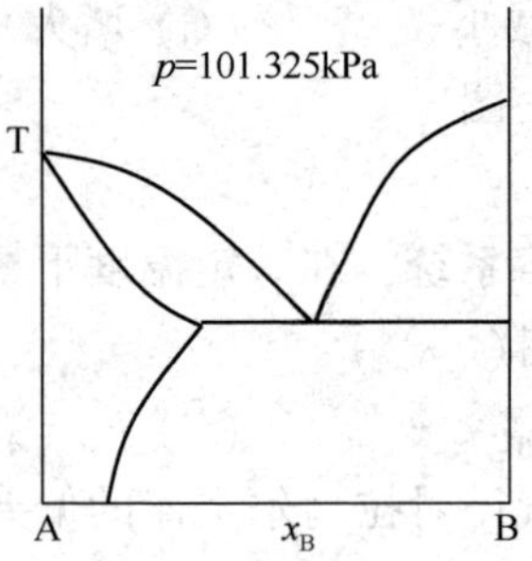

图 4–7

答案：(D)

17. 二元合金处于低共熔点时系统的条件自由度 f 为(　　)

(A) 0 (B) 1 (C) 2 (D)3

解析：低共熔点时 $f^* = C - \Phi + 2 = 2 - 3 + 1 = 0$

答案：(A)

18. 固熔体为(　　)相，二组分低共熔混合物为(　　)相。

(A) 一 (B) 二 (C) 三 (D) 不确定

答案：(A)；(C)

19. 液体 A 与液体 B 不相混溶。在一定温度 T_0 下当 A(l)、B(l) 及其蒸气共存并达到平衡时，液体 A 的蒸气压应(　　)

(A) 与系统中 A 的摩尔分数成比例 (B) 等于 T_0 下纯 A 的蒸气压

（C）大于 T_0 下纯 A 的蒸气压　　　　（D）等于系统的总压力

答案：（B）

20. 水与苯胺的相图如图 4-8 所示，C 点为高临界会溶点，温度为 T_0。若在某项化工工艺中欲用水萃取苯胺中的物质，则操作的最佳温度为(　　)

（A）$T>T_0$　　（B）$T<T_0$　　（C）$T=T_0$　　（D）任何温度均可

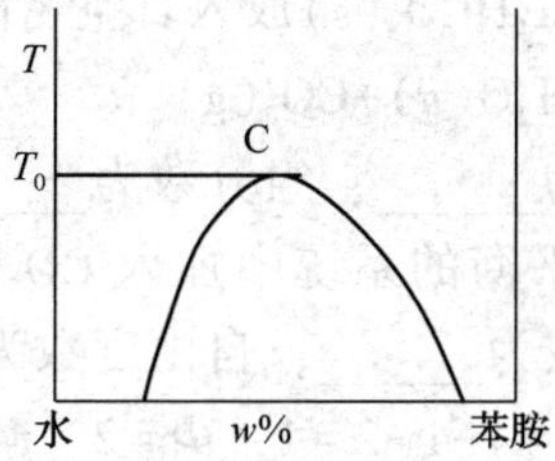

图 4-8

答案：（B）

21. 在 318K 下，丙酮(A)和氯仿(B)组成液态混合物的气-液平衡系统，测得 $x_B = 0.3$ 时气相中丙酮的平衡分压 $p_A = 26.77\text{kPa}$，已知同温度下丙酮的饱和蒸气压 $p_A^* = 43.063\text{kPa}$。则此液态混合物为(　　)

（A）理想液态混合物　　　　（B）对丙酮产生正偏差

（C）对丙酮产生负偏差　　　（D）无法判断

解析：根据拉乌尔定律可得理想状态时 $p = p_A^* x_A = 40.063 \times 0.7 = 28.04\text{kPa}$，而此时的 p_A 低于理想状态的 p 值，则对丙酮产生负偏差。

答案：（C）

22. 下列过程能适用方程 $\frac{\mathrm{d}\ln p}{\mathrm{d}T} = \frac{\Delta H}{RT^2}$ 的是(A)

A. $I_2(s) \Leftrightarrow I_2(g)$　　　　B. C(石墨) $\Leftrightarrow C$(金刚石)

C. $Hg_2Cl_2(s) \Leftrightarrow 2HgCl(g)$　　　　D. $N_2(g, T_1, p_1) \Leftrightarrow N_2(g, T_2, p_2)$

4.2.2　填空题

1. 多组分多相系统相平衡的条件是______；在不考虑外界其他因素影响时，Gibbs 相律可表示为______。

答案：每一物质在各相中的化学势相等；$f = C - \Phi + 2$

2. 把任意量的 $N_2(g)$、$H_2(g)$ 与 $NH_3(g)$ 于 723K 时放入压力为 $300\times10^5\text{Pa}$ 的压力反应器内，达到反应平衡后，系统的物种数为______；组分数为______；相数为______；自由度数为______。若开始时只充入 $NH_3(g)$，则达到反应平衡后上述各量分别为______；______；______；______。

答案：$S=3$，$C=2$，$\Phi=1$，$f=1$；$S=3$，$C=1$，$\Phi=1$，$f=0$

3. 将 $NaHCO_3(s)$放入一抽空的容器内，发生如下反应：

$2NaHCO_3(s)$══$Na_2CO_3(s)+CO_2(g)+H_2O(g)$

达到平衡时该系统的组分数为______；自由度数为______。

答案：$C=S-R-R'=4-1-1=2$，$f=C-\Phi+2=2-3+2=1$

4. 在 80℃下将过量的 $NH_4HCO_3(s)$放入真空密闭容器中按下式分解达平衡：

$NH_4HCO_3(s)=NH_3(g)+H_2O(g)+CO_2(g)$

则该平衡系统的物种数为______；组分数为______；相数为______；自由度数为______。若在上述已达平衡的系统中加入 $CO_2(g)$，当系统达到新平衡时，系统的组分数为______；相数为______；自由度数为______。

答案：$S=4$，$C=S-R-R'=4-1-2=1$，$\Phi=2$，$f=C-\Phi+1=0$；$C=4-1-1=2$，$\Phi=2$，$f=1$

5. 指出下列平衡系统中的组分数和自由度数。

(1) 一个瓶中装有常温常压无催化剂时的 $H_2O(l)$，$O_2(g)$和 $H_2(g)$，组分数为______；自由度数为______。

(2) 一瓶中装有高温有催化剂的 $H_2O(l)$，$O_2(g)$和 $H_2(g)$的平衡物系，组分数为______；自由度数为______。

答案：(1) $C=3$，$f=3$；(2) $C=2$，$f=2$

6. $C(s)$、$CO(g)$、$CO_2(g)$、$O_2(g)$在 1000℃时达平衡时，系统的物种数为______；组分数为______；相数为______；自由度数为______。

答案：$S=4$，$C=S-R-R'=4-2-0=2$，$\Phi=2$，$f=1$。

7. NaCl 和 KNO_3一起溶于水形成水溶液，组分数为______，如果不含气相，此系统自由度数为______，列举出一套独立变量______。

答案：$C=3$，$f=4$，T，p，$x(NaCl)$，$x(KNO_3)$

8. 在温度 T 下，由 $CaCO_3(s)$、$CaO(s)$及 $CO_2(g)$构成的平衡系统的压力为 p，已知它们之间存在化学平衡：$CaCO_3(s)=CaO(s)+CO_2(g)$，若向该平衡系统中加入 $CO_2(g)$，则重新达到平衡时，系统的压力会______。

解析：该系统 $f=0$

答案：不变

9. 在纯物质的 $p-T$ 相图中的三相点附近，其固气平衡线的斜率与液气平衡线的斜率相比较大的是______，摩尔相变焓绝对值较大的是______。

解析：升华焓等于蒸发焓与熔化焓之和，则由克-克方程可知固气平衡线的斜率要陡些。

答案：固气平衡线，升华焓

10. 某种压力锅，若标明锅内允许最高温度为 423K，水的汽化焓为 40.6kJ · mol^{-1}，则在 423K 时锅内的压力约为______。

解析：利用克-克方程进行计算。

答案：4.7atm

11. 温度升高时，石墨转化为金刚石时 $\Delta_r G_m^{\ominus}$ ______，高温下使石墨转化为金刚石的压力需要______。

解析：温度升高时，$\Delta_r H_m^{\ominus} < 0$，则 $\left(\dfrac{\partial\ (\Delta_r G_m^{\ominus}/T)}{\partial\ T}\right)_p = -\dfrac{\Delta_r H_m^{\ominus}}{T^2} > 0$，即温度升高 $\Delta_r G_m^{\ominus}$ 增加；根据克劳修斯方程，高温下使石墨转化为金刚石 $\dfrac{dp}{dT} = \dfrac{\Delta_r H_m^{\ominus}}{T\Delta V} > 0$，因此压力增加。

答案：增加；增加

12. A-B 液态完全互溶系统的沸点-组成图如图 4-9。

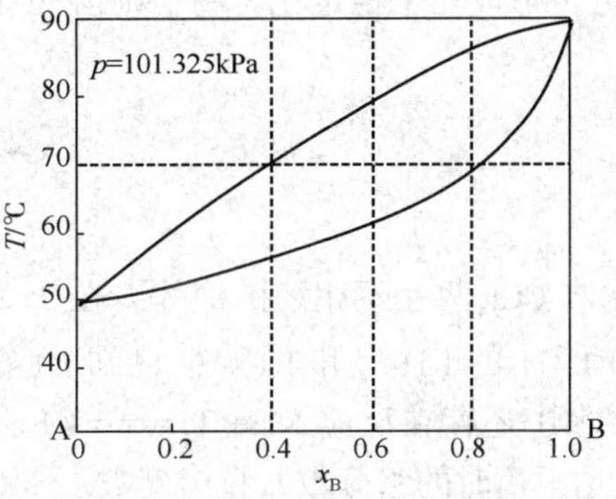

图 4-9

(1) 4mol A 与 6mol B 混合时，在 70℃时，该系统的相数为______；其中______相物质的量 n=______mol，其中含 n_A =______mol，n_B =______mol；______相物质的量 n=______mol，其中含 n_A =______mol，n_B =______mol。

(2) x_B =______的 A、B 两组分混合物在 101.325kPa 下的沸点为 70℃。

(3) 70℃时，x_B =0.8 的混合物组分 A 的活度系数 f_A =______，活度 α_A =______。已知 A(l)的标准摩尔生成焓为 300kJ · mol^{-1}，A(g)的标准摩尔生成焓为 328.4kJ · mol^{-1}。

答案：(1) Φ=2；气相，n=5mol，含 n_A = 3mol，n_B = 2mol；液相 n=5mol，含 n_A = 1mol，n_B = 4mol；(2) x_B = 0.8；(3) 由克-克方程可计算出 70℃时 p_A^* = 187.62kPa，x_B = 0.8时对应气相组成 y_B = 0.4，y_A = 0.6，则 p_A = $y_A p$ = 60.795kPa，

$\alpha_A = \dfrac{p_A}{p_A^*} = 0.324$，$f_A = \dfrac{\alpha_A}{x_A} = 1.62$。

13. A 和 B 能生成二种稳定化合物及一种不稳定化合物，则 A 和 B 的 T-x 图中有______个低共熔点，有______条三相线，有______个转熔温度。

答案：3 个低共熔点；4 条三相线；1 个转熔温度。

14. 一定压力下，向液态完全互溶的 A、B 二组分气-液平衡系统中加入组分 B 后，系统沸点下降，则该组分在平衡气相中的组成 y_B ______（大于、小于、等于）其液相组成 x_B。

答案：大于

15. A、B 双液系具有最高恒沸点，在 100kPa 下，恒沸混合物含 21.5%的 B 和 78.5%的 A（均为质量百分数，下同），现将含 A 为 18.5%的 A、B 液态混合物系统在 100kPa 下进行分馏，则馏出物为______，剩余物为______。

答案：纯 B；恒沸物

16. 若 A、B 二组分可形成三个稳定化合物，则当 A-B 溶液冷却时最多可同时析出______个固体。

答案：2

4.2.3 简答题

1. 某容器中盛有水与 CCl_4 两互不相溶的液体，在 25℃、101.325kPa 下向其中加入物质的量之比为 1∶1 的 KI(s) 和 I_2(s)。已知 I_2(s) 在水中及 CCl_4 中均可溶，分配系数为 K。在水中还存在反应 $KI + I_2 = KI_3$，而 KI_3 与 KI 均不溶于 CCl_4 中。试确定该系统达平衡时的组分数及自由度数。

答案：$S=5$（H_2O、CCl_4、KI、I_2、KI_3）

$R=1$（$KI+I_2=KI_3$）

$R'=0$

$\therefore C=4$

$\Phi=2$（水层和 CCl_4 层）

$\therefore f=C-\Phi+0=4-2=2$

注：① I_2(s) 在水中及 CCl_4 中的分配平衡在相律推导中已考虑（化学势相等），因此不能再算作浓度限制条件；② 虽然加入的 KI(s) 和 I_2(s) 的物质的量相等，但 I_2 既溶于水中又溶于 CCl_4 中，而 KI 只溶于水中，所以两者在水中不存在 1∶1的关系。因此，此题 $R'=0$

2. $FeCl_3$ 和 H_2O 能形成 $FeCl_3 \cdot 6H_2O$、$2FeCl_3 \cdot 7H_2O$、$2FeCl_3 \cdot 5H_2O$、$FeCl_3 \cdot 2H_2O$ 四种稳定的水合物（不考虑其水解）。试确定：

（1）该系统的独立组分数 C；

（2）在 101.325kPa 下最多可能平衡共存的相数 Φ；在 101.325kPa 下能与 $FeCl_3$水溶液和冰平衡共存的含水盐有几种，它可能是哪种含水盐？

（3）在 30℃时，能与水溶液平衡共存的含水盐有几种？

（4）该系统的 T-x 相图中会有几个低共熔点？

答案：

（1）$S=6$　（$FeCl_3$、H_2O、$FeCl_3 \cdot 6H_2O$、$2FeCl_3 \cdot 7H_2O$、$2FeCl_3 \cdot 5H_2O$、$FeCl_3 \cdot 2H_2O$）

$R=4$　（有几种水合物就有几个化学平衡）

$R'=0$

$\therefore\ C=S-R-R'=2$

（2）$f_{min}=C-\Phi_{max}+1=0 \Rightarrow \Phi_{max}=C+1-f_{min}=3-0=3$

因为已有两相为 $FeCl_3$水溶液和冰，所以能平衡共存的含水盐有 1 种，它可能是 $FeCl_3 \cdot 6H_2O$（和冰平衡共存的盐的含水量最大，和 $FeCl_3$平衡共存的盐的含水量最小）。

（3）恒温下 $\Phi_{max}=3$，所以能与水溶液平衡共存的含水盐有 2 种。

（4）该系统的 T-x 相图中有 5 个低共熔点。

3. 某高原地区大气压力只有 61.33kPa，如将下列四种物质在该地区加热，问哪种物质将直接升华？为什么？

物质	汞	苯	氯苯	氩
三相点的温度 T/K	234.28	278.62	550.2	93.0
三相点的压力 p/Pa	1.69×10^{-4}	4813	5.73×10^{4}	6.87×10^{4}

解：升华是指从固态直接转化为气态，在单组分体系相图中从固态加热越过气固平衡线进入气相区，即可达到升华，但压力必须在三相点平衡压力以下（如图 4-10）。

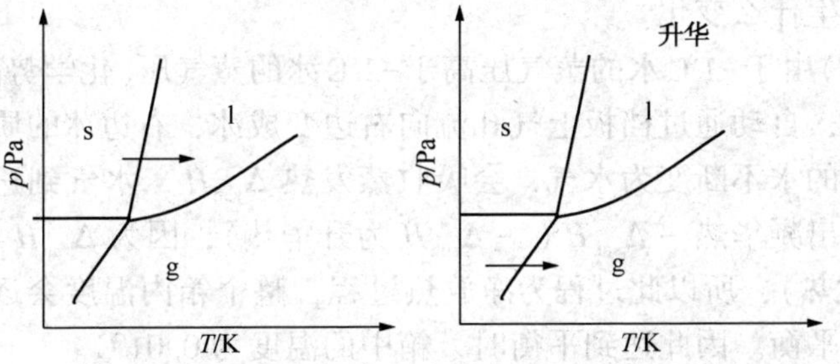

图 4-10

现已知高原气压为 61.33kPa，对照四种物质的三相点压力。汞、苯、氯苯的三相点压力均比 61.33kPa 低，加热时固体变为液体。只有氩的三相点压力比 61.33kPa 高，加热时固体变为气体，即直接升华。

4. 一系统如图 4-11 所示，其中半透膜只能允许 O_2 通过，求系统的组分数、相数和自由度数。

答案：$S=4$　（O_2、Ag、Ag_2O、CCl_4）

$R=1$　$4Ag(s)+O_2(g)=2Ag_2O(s)$

$R'=0$

$C=3$

$\Phi=4$　（二固，二气）

$f=C-\Phi+3=3-4+3=2$

注：① 由于半透膜的存在，气体不能完全混合成一相，而是在膜两侧各有一气相，所以系统相数为 4；② 半透膜两侧的压力不同，所以相律表达式为：$f=C-\Phi+3$

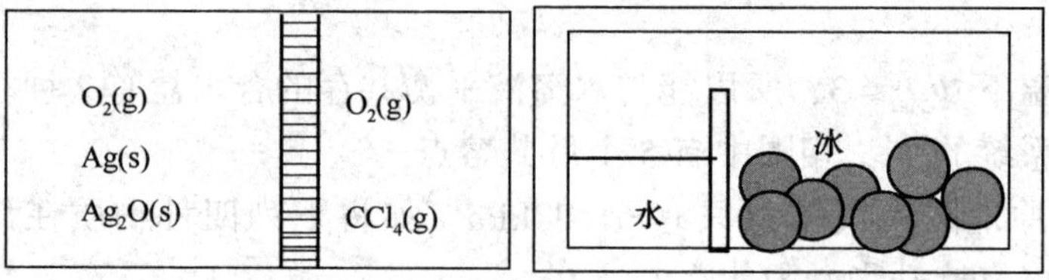

图 4-11

5. 绝热真空箱中有一档板将箱体分成两部分。挡板上部有孔使两部分相通。左边装有-1℃水，右边有相同温度的冰。

(1) 如果过冷水中始终没有冰出现，则过一段时间，箱中将会产生什么变化？

(2) 达到平衡时，箱中的温度为多少？

(3) 若箱体不绝热，把该箱置于-1℃的恒温槽中，则过一段时间达到平衡时，箱内将发生什么变化？

答案：(1)由于-1℃水的蒸气压高于-1℃冰的蒸气压(化学势高)，所以左边的水不断汽化，自动通过档板上气孔流向右边变成冰，右边冰的质量会增加。

(2) 左边的水不断变为水气，会吸收蒸发热 $\Delta_{vap}H$，水气到达右边后不断变成冰，同时放出凝华热 $-\Delta_{sub}H$（$-\Delta_{sub}H$ 为升华热），因为 $\Delta_{vap}H=\Delta_{sub}H-\Delta_{fus}H$（$\Delta_{fus}H$ 为熔化热），所以此过程为净放热过程，整个箱内温度会逐渐升高，直到三相点时达到平衡。因此达到平衡时，箱中的温度为 0.01℃。

(3) 由于左边水的化学势高，所以在恒温下，水将不断变为水气，流向右边后变成冰，直至全部水消失为止。

6. 一个平衡体系如图 4-12 所示，其中半透膜 aa′只能允许 $O_2(g)$通过，bb′既不允许 $O_2(g)$、$N_2(g)$通过，也不允许 $H_2O(g)$通过。(1)体系的组分数为多少？(2)体系有几相？并指出相态；(3)写出所有平衡条件；(4)求体系的自由度数。

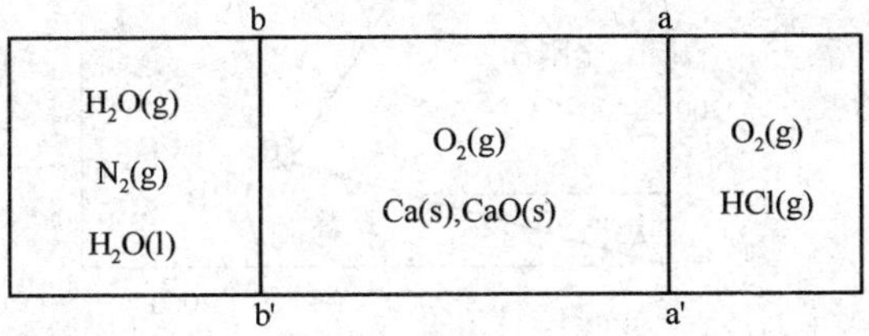

图 4-12

解：

(1) 物种数 S = 6（H_2O、Ca、CaO、O_2、HCl、N_2），因有一个化学平衡 $2Ca(s) + O_2(g) \rightarrow 2CaO(g)$，因此 $C = S - R - R' = 6 - 1 - 0 = 5$

(2) 由于存在半透膜，故在膜两侧的气相由于组成不同，不能认为是一个相，而是不同的 3 个相，故 $\Phi = 6$，分别为 Ca(s)、CaO(s)、$H_2O(l)$、$O_2(g)$、$H_2O(g)+N_2(g)$、$HCl(g)+O_2(g)$

(3) 化学平衡：$2Ca(s) + O_2(g) = 2CaO(g)$

相平衡：$H_2O(l) = H_2O(g)$

浓度：$p_{O_2,\,中} = p_{O_2,\,右}$

温度：$T_1 = T_2 = T_3 = T$

(4) 在相律推导过程中，我们假设各相温度和压力相同。然而，在本系统中由于半透膜的存在，膜两侧的压力不相同，因此存在一个温度变量和三个压力变量，则 $n = 4$。根据相律，可得 $f = C - \Phi + n = 5 - 6 + 4 = 3$。

7. 单组份系统碳的相图如图 4-13 所示。

(1) 分析图中各点、线、面得相平衡关系及自由度数；

(2) 25℃、101.325kPa 下碳以什么状态稳定存在？

(3) 增加压力可以使石墨变成金刚石，已知石墨的摩尔体积大于金刚石的摩尔体积。那么加压使石墨转变为金刚石的过程吸热还是放热？

答案：(1) 单相区已标于图中，单相区自由度数 $f=2$；二相线($f=1$)：

OA 线：金刚石与石墨平衡共存线；

OB 线：石墨与液态碳平衡共存线；

OC 线：金刚石与液态碳平衡共存线。

三相点 O 点($f=0$)：石墨、金刚石、液态碳三相平衡共存。

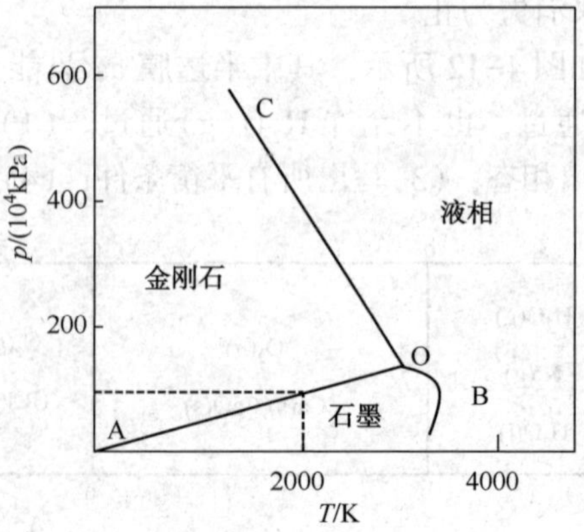

图 4-13

(2) 由相图知，25℃、101.325kPa 下碳的稳定相态为石墨。

(3) 放热。由相图可知 $\frac{dp}{dT} > 0$，根据克拉佩龙方程 $\frac{dp}{dT} = \frac{\Delta H}{T\Delta V} > 0$，而 $\Delta V = V_{金} - V_{石} < 0$，因此可知 $\Delta H < 0$。

8. 真空冷冻干燥是近年兴起的干燥花卉的新方法，用此干燥技术干燥的花朵，既存鲜花之形、色、姿、韵，又取干花之经久不凋，且方法无污染。用你所学的相图知识解释此方法的工作原理。

答案：由水的相图可知，610.5Pa 以下的低压区，水处于 s-g 相区，冰加热后可以直接升华而无污染。

9. 图 4-14 所示是 H_2O(A) 与盐(B) 的相图。回答下列问题：(1) 标出①~⑤各相区的相态；(2) 要从组成为 O 和 P 的两个系统制备出纯物质 BA_m，应当如何进行实验操作？

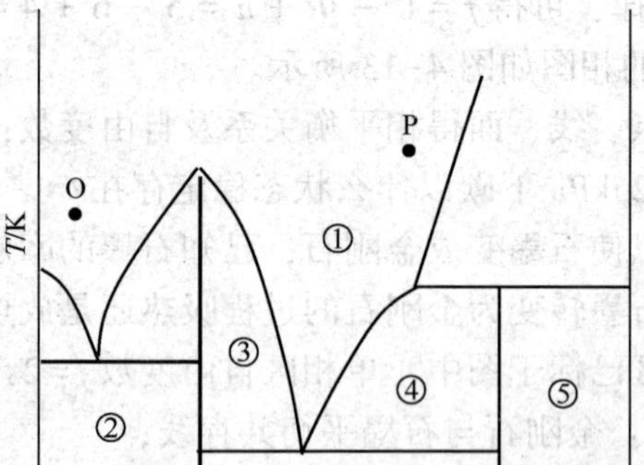

图 4-14

答案：(1) ① l；② A(s)+BA_m(s)；③ BA_m(s)+l；④ BA_n(s)+l；⑤ BA_n(s)+B(s)

(2) O 点制 BA_m：等温浓缩至出现晶体(旋转蒸发)，而后降温结晶至三相温度之上。

P 点制 BA_m：等温稀释至 BA_m(s)的出现晶体(从图中可见正好至 BA_m 的熔点)，而后降温结晶。

4.2.4 计算题

1. 已知甲苯(A)和苯(B)在 90℃ 时的饱和蒸气压分别为 54.22kPa 和 136.12kPa。两者可形成理想液态混合物。取 200.0g 甲苯和 200.0g 苯置于带活塞的导热容器中，始态为一定压力下 90℃ 的液态混合物。在恒温 90℃ 下逐渐降低压力，问：

(1) 压力降到多少时开始产生气相，此气相的组成如何？

(2) 压力降到多少时液相开始消失，最后一滴液相的组成如何？

(3) 压力为 92.00kPa 时系统气-液两相平衡，两相组成如何，两相的物质的量各为多少？

解：设在系统的总组成中，甲苯的摩尔分数为 $x_{A,0}$，苯的摩尔分数为 $x_{B,0}$。则

(1) $x_{A,0}=\dfrac{m_A/M_A}{m_A/M_A+m_B/M_B}=\dfrac{200/92}{200/92+200/78}=0.4588 \quad x_{B,0}=0.5412$

$$y_A=\frac{p_A}{p}=\frac{p_A^* x_A}{p_A^* x_A+p_B^*(1-x_A)}=\frac{54.22\times0.4588}{54.22\times0.4588+136.12\times0.5412}$$
$$=0.2524$$

$$y_B=0.7476$$

$$p=p_A+p_B=p_A^* x_A+p_B^* x_B=[54.22\times0.4588+136.12\times0.5412]\ \text{kPa}$$
$$=98.54\text{kPa}$$

(2) $y_A=\dfrac{p_A}{p}=\dfrac{p_A^* x_A}{p_A^* x_A+p_B^*(1-x_A)}\Rightarrow x_A=\dfrac{0.4588\times136.12}{54.22-0.4588(54.22-136.12)}$

$$=0.6803,$$

$$x_B=1-x_A=0.3197$$

$$p=p_A+p_B=p_A^* x_A+p_B^* x_B=[54.22\times0.6803+136.12\times0.3197]\ \text{kPa}$$
$$=80.43\text{kPa}$$

(3) $p=p_A^* x_A+p_B^*(1-x_A)\Rightarrow 92.00=54.22x_A+136.12(1-x_A)\Rightarrow x_A$

$$=0.5387 \quad x_B=0.4613$$

$$y_A = \frac{p_A}{p} = \frac{p_A^* x_A}{p} = \frac{54.22 \times 0.5387}{92.00} = 0.3175 \quad y_B = 0.6825$$

$$\begin{cases} n_g + n_l = \left(\dfrac{200}{92} + \dfrac{200}{78}\right) \text{mol} = 4.738\text{mol} \\ n_g(y_B - x_{B,0}) = n_l(x_{B,0} - x_B) \Rightarrow n_g(0.6825 - 0.5412) = n_l(0.5412 - 0.4613) \end{cases} \Rightarrow$$

$$\begin{cases} n_g = 1.711\text{mol} \\ n_l = 3.027\text{mol} \end{cases}$$

2. 水(A)-异丁醇(B)系统液相部分互溶。在 101.325kPa 下，系统的共沸点为 89.7℃。气(g)、液(l_1)、液(l_2)三相平衡时的组成 w_B 依次为：70.0%；8.7%；85.0%。今由 350g 水和 150g 异丁醇形成的系统在 101.325kPa 压力下由室温加热，问：

(1) 温度刚要达到共沸点时，系统处于相平衡时存在哪些相？其质量各为多少？

(2) 当温度由共沸点刚有上升趋势时系统处于相平衡时存在哪些相？其质量各为多少？

解：(1)据题意画出相图如图 4-15 所示：

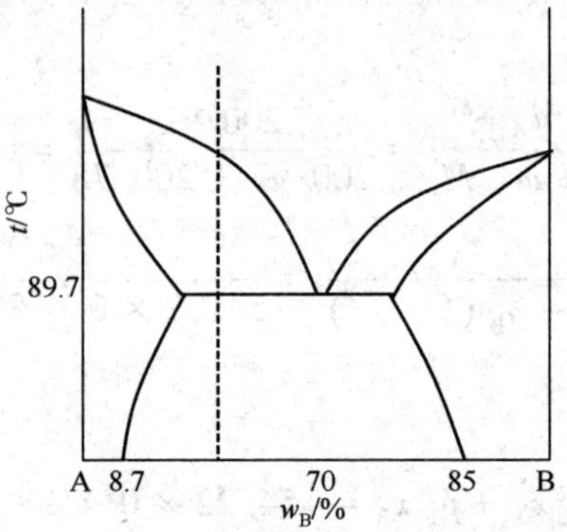

图 4-15

$$w_{B,0} = \frac{m_B}{m_A + m_B} = \frac{150}{150 + 350} = 30\%$$

由图 4-15 可看出，350g 水和 150g 异丁醇形成的系统处于液-液两相平衡区，即水层(含异丁醇 8.7%)和异丁醇层(含异丁醇 85.0%)，当温度刚接近共沸点时系统仍为两共轭溶液，由杠杆规则：

$$\begin{cases} m_{l,1} + m_{l,2} = (350 + 150)\,\text{g} = 500\text{g} \\ m_{l,1} \times (30 - 8.7) = m_{l,2} \times (85 - 30) \end{cases} \Rightarrow \begin{cases} m_{l,1} = 360.4\text{g} \\ m_{l,2} = 139.6\text{g} \end{cases}$$

（2）系统的温度由共沸点刚有上升趋势时，异丁醇层（含异丁醇 85.0%）消失，系统的水层（含异丁醇 8.7%）与气相平衡共存。

$$\begin{cases} m_g + m_l = 500\text{g} \\ m_g \cdot (70 - 30) = m_l \cdot (30 - 8.7) \end{cases} \Rightarrow \begin{cases} m_g = 326.3\text{g} \\ m_l = 173.7\text{g} \end{cases}$$

3. 固态完全互溶、具有最高熔点的 A-B 二组分凝聚系统相图如图 4-16 所示。指出各相区的相平衡关系、各条线的意义并绘出状态点为 a、b 的样品的冷却曲线。

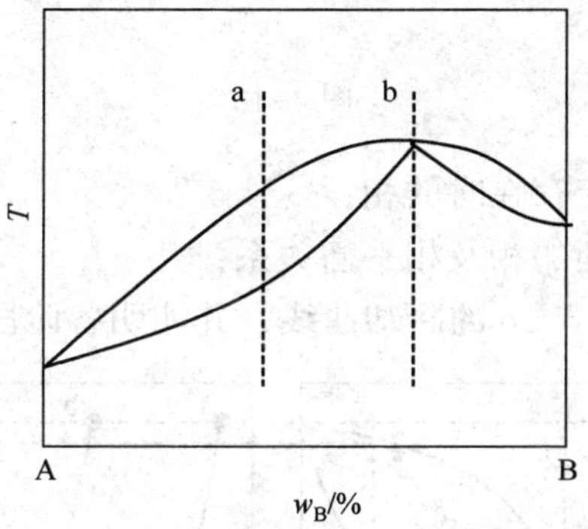

图 4-16

解：相区①：单相区，液态溶液（A+B）；

相区②和③：固液两相共存区

相区④：单相区，固态溶液（A+B）；

上方曲线：液相线；下方曲线：固相线。

状态点为 a、b 的样品的冷却曲线如图 4-17 所示。

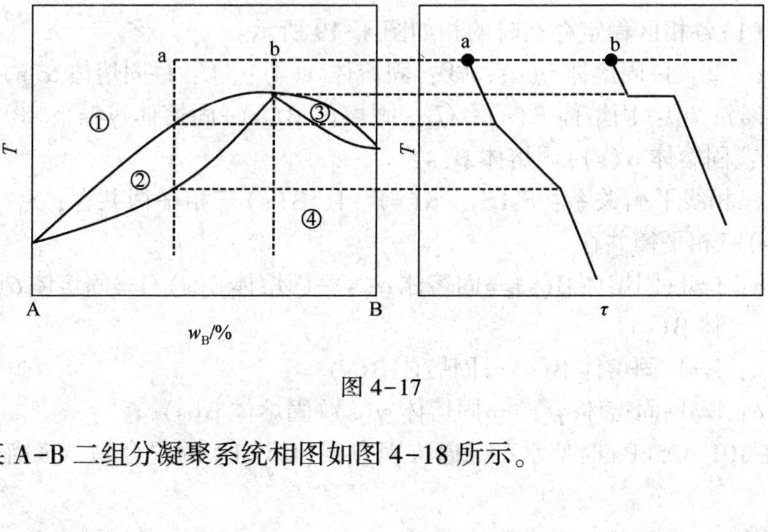

图 4-17

4. 某 A-B 二组分凝聚系统相图如图 4-18 所示。

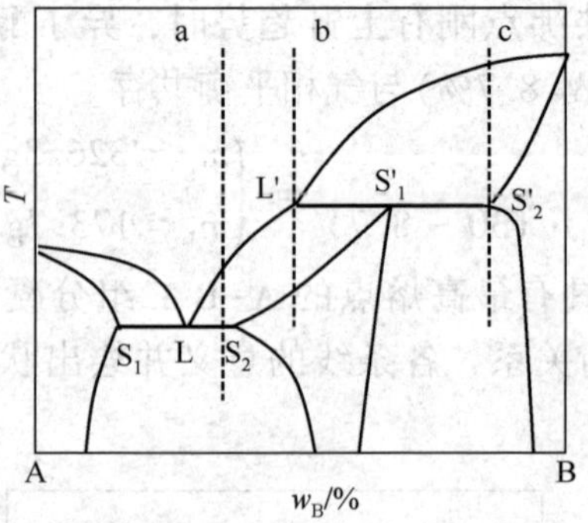

图 4-18

(1) 指出各相区稳定存在时的相;

(2) 指出三相线平衡的相及相平衡关系;

(3) 画出状态点 a、b、c 的冷却曲线，并注明各阶段的相变化。

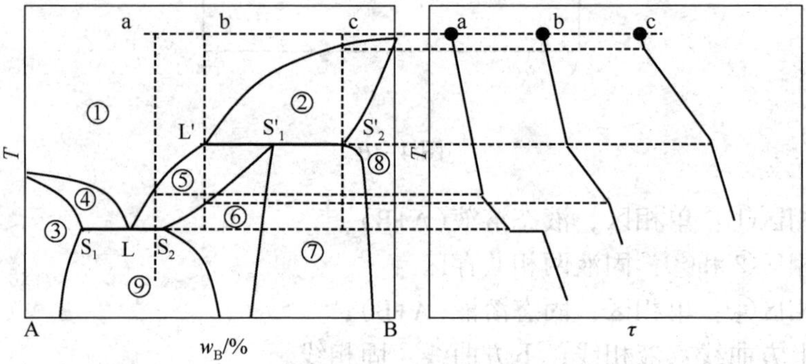

图 4-19

解: (1)各相区稳定存在时的相如图 4-19 所示:

①: l; ②: l+固熔体 γ(s); ③: 固熔体 α(s); ④: l+固熔体 α(s); ⑤: l+固熔体 β(s); ⑥: 固熔体 β(s); ⑦: 固熔体 β(s)+固熔体 γ(s); ⑧: 固熔体 γ(s); ⑨: 固熔体 α(s)+固熔体 β(s)

(2) 三相线平衡关系: S_1LS_2: α(s)、l、β(s)三相平衡共存; S_1LS_2: l、β(s)、γ(s)三相平衡共存

(3) a: l⇒l+固熔体 β(s)⇒固熔体 α(s)+固熔体 β(s)+l⇒固熔体 α(s)+固熔体 β(s)

b: l⇒l+固熔体 β(s)⇒固熔体 β(s)

c: l⇒l+固熔体 γ(s)⇒固熔体 γ(s)+固熔体 β(s)

5. 在 101.325kPa 时使水蒸气通入固态碘(I_2)和水的混合物，蒸馏进行的温

度为 371.6K，使馏出的蒸气凝结。分析馏出物的组成，已知每 0.10kg 水中有 0.0819kg 碘。试计算该温度时固态碘的蒸气压。

$$\text{解：}\begin{cases} p = p_{H_2O}^* + p_{I_2}^* = 101325 \\ \dfrac{p_{H_2O}^*}{p_{I_2}^*} = \dfrac{py_{H_2O}^*}{py_{I_2}^*} = \dfrac{n_{H_2O}^*}{n_{I_2}^*} = \dfrac{m_{H_2O}/M_{H_2O}}{m_{I_2}/M_{I_2}} = 17.21 \end{cases} \Rightarrow p_{I_2}^* = 5564\text{Pa}$$

6. 水(A)与氯苯(B)互溶度极小，故对氯苯进行水蒸气蒸馏。在 101.3kPa 的空气中，系统的共沸点为 365K，这时氯苯的蒸气分压为 29kPa。试求：(1)蒸气中氯苯的含量 y_B；(2)欲蒸出 1000kg 纯氯苯，需消耗多少水蒸气？已知氯苯的摩尔质量为 112.5g·mol^{-1}。

解：(1) $y_B = \dfrac{p_B}{p} = \dfrac{29}{101.3} = 0.2863$

(2) $\dfrac{p_A}{p_B} = \dfrac{py_A}{py_B} = \dfrac{n_A}{n_B} = \dfrac{m_A/M_A}{m_B/M_B} \Rightarrow \dfrac{m_A/M_A}{m_B/M_B} = \dfrac{m_A/18}{1000/112.5} = \dfrac{101.3-29}{29} \Rightarrow$

$m_A = 400\text{kg}$

7. 设有一不溶于水的有机液体与水混合压力为 98.7kPa 于 364.4K 沸腾。在该温度时 $p_{H_2O}^* = 79.0\text{kPa}$，馏出物中含有机物 71%(质量分数)。(1)估计有机物的摩尔质量；(2)水蒸气热容为 2.09J·K^{-1}·mol^{-1}，有机物的气化热为 326J·g^{-1}。如果有机物共 500g，蒸气温度为 372.0K，欲在 364.4K 将有机物蒸出，需水蒸气多少？

解： $\dfrac{p_{H_2O}^*}{p^*} = \dfrac{n_{H_2O}}{n} = \dfrac{m_{H_2O}/M_{H_2O}}{m/M} \Rightarrow \dfrac{79\text{kPa}}{(98.7-79)\text{kPa}} = \dfrac{29\text{g}/18\text{g}\cdot\text{mol}^{-1}}{71\text{g}/M} \Rightarrow$

$M = 176.84\text{g}\cdot\text{mol}^{-1}$

$\Delta H_{H_2O} = \Delta H_{org} \Rightarrow mC_p\Delta T = \Delta_{vap}H_{org} \Rightarrow m \times 2.09\text{J}\cdot\text{K}^{-1}\cdot\text{mol}^{-1} \times (372-364.4)\text{K}$

$= 500\text{g} \times 326\text{J}\cdot\text{g}^{-1}$

$m = 10.3\text{kg}$

8. 电解 LiCl 制备金属锂时，由于 LiCl 熔点高(878K)，通常选用比 LiCl 难电解的 KCl(熔点 1048K)与其混合。利用低共熔点现象来降低 LiCl 熔点，节省能源。已知 LiCl(A)-KCl(B)物系的低共熔点组成为 $w_B = 0.50$，温度为 629K。而在 723K 时 KCl 含量 $w_B = 0.43$ 时的熔化物冷却析出 LiCl(s)。而 $w_B = 0.63$ 时析出 KCl(s)。(1)绘出 LiCl(A)-KCl(B)的熔点-组成相图；(2)电解槽操作温度为何不能低于 629K？

解：(1) 相图如图 4-20 所示。

(2) 电解槽操作温度如果低于 629K，电解液全部凝固，Li^+ 无法向阴极移动而析出金属。

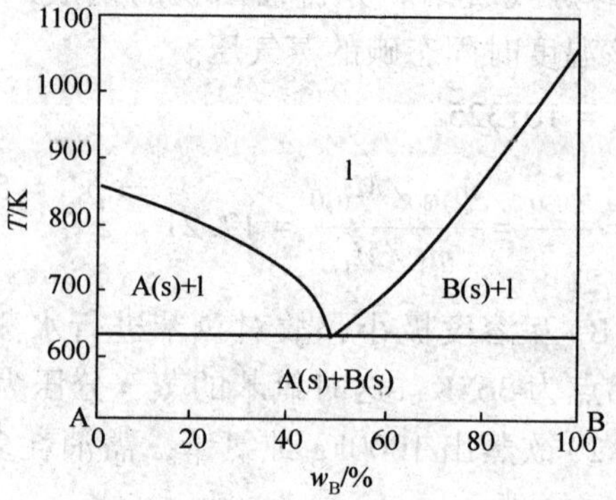

图 4-20

9. 金属 A 和金属 B 熔点分别为 600℃和 1100℃，二者可形成化合物 AB_2，该化合物在 700℃时可分解为 B(s)和组成为 $x_B=0.4$ 的溶液。A、B、AB_2 在液态时完全互溶，固态时完全不互溶。A(s)与 AB_2 有最低共熔点 $E(x_B=0.2, t=400℃)$。

(1) 请绘出 A-B 系统的熔点-组成图；

(2) 今由 4mol A 与 6mol B 组成的系统，根据画出的 t-x 图填写下表。

系统温度 t/℃	相数	相态及成分	相平衡关系	自由度数
800				
700				
600				
400				
200				

解：A-B 系统熔点-组成图如图 4-21 所示。

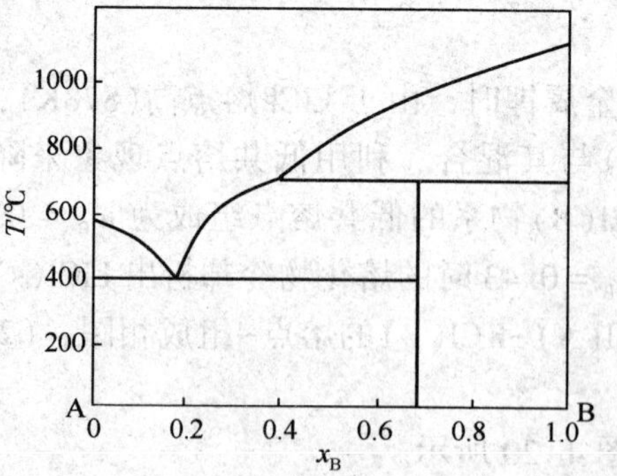

图 4-21

t/℃	相数	相态及成分	相平衡关系	自由度数
800	2	l+B(s)	$l \rightleftharpoons B(s)$	1
700	3	$l+AB_2(s)+B(s)$	$l+B(s) \rightleftharpoons AB_2(s)$	0
600	2	$l+AB_2(s)$	$l \rightleftharpoons AB_2(s)$	1
400	3	$l+AB_2(s)+A(s)$	$l \rightleftharpoons AB_2(s)+A(s)$	0
200	2	$AB_2(s)+A(s)$	$AB_2(s)$、A(s)	1

10. 水(A)-蔗糖(B)系统相图如图 4-22 所示。

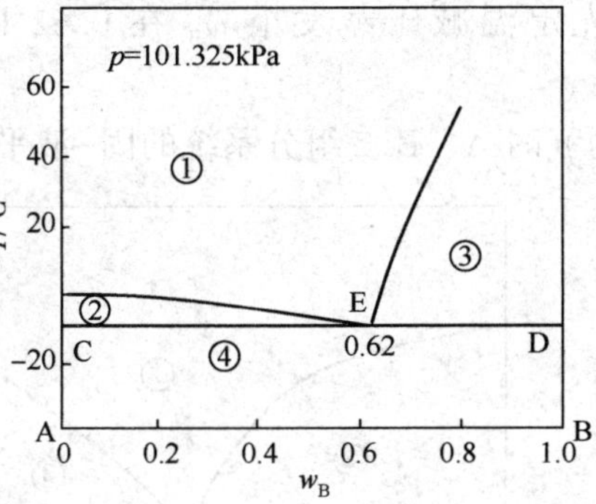

图 4-22

(1) 读图，填写下表：

相区	相数	聚集态及成分	自由度数
①			
②			
③			
④			
CED 线			

注：聚集态以 g，l，s 表示，成分指含纯 A、纯 B 或 A+B。

(2) 若将含蔗糖 w_B = 0.20 的糖水从 30℃直接降温冷却至-10℃，能否得到含糖的冰？

(3) 某甘蔗糖厂压榨出来的澄清糖汁中含糖 w_B = 0.10，温度约为 30℃，若从该糖汁中得到结晶纯砂糖，应采取什么生产措施？

解：（1）

相区	相数	聚集态及成分	自由度数
①	1	l(A+B)	2
②	2	s(A)+l(A+B)	1
③	2	s(B)+l(A+B)	1
④	2	s(A)+s(B)	1
CED 线	3	s(A)+s(B)+l(A+B)	0

（2）否。因为 $w_B=0.20$ 的糖水从 30℃直接降温冷却至-10℃，为冰和溶液平衡共存。

（3）$w_B=0.10$ 的糖水不能直接冷却得到结晶纯砂糖。要得到结晶纯砂糖，需采取的生产措施为：先定温减压蒸发至 w_B 在 0.62 以上，再降温至温度稍高于-13.9℃。

11. 图 4-23 为压力 p 时 A、B 二组分系统的固-液平衡相图。

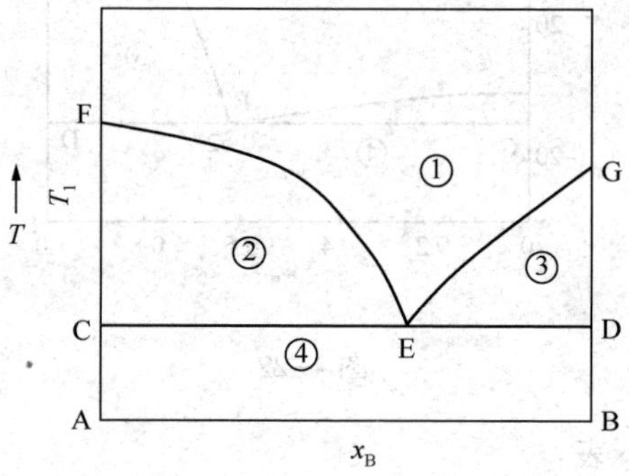

图 4-23

（1）该相图为______的固液平衡相图

（A）固、液相均能完全互溶　　（B）固相完全不互溶，液相部分互溶

（C）固相部分互溶，液相完全互溶　（D）固相完全不溶，液相完全互溶

（2）完成下表

	区域①	区域②	区域③	区域④	E 点
稳定相数					
自由度数					

（3）温度为 T_1 条件下，在纯 A 中连续加入物质 B，说明系统的相态变化。

(4) 若物质 A 的固体、液体的蒸气压与温度的关系式可分别分下式表示：

固体：$\lg(p/\text{Pa}) = 11.454 - \dfrac{1864.8}{T/\text{K}}$　液体：$\lg(p/\text{Pa}) = 9.870 - \dfrac{1453}{T/\text{K}}$

试计算物质 A 的三相点温度。

解：(1) 该相图为(D)的固液平衡相图

(2) 表格如下

	区域①	区域②	区域③	区域④	E 点
稳定相数	1	2	2	2	3
自由度数	2	1	1	1	0

(3) T_1时，在纯 A 中连续加入物质 B，相态变化为：2 相(纯 A(s)+l)⇒1 相(l)⇒2 相(纯 B(s)+l)

(4) 三相点温度：$11.454 - \dfrac{1864.8}{T} = 9.870 - \dfrac{1453}{T} \Rightarrow T = 259.97\text{K}$

12. $NaCl-H_2O$ 所组成的二组分系统，在-21℃时有一个低共熔点，此时冰、$NaCl-2H_2O$(s)和(质量百分比)浓度为 23.3%的 NaCl 水溶液平衡共存。在-9℃时不稳定化合物 $NaCl-2H_2O$(s)分解，生成无水 NaCl 和 27%的 NaCl 水溶液。已知无水 NaCl 在水中的溶解度受温度的影响不大(当温度升高时，溶解度略有增加)。

(1) 试绘出相图，并标出各部分存在的相态；

(2) 若有 1000g 28%的 NaCl 溶液，由 160℃冷却到-10℃，问此过程中最多能析出多少纯 NaCl?

(3) 以海水(含 2.5%NaCl)制取淡水，问冷却到何温度时析出冷淡水最多?

已知：相对原子质量 Cl：35.5；Na：23.0

解：(1) $NaCl-H_2O$ 中 NaCl 的百分含量：$w_B = \dfrac{M_{NaCl}}{M_{NaCl} + 2M_{H_2O}} = 0.65$

相图如图 4-24 所示：其中 A 为 H_2O，B 为 NaCl，C 为 $NaCl-2H_2O$

(2) 根据杠杆规则

$$\begin{cases} m_1 \times (28 - 27) = m_s \times (100 - 28) \\ m_1 + m_s = 1000 \end{cases} \Rightarrow m_s = 13.7\text{g}$$

(3) 冷却到无限接近-21℃时析出淡水最多。

13. Mg(熔点 924K)和 Zn(熔点 692K)的相图具有两个低共熔点，一个为 641K(3.2%Mg，质量分数，下同)，另一个为 620K(49%Mg)，在体系的熔点曲

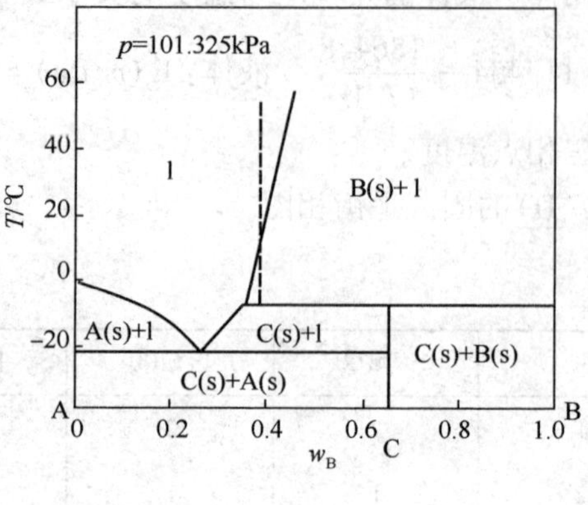

图 4-24

线上有一个最高点 863K(15.7%Mg)。

(1) 绘出 Mg 和 Zn 的 T-x 图，并标明各区中的相。

(2) 分别指出含 80%Mg 和 30%Mg 的两个混合物从 973K 冷却到 573K 的步冷过程中的相变，并根据相律予以说明。

(3) 绘出含 49%Mg 的熔化物的步冷曲线。

解：(1) 稳定化合物的组成为 Mg_xZn_y $\dfrac{xM_{Mg}}{yM_{Zn}} = \dfrac{0.157}{(1-0.157)} \Rightarrow \dfrac{x}{y} = \dfrac{1}{2} \Rightarrow$ $MgZn_2$

相图如图 4-25 所示：1. 熔液(l)；2. Zn(s)+l；3. $MgZn_2$(s)+l；4. $MgZn_2$(s)+l；5. Mg(s)+l；6. $MgZn_2$(s)+Zn(s)；7. $MgZn_2$(s)+Mg(s)

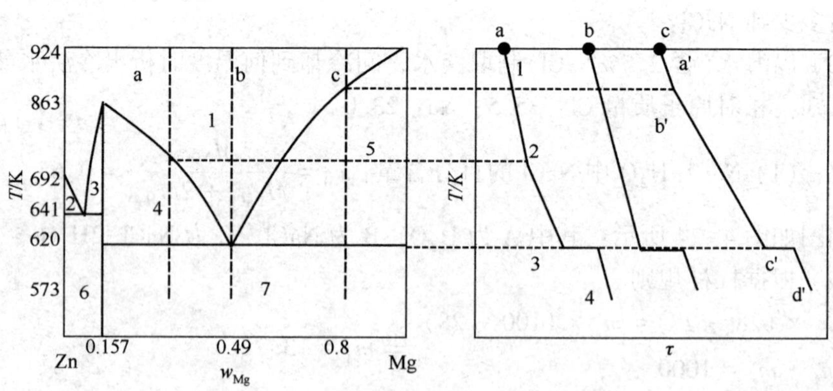

图 4-25

（2）80%Mg 和 30%Mg 两个样品的步冷曲线如图 4-25 的 c 及 a 所示。

80%			30%		
a′-b′	熔液(l)	$f=2$	1-2	熔液(l)	$f=2$
b′-c′	Mg(s)+l	$f=1$	2-3	$MgZn_2$(s)+l	$f=1$
c′平台	$MgZn_2$(s)+Mg(s)+l	$f=0$	3-平台	$MgZn_2$(s)+Mg(s)+l	$f=0$
平台 d′	$MgZn_2$(s)+Mg(s)	$f=1$	平台-4	$MgZn_2$(s)+Mg(s)	$f=1$

（3）49%Mg 的熔化物的步冷曲线如图 4-25 的 b 所示。

§5 化学平衡

5.1 重要知识点

5.1.1 化学平衡的概念

在一定温度和压力下，若化学反应系统不伴随混合过程，化学反应开始后会一直进行，直到反应物完全转化成产物。如果反应过程中存在物质的混合过程，由于混合熵的存在，使得反应不能进行到底，而最终获得平衡混合物。

5.1.2 化学反应摩尔吉布斯(Gibbs)函数

定义：对于化学反应 $0 = \sum_{B}\nu_B B$，$\Delta_r G_m = \sum_B \nu_B\mu_B = \left(\frac{\partial G}{\partial \xi}\right)_{T,p}$

物理意义：在恒温恒压、参与反应的各物质化学势 μ_B 不变的条件下，发生一个单位的化学反应（$\Delta\xi = 1\text{mol}$）时 Gibbs 函数的改变值。

5.1.3 化学反应的方向和限度

$$\Delta_r G_m = \sum_B \nu_B\mu_B = \left(\frac{\partial G}{\partial \xi}\right)_{T,p} \longrightarrow \begin{bmatrix} <0 & \text{反应自发向右进行} \\ =0 & \text{反应处于平衡状态} \\ >0 & \text{反应自发向左进行} \end{bmatrix}$$

化学反应的恒温方程—Van't Hoff 等温方程：

$$\Delta_r G_m = \Delta_r G_m^{\ominus} + RT\ln J = -RT\ln K^{\ominus} + RT\ln J \Rightarrow J \begin{bmatrix} <K^{\ominus} & \text{反应自发向右进行} \\ =K^{\ominus} & \text{反应处于平衡状态} \\ >K^{\ominus} & \text{反应自发向左进行} \end{bmatrix}$$

5.1.4 化学反应的 J 和 $K^{\ominus}$

化学反应的 J 是参与反应的各种物质的活度积，与反应系统温度、压力及组成有关，即在等温等压下随着反应进行 J 值不断变化。

化学反应的 $K^{\ominus}$：用于描述化学反应平衡位置，它只是温度的函数，即在反

应过程中 $K^{\ominus}$ 值不随组成而变化。

① 不同反应体系的 $K^{\ominus}$

气相反应及复相反应(纯凝聚相与气相的反应)：

$$K^{\ominus}=K_f^{\ominus}=\prod_B\left(\frac{f_B}{p^{\ominus}}\right)^{\nu_B}=\prod_B\left(\frac{p_B}{p^{\ominus}}\right)^{\nu_B}\times\prod_B\gamma_B^{\nu_B}=K_p^{\ominus}K_\gamma$$

常压液相反应体系：

$$K^{\ominus}=K_\alpha^{\ominus}=\prod_B\alpha_B^{\nu_B}=\prod_B x_B^{\nu_B}\times\prod_B\gamma_B^{\nu_B}=K_x^{\ominus}K_\gamma \text{ 或}$$

$$K^{\ominus}=K_\alpha^{\ominus}=\prod_B\alpha_B^{\nu_B}=\prod_B\left(\frac{b_B}{b^{\ominus}}\right)^{\nu_B}\times\prod_B\gamma_B^{\nu_B}=K_b^{\ominus}K_\gamma$$

$$K^{\ominus}=K_\alpha^{\ominus}=\prod_B\alpha_B^{\nu_B}=\prod_B\left(\frac{c_B}{c^{\ominus}}\right)^{\nu_B}\times\prod_B\gamma_B^{\nu_B}=K_c^{\ominus}K_\gamma$$

② 各种平衡常数表达形式之间的关系

$$K_p^{\ominus}=\frac{K_p}{(p^{\ominus})^{\sum\nu_B}}=K_x\cdot\left(\frac{p}{p^{\ominus}}\right)^{\sum\nu_B}=K_n\cdot\left(\frac{p}{np^{\ominus}}\right)^{\sum\nu_B}$$

$$=K_c\cdot\left(\frac{RT}{p^{\ominus}}\right)^{\sum\nu_B}$$

5.1.5　化学反应的 $\Delta_r G_m^{\ominus}$

$\Delta_r G_m^{\ominus}$ 代表参与反应的所有物质都处在各自的标准状态时反应的 Gibbs 函数变化，它只是温度的函数，在反应过程中其值不随系统组成的变化而变化。$\Delta_r G_m^{\ominus}$ 是用于计算平衡常数，而不能用于判断化学反应的方向和限度。方程 $\Delta_r G_m^{\ominus}=-RT\ln K^{\ominus}$ 是平衡常数与热力学函数的桥梁，是一普遍适用的方程。

$\Delta_r G_m^{\ominus}$ 的计算方法有以下几种：

① 根据化合物的标准摩尔生成吉布斯函数求算：$\Delta_r G_m^{\ominus}=\sum_B\nu_B\Delta_f G_{m,B}^{\ominus}$

② 根据定义式求算：$\Delta_r G_m^{\ominus}=\Delta_r H_m^{\ominus}-T\Delta_r S_m^{\ominus}$

③ 根据电化学求算：$\Delta_r G_m^{\ominus}=-zE^{\ominus}F$

④ 根据平衡常数表达式及定义式计算：$\ln K^{\ominus}=-\frac{\Delta_r H_m^{\ominus}}{RT}+C$　　$\Delta_r G_m^{\ominus}=\Delta_r H_m^{\ominus}-T\Delta_r S_m^{\ominus}$

5.1.6　Gibbs-Helmholtz 方程

Gibbs-Helmholtz 恒压方程微分式：$\left(\frac{\partial\ (\Delta_r G_m/T)}{\partial\ T}\right)_p=-\frac{\Delta_r H_m}{T^2}$

Gibbs-Helmholtz 恒容方程微分式：$\left(\frac{\partial \ (\Delta_r A_m/T)}{\partial \ T}\right)_V = -\frac{\Delta_r U_m}{T^2}$

利用两个方程式可以通过已知 T_1 温度下的 $\Delta_r G_m(T_1)$ 及 $\Delta_r A_m(T_1)$ 求另一温度 T_2 下的 $\Delta_r G_m(T_2)$ 及 $\Delta_r A_m(T_2)$ 。

5.1.7　平衡组成的计算

$$平衡转化率(\alpha) = \frac{某反应物转化掉的数量}{该反应物起始的数量} \times 100\%$$

$$平衡产率 = \frac{生成某指定产物所消耗某反应物的数量}{该反应物的原始数量} \times 100\%$$

5.1.8　化学平衡的移动

（1）温度对化学平衡的影响：温度的影响主要体现在温度可以改变平衡常数 $K^\ominus$。

$\left(\frac{\mathrm{d}\ln K^\ominus}{\mathrm{d}T}\right)_p = \frac{\Delta_r H_m^\ominus}{RT^2}$（若 $\Delta_r H_m^\ominus$ 可视为常数）

当反应吸热，即 $\Delta_r H_m^\ominus > 0$ 时，$\left(\frac{\mathrm{d}\ln K^\ominus}{\mathrm{d}T}\right)_p > 0$，随温度升高而 $K^\ominus$ 增大，平衡向生成产物方向移动；

当反应放热，即 $\Delta_r H_m^\ominus < 0$，则 $\left(\frac{\mathrm{d}\ln K^\ominus}{\mathrm{d}T}\right)_p < 0$，随温度升高而 $K^\ominus$ 减小，平衡向生成反应物方向移动。

（2）总压力对化学平衡的影响：$K_p^\ominus = K_n \cdot \left(\frac{p}{np^\ominus}\right)^{\sum \nu_B}$，而 $K_p^\ominus$ 仅是温度的函数，因此总压的影响主要体现在总压 p 可以改变 K_n 。

$\sum \nu_B = 0$，则总压改变不影响化学平衡；

$\sum \nu_B > 0$，随总压增加而 K_n 降低，化学平衡向生成反应物方向移动；

$\sum \nu_B < 0$，随总压增加而 K_n 增加，化学平衡向生成产物方向移动。

（3）惰性气体对化学平衡的影响：$K_p^\ominus = K_n \cdot \left(\frac{p}{np^\ominus}\right)^{\sum \nu_B}$，而 $K_p^\ominus$ 仅是温度的函数，因此惰性气体的添加主要体现在 n 可以改变 K_n 。

对于恒压反应：

$\sum \nu_B = 0$，则惰性气体的添加不影响化学平衡；

$\sum \nu_B > 0$，随惰性气体的添加而 K_n 增加，化学平衡向生成产物方向移动；

$\sum \nu_B < 0$，随惰性气体的添加而 K_n 降低，化学平衡向生成反应物方向移动。

对于恒容反应：惰性气体的添加对理想气体化学反应的平衡无影响。

(4) 浓度对化学平衡的影响：浓度变化会影响反应的 J，从而使平衡移动。增加反应物浓度，平衡向产物方向移动，使反应物浓度减小。

5.1.9 分解压

在一定温度下，将分解时有气体产生某固体物质放入一真空密闭容器中，当分解达平衡时，容器内的压力被称为该固体物质在该温度下的分解压 $p_{分}$。$p_{分} = p^{\ominus}$ 时的温度，称为该固体物质的分解温度。

5.1.10 同时平衡

在一个反应系统中，如果同时发生几个反应且达到平衡态，这种情况称为同时平衡。在处理同时平衡的问题时，要考虑每个物质的数量在各个反应中的变化，在各个平衡方程式中同一物质的数量应保持一致。

5.2 基本结构

	内容	定义或注意事项
基本概念	反应 Gibbs 自由能	$\left(\frac{\partial G}{\partial \xi}\right)_{T,p} = \sum_B \nu_B \mu_B$
	摩尔反应自由能、标准反应自由能	$\Delta_r G_m = \Delta_r G_m^{\ominus} + RT\ln J$
	反应标准平衡常数	$K^{\ominus} = K_{\alpha}^{\ominus} = \prod_B \alpha_B^{\nu_B}$（为温度的函数）
	耦合反应	① $C + D \rightarrow G + H$　$\Delta_r G_{m,1}^{\ominus} > 0$ ② $C + S \rightarrow E + F$　$\Delta_r G_{m,2}^{\ominus} < 0$ $C + D + S \rightarrow H + E + F$　$\Delta_r G_m^{\ominus} < 0$

续表

	内容	定义或注意事项
基本计算	化学反应方向	$\Delta_r G_m = \Delta_r G_m^{\ominus} + RT\ln J$
	化学反应平衡	$\Delta_r G_m^{\ominus} = -RT\ln K^{\ominus}$
	平衡常数	$K_p^{\ominus} = \dfrac{K_p}{(p^{\ominus})^{\sum \nu_B}} = K_x \cdot \left(\dfrac{p}{p^{\ominus}}\right)^{\sum \nu_B} = K_n \cdot \left(\dfrac{p}{np^{\ominus}}\right)^{\sum \nu_B} = K_c \cdot \left(\dfrac{RT}{p^{\ominus}}\right)^{\sum \nu_B}$
	化学平衡移动	温度：升温对吸热反应有利。 压力：低压气相反应 K_x 值改变由反应系数之和的正负号决定；高压气相反应需要考虑活度因子的影响。 惰性气体：① 影响气体的逸度因子；②体系总压恒定时，惰气压力升高，参加反应的气体物质总压降低，使 K_x 改变。 浓度：利用范霍夫等温式来说明。

5.3 例题精解

5.3.1 选择题

1. 在等温等压下，当反应的 $\Delta_r G_m^{\ominus} = 5\text{kJ} \cdot \text{mol}^{-1}$ 时，该反应能否进行(　　)

(A) 能正向自发进行　　(B) 能逆向自发进行

(C) 不能判断　　(D) 不能进行

解析：等温等压且非体积功为零时，$\Delta_r G_m^{\ominus}$ 仅能起到估算的作用，不能作为反应方向的判据使用。

答案：(C)

2. 在温度为 T，压力为 p 时，反应 $3O_2(g) = 2O_3(g)$ 的 K_p 与 K_x 的比值为(　　)

(A) RT　　(B) p　　(C) $(RT)^{-1}$　　(D) p^{-1}

解析：反应物与产物分别以 A 和 B 表示，则 $K_p = \dfrac{p_B^2}{p_A^3} = \dfrac{(py_B)^2}{(py_A)^3} = \dfrac{p^2}{p^3}K_x$

答案：(D)

3. 对于理想气体间的反应，以各种形式表示的平衡常数中，其值与温度和压力皆有关系的是(　　)

(A) K_a　　(B) K_c　　(C) K_p　　(D) K_x

解析：因为 $K_p^\ominus = K_x\left(\frac{p}{p^\ominus}\right)^{\sum \nu_B}$，其中 $K_p^\ominus$ 仅与温度有关而与压力无关，故压力 p 变化时，K_x 要随之而变。

答案：（D）

4. 某实际气体反应，用逸度表示的平衡常数 $K_f^\ominus$ 随下列哪些因素而变(　　)

（A）系统的总压力　　（B）催化剂

（C）温度　　（D）惰性气体的量

答案：（C）

5. X、Y、Z 为三种气体，把 $a$mol 的 X 和 $b$mol 的 Y 气体充入一密闭容器中，发生反应 X+2Y $\rightleftharpoons$ 2Z，达到平衡时，若它们的物质的量满足 $n(X)+n(Y)=n(Z)$，则 Y 的转化率为(　　)

（A）$\frac{a+b}{5}\times 100\%$　　（B）$\frac{2(a+b)}{5b}\times 100\%$

（C）$\frac{2(a+b)}{5}\times 100\%$　　（D）$\frac{(a+b)}{5a}\times 100\%$

解析：采用起始、转化、平衡的三步法解题

	X	+	2Y	$\rightleftharpoons$	2Z
起始	a		b		
转化	x		$2x$		$2x$
平衡	$a-x$		$b-2x$		$2x$

$$a-x+b-2x=2x \Rightarrow x=\frac{(a+b)}{5} \Rightarrow \alpha=\frac{2x}{b}\times 100\%=\frac{2(a+b)}{5b}\times 100\%$$

答案：（B）

6. 某体积可变的密闭容器，盛有适量的 A 和 B 的混合气体，在一定条件下发生反应：A+3B $\rightleftharpoons$ 2C，若维持温度和压强不变，当达到平衡时，容器的体积为 VL，其中 C 气体的体积占 10%，下列推断正确的是(　　)

① 原混合气体的体积为 1.2VL　　② 原混合气体的体积为 1.1VL

③ 反应达平衡时，气体 A 消耗掉 0.05VL　　④反应达平衡时，气体 B 消耗掉 0.05VL

（A）②③　　（B）②④　　（C）①③　　（D）①④

解析：采用差量法解题

	A	+	3B	$\rightleftharpoons$	2C	ΔV
起始	1		3		2	2
转化	$0.05V$		$0.15V$		$0.1V$	$0.1V$

原混合气体的体积：$V+\Delta V=1.1V$

答案：(A)

7. $a$mol 的 N_2 与 $b$mol 的 H_2 混合，在一定条件下反应达到平衡，生成了 $c$mol 的 NH_3，则 NH_3 在平衡体系中质量分数为(　　)

(A) $\frac{17c}{28a+2b-17c}\times 100\%$　　(B) $\frac{17c}{28a+2b}\times 100\%$

(C) $\frac{c}{a+b+c}\times 100\%$　　(D) $\frac{34c}{28a+2b}\times 100\%$

解析：采用守恒法解题。由质量守恒定律可知该平衡体系中的混合气体总质量应等于反应前 N_2 和 H_2 混合气的总质量。因此 NH_3 在平衡体系中的质量分数应为 $\frac{17c}{28a+2b}\times 100\%$。

答案：(B)

8. 在一定体积的密闭容器中放入 3L 气体 R 和 5L 气体 Q，在一定条件下发生反应：$2R(g)+5Q(g) \rightleftharpoons 4X(g)+nY(g)$。反应完全后，容器温度不变，混合气体的压强是原来的 87.5%，则化学方程式中的 n 值是(　　)

(A) 2　　(B) 3　　(C) 4　　(D) 5

解析：本题最关键的为"压强是原来的 87.5%"，说明体积和温度不变时，压强减小了，故该反应是气体的物质的量减小的反应，即 $2+5>4+n$，因此 $n<3$。

答案：(A)

9. 已知反应 $2NH_3 = N_2+3H_2$ 在等温条件下，标准平衡常数为 0.25，那么，在此条件下，氨的合成反应 $\frac{1}{2}N_2+\frac{3}{2}H_2 = NH_3$ 的标准平衡常数为：(　　)

(A) 4　　(B) 0.5　　(C) 2　　(D) 1

解析：$K_{p,1}^{\ominus}=\frac{(p_{N_2}/p^{\ominus})(p_{H_2}/p^{\ominus})^3}{(p_{NH_3}/p^{\ominus})^2}=0.25$，

$$K_{p,2}^{\ominus}=\frac{(p_{NH_3}/p^{\ominus})}{(p_{N_2}/p^{\ominus})^{\frac{1}{2}}(p_{H_2}/p^{\ominus})^{\frac{3}{2}}}=\left(\frac{1}{K_{p,1}^{\ominus}}\right)^{\frac{1}{2}}$$

答案：(C)

10. 反应 $CH_3COOH(l)+C_2H_5OH(l) = CH_3COOC_2H_5(l)+H_2O(l)$ 在 25℃ 平衡常数 $K_c^{\ominus}$ 为 4.0，今以 CH_3COOH 及 C_2H_5OH 各 1mol 混合进行反应，则达平衡常数最大产率为(　　)

(A) 0.334%　　(B) 33.4%　　(C) 66.7%　　(D) 50.0%

解析：因为各反应物与产物计量系数均为 1，故 $K_c^{\ominus}=x^2/(1-x)^2=4$，解出 x 即为最大产率。

答案：(C)

11. 在 1100℃时，发生下列反应：

(1) $C(s)+2S(s)\!=\!=\!=CS_2(g)$　　$K_1^\ominus=0.258$

(2) $Cu_2S(s)+H_2(g)\!=\!=\!=2Cu(s)+H_2S(g)$　　$K_2^\ominus=3.9\times10^{-3}$

(3) $2H_2S(g)\!=\!=\!=2H_2(g)+2S(s)$　　$K_3^\ominus=2.29\times10^{-2}$

则 1100℃时反应 $C(s)+2Cu_2S(s)\!=\!=\!=4Cu(s)+CS_2(g)$ 的 $K^\ominus$ 为(　　)

(A) 8.99×10^{-8}　(B) 8.99×10^{-5}　(C) 3.69×10^{-5}　(D) 3.69×10^{-8}

解析：反应=(1)−2(2)+(3)，故 $\Delta_r G_m^\ominus=\Delta_r G_{m,1}^\ominus+2\Delta_r G_{m,2}^\ominus+\Delta_r G_{m,3}^\ominus$，相应的 $K^\ominus=K_1^\ominus(K_2^\ominus)^2K_3^\ominus$

答案：(A)

12. 某温度时 $NH_4Cl(s)$ 分解压力是 $p^\ominus$，则分解反应的平衡常数 $K^\ominus$ 为(　　)

(A) 1　(B) 1/2　(C) 1/4　(D) 1/8

解析：$NH_4Cl(s)\!=\!=\!=NH_3(g)+HCl(g)$

平衡　$p^\ominus/2$　$p^\ominus/2$

$$K_p^\ominus=\frac{p^\ominus}{2p^\ominus}\cdot\frac{p^\ominus}{2p^\ominus}=\frac{1}{4}$$

答案：(C)

13. 已知 445℃时，$Ag_2O(s)$ 的分解压力为 20974kPa，则分解反应 $Ag_2O(s)\!=\!=\!=2Ag(s)+\frac{1}{2}O_2(g)$ 的 $\Delta_r G_m^\ominus$ 为(　　)

(A) $14.387kJ\cdot mol^{-1}$　(B) $15.92kJ\cdot mol^{-1}$

(C) $-15.92kJ\cdot mol^{-1}$　(D) $-31.83kJ\cdot mol^{-1}$

解析：$\Delta_r G_m^\ominus=-RT\ln K_p^\ominus=\left[-8.314\times718\times\ln\left(\frac{20974}{100}\right)^{\frac{1}{2}}\right]kJ\cdot mol^{-1}=-15.92kJ\cdot mol^{-1}$

答案：(C)

14. 在一定的温度下，一定量的 $PCl_5(g)$ 在一密闭容器中达到分解平衡。若往容器中充入氮气，使体系的压力增加一倍(体积不变)，则 PCl_5 的解离度将为(　　)

(A) 增加　(B) 减少　(C) 不变　(D) 不一定

解析：根据公式 $K_p^\ominus=K_n\cdot\left(\frac{p}{np^\ominus}\right)^{\sum\nu_B}$ 判断

答案：(C)

15. PCl_5 的分解反应是 $PCl_5(g)\!=\!=\!=PCl_3(g)+Cl_2(g)$，在 473K 达到平衡时，

$PCl_5(g)$有48.5%分解，在573K达到平衡时，有97%分解，则此反应为(　　)

(A) 放热反应　　(B) 吸热反应

(C) 即不放热也不吸热　　(D) 这两个温度下的平衡常数相等

解析：根据公式 $\frac{d\ln K^{\ominus}}{dT}=\frac{\Delta_r H_m^{\ominus}}{RT^2}$ 判断

答案：(B)

16. 注射器管中有NO_2(棕色)和N_2O_4(无色)达反应混合气体，当活塞快速压缩时，观察到的现象是(　　)

(A) 棕色消失成无色　　(B) 棕色逐渐变浅

(C) 棕色先加深后变浅　　(D) 棕色越来越深

解析：活塞快速压缩时首先NO_2浓度增大，则气体颜色加深；而后随气体压强增大，平衡向正反应方向移动，二氧化氮浓度降低，所以气体颜色变浅。

答案：(C)

17. 一定温度下，一定量的$PCl_5(g)$在某种条件下的解离度为α，改变下列条件，何者可使α增大？(　　)

(A) 增加压力使体积缩小一倍

(B) 体积不变，通入N_2气使压力增大一倍

(C) 压力不变，通入N_2气使体积增大一倍

(D) 体积不变，通入Cl_2气使压力增大一倍

解析：$PCl_5(g)$ ══ $Cl_2(g)+PCl_3(g)$反应解离度增大即平衡右移，根据公式

$K_p^{\ominus}=K_n\cdot\left(\frac{p}{np^{\ominus}}\right)^{\sum\nu_B}$ 判断。

答案：(C)

5.3.2　填空题

1. 在封闭系统中，只做体积功，恒温、恒压条件下，某化学反应算得$(\partial G/\partial\zeta)_{T,p}=0$，表示该反应已达平衡，即反应系统的熵到达最大值。此说法______。(正确，不正确)

解析：用熵判断方向需 $dS_{总}=dS_{系统}+dS_{环境}$

答案：不正确

2. 加热时，N_2O_5可安下列分解：$N_2O_5 \rightleftharpoons N_2O_3+O_2$，$N_2O_3$又可按下列分解：$N_2O_3 \rightleftharpoons N_2O+O_2$。今将4mol的$N_2O_5$充入1L密闭容器中，加热至$t$℃时反应达到了平衡状态。平衡时，$c(O_2)=4.5\text{mol}\cdot L^{-1}$，$c(N_2O_3)=1.6\text{mol}\cdot L^{-1}$，$c(N_2O)=$______$\text{mol}\cdot L^{-1}$，此时$N_2O_5$的分解率为______。

解析：采用守恒法解题。平衡时气体成分及浓度为：

成分：	N_2O_5	N_2O_3	N_2O	O_2
浓度：	x	1.62	y	4.5

由 N 原子守恒可得：$2x + 1.62 \times 2 + 2y = 2 \times 4$

由 O 原子守恒可得：$5x + 1.62 \times 3 + 6 + 4.5 \times 2 = 5 \times 4$

解得：$x = 0.94\text{mol} \cdot \text{L}^{-1}$，$y = 1.44\text{mol} \cdot \text{L}^{-1}$

N_2O_5的分解率为$(4-0.94) \times 100\% / 4 = 76.5\%$

答案：1.44；76.5%

3. 已知1000K时生成水煤气的反应 $C(s) + H_2O(g) \rightleftharpoons CO(g) + H_2(g)$ 在101.325kPa时，平衡转化率 $\alpha = 0.844$，则111.458kPa时的平衡转化率为______。

解析：

	$C(s)+$	$H_2O(g)$	$=$	$CO(g)+$	$H_2(g)$	
起始：	1	1				
转化：		α		α	α	
平衡：		$1-\alpha$		α	α	$n=1+\alpha$

当 101.325kPa 时，$K_p^{\ominus} = K_n \cdot \dfrac{p}{np^{\ominus}} = \dfrac{\alpha^2}{1-\alpha} \cdot \dfrac{p}{np^{\ominus}} = \dfrac{0.844^2}{1-0.844} \cdot \dfrac{101.325}{(1+0.844) \times 100} = 2.51$

当111.458kPa时，$2.51 = K_n \cdot \dfrac{p}{np^{\ominus}} = \dfrac{\alpha^2}{1-\alpha} \cdot \dfrac{111.458}{(1+\alpha) \times 100} \Rightarrow \alpha = 0.832$

答案：0.832

4. 将 $NH_4HS(s)$ 放在抽空瓶内，在298K时发生分解测得压力为66.66kPa，则分解反应 $NH_4HS(s) \rightleftharpoons NH_3(g) + H_2S(g)$ 的 $K_p^{\ominus}$ = ______，K_p = ______。

解析：$K_p = \dfrac{p}{2} \cdot \dfrac{p}{2} = \dfrac{66.66^2}{4}\text{kPa}^2 = 1110.89\text{ kPa}^2 \quad K_p^{\ominus} = K_p \cdot \left(\dfrac{1}{p^{\ominus}}\right)^2 = 0.11$

答案：0.11；1110.89kPa^2

5. 25℃反应 $Ag_2O(s) \rightleftharpoons 2Ag(s) + \dfrac{1}{2}O_2(g)$ 的分解压为16.34Pa，25℃时 $Ag_2O(s)$ 的 $\Delta_f G_m^{\ominus}$ 为______。

解析：$\Delta_f G_m^{\ominus} = -\Delta_r G_m^{\ominus} = RT\ln K_p^{\ominus} = \left(8.314 \times 298 \times \ln\left(\dfrac{16.34}{10^5}\right)^{\frac{1}{2}}\right)\text{kJ} \cdot \text{mol}^{-1} = -10.80\text{kJ} \cdot \text{mol}^{-1}$

答案：$-10.80\text{kJ} \cdot \text{mol}^{-1}$

6. 在一定的温度范围内，某反应的标准平衡常数的关系为 $\ln K^{\ominus} = -\dfrac{A}{T/\mathrm{K}} + B$，其中 A 和 B 的量纲均为一，则在此温度范围内，反应的 $\Delta_r H_m^{\ominus}$ = ______，$\Delta_r S_m^{\ominus}$ = ______。

解析：$\Delta_r G_m^{\ominus} = \Delta_r H_m^{\ominus} - T\Delta_r S_m^{\ominus} = -RT\ln K^{\ominus} \Rightarrow \ln K^{\ominus} = -\dfrac{\Delta_r H_m^{\ominus}}{RT} + \dfrac{\Delta_r S_m^{\ominus}}{R}$

答案：$AR\,\mathrm{J \cdot mol^{-1}}$；$BR\,\mathrm{J \cdot K^{-1} \cdot mol^{-1}}$

7. 在温度为 T 时反应 $C(s)+O_2(g) = CO_2(g)$、$C(s)+(1/2)O_2(g) = CO(g)$ 的平衡常数分别为 K_1、K_2，则反应 $CO(g)+O_2(g) = CO_2(g)$ 的平衡常数为______。

解析：反应=(1)-(2)

答案：K_1/K_2

8. 气相反应 $A_2(g)+2B_2(g) = 2AB_2(g)$，其 $\Delta_r H_m = -200\mathrm{kJ \cdot mol^{-1}}$，采用______温度和______压力措施可使平衡最有效地向右移动？（填降低，恒定，提高）

解析：放热反应，$\sum \nu_B < 0$，故降低温度，提高压力有利于反应向右移动

答案：降低；提高

9. 一定量的 $PCl_5(g)$ 在 25℃、100kPa 下分解为 $PCl_3(g)$ 和 $Cl_2(g)$。达到平衡时混合气体的体积为 $1\mathrm{dm^3}$，$PCl_5(g)$ 的离解度为 50%。若体积不变通入 N_2 气使总压增至 200kPa，此时 $PCl_5(g)$ 的离解度______。（填增大、减小或不变）

解析：根据公式 $K_p^{\ominus} = K_n \cdot \left(\dfrac{p}{np^{\ominus}}\right)^{\sum \nu_B}$ 判断

答案：不变

10. 反应 $PCl_5(g) = PCl_3(g)+Cl_2(g)$ 在 485K，标准压力的容器中达到平衡。$PCl_5(g)$ 离解度为 0.5，反应的热效应 $\Delta_r H_m^{\ominus} = 88\mathrm{kJ \cdot mol^{-1}}$，升高温度时，$PCl_5$ 的解离度将______，加入催化剂，其解离度将______。

解析：根据公式 $\dfrac{\mathrm{d}\ln K^{\ominus}}{\mathrm{d}T} = \dfrac{\Delta_r H_m^{\ominus}}{RT^2}$ 判断

答案：增加；不变

5.3.3 简答题

1. 根据公式 $\Delta_r G_m^{\ominus} = -RT\ln K^{\ominus}$，所以说 $\Delta_r G_m^{\ominus}$ 是在平衡状态时的 Gibbs 自由能的变化值，这样说对不对？

答案：不对。在等温、等压及非体积功为零时，Gibbs 自由能的变化值等于零，这样才得到上述公式。$\Delta_r G_m^\ominus$ 是在标准状态下 Gibbs 自由能的变化值，在数值上等于反应式中各物质标准化学势的代数和，即 $\Delta_r G_m^\ominus = \sum_B \nu_B \mu_B^\ominus$。

2. 若选取不同的标准态，则 $\mu^\ominus(T)$ 值就不同，所以反应的 $\Delta_r G_m^\ominus$ 也会改变，那按化学反应等温式计算出来的 $\Delta_r G_m$ 值是否也会改变？

答案：不会。$\Delta_r G_m = \sum_B \nu_B \mu_B$，某物质的化学势 μ_B 在一定状态下有定值，并不因为所取标准态不同而不同。标准态不同仅会使化学势表达式的第一项 $\mu^*(T)$ 值不同。

例如：$\mu_B = \mu_B^\ominus + RT\ln\dfrac{p_B}{p^\ominus} = \mu_B^\ominus + RT\ln\dfrac{k_m b^\ominus}{p^\ominus} + RT\ln\dfrac{b_B}{b^\ominus} = \mu^*(T) + RT\ln\dfrac{b_B}{b^\ominus}$，同理可知，$\mu_B = \mu^{**}(T) + RT\ln\dfrac{c_B}{c^\ominus}$，$\mu_B = \mu^{***}(T) + RT\ln x_B$。从上面的式子显然可知，某种物质的 μ_B 是相同的，但是 $\mu^*(T) \neq \mu^{**}(T) \neq \mu^{***}(T)$。

3. 某分解反应 $A(s) \rightleftharpoons B(g) + 2C(g)$，问热力学平衡常数 $K_p^\ominus$ 与解离压 p 之间的关系如何？

答案：$K_p^\ominus = \dfrac{p_B}{p^\ominus}\cdot\left(\dfrac{p_C}{p^\ominus}\right)^2 = \dfrac{p}{3p^\ominus}\cdot\left(\dfrac{2p}{3p^\ominus}\right)^2 = \dfrac{4}{27}\left(\dfrac{p}{p^\ominus}\right)^3$

5.3.4 计算题

1. 计算 1200℃时，固态 FeO 上的氧的平衡压力。已知 1200℃时反应 $FeO(s) \rightleftharpoons Fe(s) + \frac{1}{2}O_2(g)$ 的 $\Delta_r H_m^\ominus = 267.4\text{kJ}\cdot\text{mol}^{-1}$，$\Delta_r S_m^\ominus = 69\text{J}\cdot\text{mol}^{-1}\cdot\text{K}^{-1}$。

解：$\Delta_r G_m^\ominus = \Delta_r H_m^\ominus - T\Delta_r S_m^\ominus = [267.4 - 1473 \times 69.0 \times 10^{-3}]\ \text{kJ}\cdot\text{mol}^{-1} = 165.76\text{kJ}\cdot\text{mol}^{-1}$

$$\Delta_r G_m^\ominus = -RT\ln K_p^\ominus = -RT\ln\left(\frac{p_{O_2}}{p^\ominus}\right)^{\frac{1}{2}} \Rightarrow p_{O_2} = 1.75 \times 10^{-7}\text{Pa}$$

2. 石灰窑中石灰的反应为：$CaCO_3(s) \rightleftharpoons CaO + CO_2(g)$ 欲使石灰石能以一定速率分解成石灰，分解压力最小达到大气压力，此时所对应的平衡温度称为分解温度。设分解反应的 $\Delta_r H_m^\ominus$ 不随反应温度变化[在分解温度 T_2 时，反应的平衡常数 $K(T_2)$ 为 1]，求 $CaCO_3(s)$ 的分解温度 T_2。

已知 298K 时的相关热力学数据为：

	$CaCO_3(s)$	$CaO(s)$	$CO_2(g)$
$\Delta_f G_m^\ominus/kJ\cdot mol^{-1}$	-1128.8	-604.2	-394.4
$\Delta_f H_m^\ominus/kJ\cdot mol^{-1}$	-1206.9	-635.5	-393.5

解：$\Delta_r G_m^\ominus = \sum_B \nu_B \Delta_f G_{m,B}^\ominus = [-604.2 - 394.4 + 1128.8]\,kJ\cdot mol^{-1}$

$= 130.2kJ\cdot mol^{-1}$

$\Delta_r H_m^\ominus = \sum_B \nu_B \Delta_f H_{m,B}^\ominus = [-635.5 - 393.5 + 1206.9]\,kJ\cdot mol^{-1}$

$= 177.9kJ\cdot mol^{-1}$

$\Delta_r G_m^\ominus = -RT\ln K_p^\ominus(298K) \Rightarrow \ln K_p^\ominus(298K) = -52.55$

$$\ln\frac{K_2^\ominus}{K_p^\ominus(298K)} = \frac{\Delta_r H_m^\ominus}{R}\left(\frac{1}{T_{298}} - \frac{1}{T_2}\right) \Rightarrow T_2 = 1111K$$

3. 已知 298.15K 以下数据：

物质	$SO_3(g)$	$SO_2(g)$	$O_2(g)$
$\Delta_f H_m^\ominus/kJ\cdot mol^{-1}$	-395.2	-296.1	0
$S_m^\ominus/J\cdot mol^{-1}\cdot K^{-1}$	256.2	248.5	205.03

（1）求 298.15K，$p^\ominus$ 下反应 $SO_2(g)+\frac{1}{2}O_2(g)=SO_3(g)$ 的 $K_p^\ominus$、K_p 和 K_x；

（2）设 $\Delta_f H_m^\ominus$，$\Delta_r S_m^\ominus$ 不随温度变化且反应物按反应计量系数比进料，在什么温度下 SO_2 的平衡转化率可以达到 80%？

解：（1）平衡常数

$\Delta_r H_m^\ominus = \sum_B \nu_B \Delta_f H_{m,B}^\ominus = [-395.2 + 296.1 - 0]\,J\cdot mol^{-1} = -99.1kJ\cdot mol^{-1}$

$$\Delta_r S_m^\ominus = \sum_B \nu_B S_{m,B}^\ominus = \left[256.2 - 248.5 - \frac{1}{2}\times 205.03\right]J\cdot K^{-1}\cdot mol^{-1}$$

$= -94.82J\cdot K^{-1}\cdot mol^{-1}$

$\Delta_r G_m^\ominus = \Delta_r H_m^\ominus - T\Delta_r S_m^\ominus = [-99.1 + 298.15\times 94.82\times 10^3]\,kJ\cdot mol^{-1}$

$= -70.83kJ\cdot mol^{-1}$

$\Delta_r G_m^\ominus = -RT\ln K_p^\ominus \Rightarrow -70830 = -8.314\times 298.15\ln K_p^\ominus \Rightarrow K_p^\ominus = 2.56\times 10^{12}$

$$K_p^\ominus = K_p\cdot\left(\frac{1}{p^\ominus}\right)^{\sum\nu_B} \Rightarrow 2.56\times 10^{12} = K_p\cdot\left(\frac{1}{10^5}\right)^{-0.5} \Rightarrow K_p = 8.10\times 10^9\,Pa^{0.5}$$

$$K_p^\ominus = K_x\cdot\left(\frac{p}{p^\ominus}\right)^{\sum\nu_B} \Rightarrow 2.56\times 10^{12} = K_x\cdot\left(\frac{100}{100}\right)^{-0.5} \Rightarrow K_x = 2.56\times 10^{12}$$

（2）转化率

$$SO_2(g) \quad + \quad \frac{1}{2}O_2(g) \quad \rightleftharpoons \quad SO_3(g)$$

起始：　1　　　0.5

转化：　α　　　0.5α　　　α

平衡：　$1-\alpha$　　　$0.5(1-\alpha)$　　　α　　$1.5-0.5\alpha$

当 $\alpha = 0.8$ 时：$K_p^\ominus = K_n \cdot \left(\frac{p}{np^\ominus}\right)^{\sum\nu_B} = \frac{\alpha}{(1-\alpha)\,[0.5\times(1-\alpha)]^{0.5}} \cdot \left(\frac{100}{(1.5-0.5\alpha)\,100}\right)^{-0.5} = 13.27$

$\Delta_r G_m^\ominus = \Delta_r H_m^\ominus - T\Delta_r S_m^\ominus = -RT\ln K_p^\ominus \Rightarrow -99100 + 94.82T = -8.314T\ln 13.27 \Rightarrow T = 852\text{K}$

4. 反应 $A(g) \rightleftharpoons B(g) + C(g)$ 在恒容容器中进行，453K 达平衡时系统总压为 $p^\ominus$。若将此气体混合物加热到 493K，反应重新达到平衡，反应系统总压为 $4p^\ominus$，B 和 C 的平衡组成各增加了一倍，而 A 减少了一半。假定该反应的反应焓与温度和压力无关，试求该反应系统在此温度范围内的标准摩尔反应焓。

解：

$$A(g) \quad = \quad B(g) \quad + \quad C(g)$$

平衡时的摩尔分数　　y_A　　　y_B　　　y_C

$$K_p^\ominus(453\text{K}) = K_x \cdot \left(\frac{p}{p^\ominus}\right)^{\sum\nu_B} = \frac{y_B y_C}{y_A} \cdot \frac{p^\ominus}{p^\ominus} = \frac{y_B y_C}{y_A}$$

$$K_p^\ominus(493\text{K}) = K_x \cdot \left(\frac{p}{p^\ominus}\right)^{\sum\nu_B} = \frac{2y_B 2y_C}{\frac{1}{2}y_A} \cdot \frac{4p^\ominus}{p^\ominus} = 32\frac{y_B y_C}{y_A}$$

$$\ln\frac{K_p^\ominus(493\text{K})}{K_p^\ominus(453\text{K})} = \frac{\Delta_r H_m^\ominus}{R}\left(\frac{1}{T_{453}} - \frac{1}{T_{493}}\right) \Rightarrow \ln 32 = \frac{\Delta_r H_m^\ominus}{8.314}\left(\frac{1}{453} - \frac{1}{493}\right) \Rightarrow \Delta_r H_m^\ominus$$
$$= 160.89\text{kJ}\cdot\text{mol}^{-1}$$

5. 373K 时，反应 $2NaHCO_3(s) \rightleftharpoons Na_2CO_3(s) + CO_2(g) + H_2O(g)$ 的 $K_p^\ominus = 0.231$。

（1）在 10^{-2}m^3 的抽空容器中，放入 0.1mol Na_2CO_3，并通入 0.2mol $H_2O(g)$，问最少需通入物质的量为多少的 $CO_2(g)$，才能使 $Na_2CO_3(s)$ 全部转变成 $NaHCO_3(s)$？

（2）在 373K，总压为 101325Pa 时，要在 $CO_2(g)$ 及 $H_2O(g)$ 的混合气体中干燥潮湿的 $NaHCO_3(s)$，问混合气体中 $H_2O(g)$ 的分压为多少时才不致使

$NaHCO_3(s)$分解？

解：(1)

$$2NaHCO_3(s) = Na_2CO_3(s) + CO_2(g) + H_2O(g)$$

起始	0	0.1	x	0.2
转化	0.2	0.1	0.1	0.1
平衡	0.2	0	$x-0.1$	0.1

$n=\sum_B n_B(g)=x\text{mol}$

$$K_p^\ominus = K_n\cdot\left(\frac{p}{np^\ominus}\right)^{\sum\nu_B} = 0.1\times(x-0.1)\times\left(\frac{xRT}{xVp^\ominus}\right)^2 = 0.231 \Rightarrow x = 0.34\text{mol}$$

(2) $J_p > K_p^\ominus \Rightarrow \dfrac{(101.325-p_{H_2O})}{p^\ominus}\cdot\dfrac{p_{H_2O}}{p^\ominus} > 0.231 \Rightarrow 34.6\text{kPa} < p_{H_2O} < 66.7\text{kPa}$

6. 在400~500K温度范围内，反应$PCl_5(g) = PCl_3(g)+Cl_2(g)$的标准摩尔反应Gibbs函数可由下式计算：$\Delta_r G_m^\ominus(T)/\text{J}\cdot\text{mol}^{-1} = 83.68\times10^3 - 14.52T\ln T - 72.26T$。

(1) 在450K时，将$PCl_5(g)$充入抽空的容器中，若平衡时总压为标准压力$p^\ominus$。计算$PCl_5(g)$的转化率。

(2) 计算450K该反应的$\Delta_r S_m^\ominus$和$\Delta_r H_m^\ominus$。

解：(1) 转化率

$$PCl_5(g) = PCl_3(g) + Cl_2(g)$$

起始：	p	0	0
转化：	xp	xp	xp
平衡：	$p(1-x)$	xp	xp

$$\begin{aligned}\Delta_r G_m^\ominus(T) &= 83.68\times10^3 - 14.52T\ln T - 72.26T\\ &= [83.68\times10^3 - 14.52\times450\times\ln450 - 72.26\times450]\ \text{J}\cdot\text{mol}^{-1}\\ &= 11.25\text{kJ}\cdot\text{mol}^{-1}\end{aligned}$$

$$\ln K_p^\ominus = -\frac{\Delta_r G_m^\ominus}{RT} = -\frac{11250}{8.314\times450} \Rightarrow K_p^\ominus = 0.049$$

$$K_p^\ominus = \left(\frac{px}{p^\ominus}\cdot\frac{px}{p^\ominus}\right)\Big/\left(\frac{p(1-x)}{p^\ominus}\right) = \frac{x^2}{(1+x)(1-x)} = 0.049 \Rightarrow x = 0.216$$

(2) $\ln K_p^\ominus = -\dfrac{\Delta_r G_m^\ominus}{RT} = -\dfrac{1}{R}\left(\dfrac{83.68\times10^3}{T} - 14.52\ln T - 72.26\right)$

$$\frac{\partial \ln K_p^\ominus}{\partial T} = \frac{\Delta_r H_m^\ominus}{RT^2} = \frac{83.68\times10^3}{RT^2} + \frac{14.52}{RT}$$

$$\Delta_r H_m^\ominus = [83.68\times10^3 + 14.52\times450]\ \text{J}\cdot\text{mol}^{-1} = 90.21\text{kJ}\cdot\text{mol}^{-1}$$

$$\Delta_r S_m^\ominus = \frac{\Delta_r H_m^\ominus - \Delta_r G_m^\ominus}{T} = \frac{[90.21 - 11.25]\ \text{J} \cdot \text{mol}^{-1}}{450\text{K}} = 175.5\text{J} \cdot \text{K}^{-1} \cdot \text{mol}^{-1}$$

7. 将一个容积为 1.0547dm³的石英容器抽空，在温度 297.0K 时导入 NO 气体，直至压力为 24136Pa。然后再引入 0.7040g $Br_2(g)$，并升温至 323.7K，达平衡时体系压力为 30823Pa。求 323.7K 时反应 $2NO(g)+Br_2(g)$ ══ $2NOBr(g)$的标准平衡常数 $K^\ominus$。（Br 原子量 80g·mol⁻¹）

解：

	$2NO(g)$	$+Br_2(g)$	══	$2NOBr(g)$
起始：	p_1	p_2		
转化：	p	$0.5p$		p
平衡：	p_1-p	$p_2-0.5p$		p

$$\frac{p_1}{T_{323}} = \frac{p_{1,297}}{T_{297}} \rightarrow p_1 = \frac{p_{1,297}T_{323}}{T_{297}} = \frac{24136\text{Pa} \times 323.7\text{K}}{297\text{K}} = 26306\text{Pa}$$

$$p_2 = \frac{nRT}{V} = \frac{0.7040\text{g} \times 8.314\text{J} \cdot \text{mol}^{-1} \cdot \text{K}^{-1} \times 323.7\text{K}}{160\text{g} \cdot \text{mol}^{-1} \times 1.0547 \times 10^{-3}\text{m}^3} = 11227\text{Pa}$$

$$p_{总} = \left(26306 - p + 11227 - \frac{1}{2}p + p\right)\text{Pa} = 30823\text{Pa} \Rightarrow p = 13420\text{Pa}$$

$$K_p^\ominus = \frac{(p_{NOBr}/p^\ominus)^2}{(p_{NO}/p^\ominus)^2(p_{Br_2}/p^\ominus)} = \frac{p_{NOBr}^2 \cdot p^\ominus}{p_{NO}^2 \cdot p_{Br_2}}$$

$$= \frac{13420^2 \times 100000}{(26306 - 13420)^2 \times (11227 - 0.5 \times 13420)} = 23.7$$

8. 已知反应：$SO_2(g)+\frac{1}{2}O_2(g)$ ══ $SO_3(g)$在不同温度下的标准平衡常数 $K^\ominus$ 为：

T/K	810	900	1000
$K^\ominus$	31.3	6.55	1.86

设标准摩尔反应焓与温度的关系服从线性方程 $\Delta_r H_m^\ominus = A + BT$。

试求：(1) 常数 A、B 值；(2) 810K 时该反应的 $\Delta_r S_m^\ominus$

解：(1)

$$\frac{\text{dln}K^\ominus}{\text{d}T} = \frac{\Delta_r H_m^\ominus}{RT^2} = \frac{A + BT}{RT^2} \Rightarrow \ln K^\ominus = \int \frac{A + BT}{RT^2}\text{d}T = -\frac{A}{RT} + \frac{B}{R}\ln T + C$$

$$\left.\begin{aligned}\ln 31.3 &= -\frac{A}{R}\cdot\frac{1}{810}+\frac{B}{R}\ln 810 + C\\ \ln 6.55 &= -\frac{A}{R}\cdot\frac{1}{900}+\frac{B}{R}\ln 900 + C\\ \ln 1.86 &= -\frac{A}{R}\cdot\frac{1}{1000}+\frac{B}{R}\ln 1000 + C\end{aligned}\right\}\Rightarrow \begin{aligned}A&=-3800R\\ B&=-11.04R\end{aligned}$$

(2) $\Delta_r H_m^{\ominus}(810\text{K}) = A + BT = [-3800R - 11.04R\times 810]\ \text{J}\cdot\text{mol}^{-1}$

$$= -105.94\text{kJ}\cdot\text{mol}^{-1}$$

$\Delta_r G_m^{\ominus}(810\text{K}) = -RT\ln K_{810}^{\ominus} = -23.17\text{kJ}\cdot\text{mol}^{-1}$

$$\Delta_r S_m^{\ominus}(810\text{K}) = \frac{\Delta_r H_m^{\ominus}(810\text{K}) - \Delta_r G_m^{\ominus}(810\text{K})}{T}$$

$$= \left[\frac{(-105.94+23.17)\times 10^3}{810}\right]\text{J}\cdot\text{K}^{-1}\cdot\text{mol}^{-1}$$

$$= -102.1\text{J}\cdot\text{K}^{-1}\cdot\text{mol}^{-1}$$

9. 100kPa、600℃下，$I_2(g)$离解为气态碘原子的离解度为1%，800℃时的离解度为25%。试计算：(1)反应$I_2(g) \rightleftharpoons 2I(g)$在600℃的标准平衡常数；(2)若在600~800℃之间反应的$\Delta_r H_m$不变，计算$I_2(g)$的离解热$\Delta_r H_m$。

解：(1) 平衡常数

	$I_2(g)$	$\rightleftharpoons$	$2I(g)$	
起始：	1			
转化：	α		2α	
平衡：	$1-\alpha$		2α	$1+\alpha$

$$K_p^{\ominus}(873\text{K}) = K_n\cdot\frac{p}{np^{\ominus}} = \frac{4\alpha^2}{1-\alpha}\cdot\frac{p}{(1+\alpha)p^{\ominus}} = \frac{4\times 0.01^2}{1-0.01}\cdot\frac{100}{(1+0.01)\times 100}$$

$$= 4\times 10^{-4}$$

$$K_p^{\ominus}(1073\text{K}) = K_n\cdot\frac{p}{np^{\ominus}} = \frac{4\alpha^2}{1-\alpha}\cdot\frac{p}{(1+\alpha)p^{\ominus}} = \frac{4\times 0.25^2}{1-0.25}\cdot\frac{100}{(1+0.25)\times 100}$$

$$= 0.27$$

(2) 离解热

$$\ln\frac{K_p^{\ominus}(1073\text{K})}{K_p^{\ominus}(873\text{K})} = \frac{\Delta_r H_m^{\ominus}}{R}\left(\frac{1}{T_{873}}-\frac{1}{T_{1073}}\right) \Rightarrow \ln\frac{0.27}{4\times 10^4}$$

$$= \frac{\Delta_r H_m^{\ominus}}{8.314\text{J}\cdot\text{K}^{-1}\cdot\text{mol}^{-1}}\left(\frac{1}{873\text{K}}-\frac{1}{1073\text{K}}\right) \Rightarrow \Delta_r H_m^{\ominus}$$

$$= 253.68\text{kJ}\cdot\text{mol}^{-1}$$

10. 在 323K 时，下列反应中 $NaHCO_3(s)$ 和 $CuSO_4 \cdot 5H_2O(s)$ 的分解压力分别为 4000Pa 和 6052Pa：

① $2NaHCO_3(s) \xlongequal{} Na_2CO_3(s) + H_2O(g) + CO_2(g)$

② $CuSO_4 \cdot 5H_2O(s) \xlongequal{} CuSO_4 \cdot 3H_2O(s) + 2H_2O(g)$

求：(1) 反应①和反应②的 $K_1^\ominus$ 和 $K_2^\ominus$；(2) 将反应①、②中的四种固体放入一真空容器中，平衡后 CO_2 的分压力为多少？

解：(1) $K_1^\ominus = \dfrac{p_{H_2O}}{p^\ominus} \cdot \dfrac{p_{CO_2}}{p^\ominus} = \dfrac{p}{2p^\ominus} \cdot \dfrac{p}{2p^\ominus} = \dfrac{1}{4} \cdot \left(\dfrac{4000}{10^5}\right)^2 = 4 \times 10^{-4}$

$$K_2^\ominus = \left(\frac{p_{H_2O}}{p^\ominus}\right)^2 = \left(\frac{p}{p^\ominus}\right)^2 = \left(\frac{6052}{10^5}\right)^2 = 3.67 \times 10^{-3}$$

(2) $K_1^\ominus = \dfrac{p_{H_2O}}{p^\ominus} \cdot \dfrac{p_{CO_2}}{p^\ominus} = (K_2^\ominus)^{\frac{1}{2}} \cdot \dfrac{p_{CO_2}}{p^\ominus} \Rightarrow 4 \times 10^{-4} = (3.67 \times 10^{-3})^{\frac{1}{2}} \cdot \dfrac{p_{CO_2}}{100\text{kPa}}$

$\Rightarrow p_{CO_2} = 0.66\text{kPa}$

11. 已知两反应：反应 1：$FeO(s) + CO(g) \xlongequal{} Fe(s) + CO_2(g)$；反应 2：$Fe_3O_4(s) + CO(g) \xlongequal{} 3FeO(s) + CO_2(g)$ 的标准平衡常数分别为 $K_1^\ominus$、$K_2^\ominus$，它们与温度的关系如下：

T/K	$K_1^\ominus$	$K_2^\ominus$
873	0.871	1.15
973	0.678	1.77

设两反应的 $\Delta_r C_{p,m}$ 均为零。试求：

(1) 反应 1 和反应 2 的标准摩尔反应焓 $\Delta_r H_{m,1}^\ominus$ 及 $\Delta_r H_{m,2}^\ominus$；

(2) 在什么温度下，$Fe(s)$、$FeO(s)$、$Fe_3O_4(s)$、$CO(g)$、$CO_2(g)$ 全可共存于平衡系统中；上述两反应达平衡后，若温度再上升时，系统中哪些物质可能消失？

解：(1) 反应 1 和反应 2 的标准摩尔反应焓

$$\ln\frac{K_{973}^\ominus}{K_{873}^\ominus} = \frac{\Delta_r H_{m,1}^\ominus}{R}\left(\frac{1}{T_{873}} - \frac{1}{T_{973}}\right) \Rightarrow \ln\frac{0.678}{0.871}$$

$$= \frac{\Delta_r H_m^\ominus}{8.314\text{J} \cdot \text{K}^{-1} \cdot \text{mol}^{-1}}\left(\frac{1}{873\text{K}} - \frac{1}{973\text{K}}\right) \Rightarrow \Delta_r H_{m,1}^\ominus = -17.69\text{kJ} \cdot \text{mol}^{-1}$$

$$\ln\frac{K_{973}^\ominus}{K_{873}^\ominus} = \frac{\Delta_r H_{m,2}^\ominus}{R}\left(\frac{1}{T_{873}} - \frac{1}{T_{973}}\right) \Rightarrow \ln\frac{1.77}{1.15}$$

$$= \frac{\Delta_r H_m^{\ominus}}{8.314\text{J}\cdot\text{K}^{-1}\cdot\text{mol}^{-1}}\left(\frac{1}{873\text{K}} - \frac{1}{973\text{K}}\right) \Rightarrow \Delta_r H_{m,2}^{\ominus} = 30.46\text{kJ}\cdot\text{mol}^{-1}$$

(2) 要 5 种物质平衡共存，需 $K_1^{\ominus} = K_2^{\ominus} = K_T^{\ominus}$

$$\left.\begin{aligned} \ln\frac{K_T^{\ominus}}{0.871} &= \frac{\Delta_r H_{m,1}^{\ominus}}{R}\left(\frac{1}{873\text{K}} - \frac{1}{T}\right) \\ \ln\frac{K_T^{\ominus}}{1.15} &= \frac{\Delta_r H_{m,2}^{\ominus}}{R}\left(\frac{1}{873\text{K}} - \frac{1}{T}\right) \end{aligned}\right\} \Rightarrow \begin{aligned} T &= 838\text{K} \\ K_T^{\ominus} &= 0.965 \end{aligned}$$

(3) 在 838K 时 $K_1^{\ominus} = K_2^{\ominus} = K_T^{\ominus} = 0.965$

$\Delta_r H_{m,1}^{\ominus} < 0$，升温反应 1 平衡左移，$\Delta_r H_{m,2}^{\ominus} > 0$，升温反应 2 平衡右移，因此 Fe(s) 或 Fe_3O_4(s) 有一个消失。

12. 600K 时，CH_3Cl(g) 与 H_2O(g) 反应生成 CH_3OH(g)，继而又生成 $(CH_3)_2O$(g)，同时存在两个平衡：

① $CH_3Cl(g) + H_2O(g) \rightleftharpoons CH_3OH(g) + HCl(g)$

② $2CH_3OH(g) \rightleftharpoons (CH_3)_2O(g) + H_2O(g)$

已知在该温度下 $K_{p,1}^{\ominus} = 0.00154$、$K_{p,2}^{\ominus} = 10.6$。今以等量的 CH_3Cl(g) 和 H_2O(g) 开始，求 CH_3Cl(g) 的平衡转化率。

解：设 CH_3Cl(g) 平衡转化率为 x

$$CH_3Cl(g) \quad + H_2O(g) \quad \rightleftharpoons \quad CH_3OH(g) \quad + HCl(g)$$

平衡：　$1-x$　　$1-x+y$　　　$x-2y$　　　x

$$2CH_3OH(g) \quad \rightleftharpoons \quad (CH_3)_2O(g) \quad + H_2O(g)$$

平衡：　$x-2y$　　　y　　　$1-x+y$

$$\left.\begin{aligned} K_{p,1}^{\ominus} = K_{x,1} &= \frac{(x-2y)x}{(1-x)(1-x+y)} = 0.00154 \\ K_{p,2}^{\ominus} = K_{x,2} &= \frac{y(1-x+y)}{(x-2y)^2} = 10.6 \end{aligned}\right\} \Rightarrow \begin{aligned} x &= 0.048 \\ y &= 0.009 \end{aligned}$$

13. 在密闭容器中放入 PCl_5，并按下式分解：$PCl_5(g) \rightleftharpoons PCl_3(g) + Cl_2(g)$

(1) 在 T=403K 时，系统的压力是否有定值？

(2) 在 T = 403K，总压力为 101325Pa 时，实验测得混合气的密度为 $4.800\text{kg}\cdot\text{m}^{-3}$ 计算反应在 403K 时的 $\Delta_r G_m^{\ominus}$。

(3) 若总压力仍维持在 101325Pa，而其中 0.5×101325Pa 是惰性气体 Ar，求此时 PCl_5 的离解度 α'。

解：(1) $C = S - R - R' = 3 - 1 - 1 = 1$

$f^* = C - \Phi + 1 = 1 - 1 + 1 = 1$，表明系统的压力无定值。

(2) $PCl_5(g) \rightleftharpoons PCl_3(g) + Cl_2(g)$

起始：	1	0	0	
转化：	x	x	x	
平衡：	$1-x$	x	x	$n=1+x$

$$\left.\begin{aligned} &pV = nRT \Rightarrow p\frac{m}{\rho} = (1+x)RT \\ &\text{质量守恒：} m = m(PCl_5) = M(PCl_5) \end{aligned}\right\} \Rightarrow 1 + x = \frac{pM}{\rho RT}$$

$$= \left[\frac{101325 \times 0.2085}{4.8 \times 8.314 \times 403}\right]\text{mol} \Rightarrow x = 0.314\text{mol}$$

$$\Delta_r G_m^{\ominus} = -RT\ln K^{\ominus} = -RT\ln\left(K_n\frac{p}{np^{\ominus}}\right) = -RT\ln\left(\frac{x^2}{1-x}\frac{p}{(1+x)p^{\ominus}}\right)$$

$$= \left[-8.314 \times 403 \times \ln\left(\frac{0.314^2 \times 101.325}{(1-0.314^2) \times 100}\right)\right]\text{kJ} \cdot \text{mol}^{-1}$$

$$= 7.37\text{kJ} \cdot \text{mol}^{-1}$$

(3) $$K_p^{\ominus} = K_n\frac{p}{np^{\ominus}} = \frac{x^2}{(1-x)}\frac{p}{(1+x)p^{\ominus}} = \frac{\alpha'^2}{1-\alpha'}\frac{p}{2(1+\alpha')p^{\ominus}} \Rightarrow \frac{x^2}{1-x^2}$$

$$= \frac{\alpha'^2}{2(1-\alpha'^2)} \Rightarrow \alpha' = 0.424$$

§6 统计热力学

6.1 重要知识点

6.1.1 统计热力学研究内容及处理方法

研究内容：统计热力学是由组成系统的粒子的微观性质(如粒子的质量、振动频率、转动惯量等)出发，采用统计的方法，求算由大量粒子组成的宏观系统的热力学性质。

方法：单个粒子微观状态的描述→系统微观状态的描述→系统宏观状态的描述→系统平衡态的描述。

分类：统计系统以粒子之间的相互作用分为独立子系统与相依子系统。粒子间无相互作用或相互作用可忽略的系统，称为独立子系统，如理想气体；粒子间相互作用不可忽略的系统，称为相依子系统，如液体、固体、实际气体。统计系统以粒子运用情况分为定域子系统与离域子系统。系统中粒子运动是定域化，粒子位置可编号而区别，称为定域子(或可辨粒子)系统，如晶体；系统中粒子运动是非定域化的，无固定位置而无法区别，称离域子(或不可辨粒子、或等同粒子)系统，如液体、气体；

基本原理：对于$(N,\ U,\ V)$一定的系统，系统可能出现的每一个微观状态存在的几率相同。

6.1.2 单个粒子微观运动状态的描述方法

粒子的微观运动分为五个独立的运动。独粒子系统分子处于某能级 i 的总能量为该能级各独立运动能量之和：$\varepsilon_i = \varepsilon_{t,\ i} + \varepsilon_{r,\ i} + \varepsilon_{v,\ i} + \varepsilon_{e,\ i} + \varepsilon_{n,\ i}$

简并度 g：某一能级所对应的所有不同的量子态的数目称为该能级的简并度。

① 平动：按三维势箱模型处理——平动子模型

三维平动子：$\varepsilon_t = \dfrac{h^2}{8m}\left(\dfrac{n_x^2}{a^2} + \dfrac{n_y^2}{b^2} + \dfrac{n_z^2}{c_2}\right)$ n_x，n_y，n_z 平动量子数=1，2，3…

当 $a=b=c$ 正方体时：$\varepsilon_t = \dfrac{h^2}{8mV^{2/3}}(n_x^2 + n_y^2 + n_z^2)$ n_x，n_y，n_z 平动量子数=

1，2，3…

简并度 g_t：对应于相同 ε_t 时可能出现的 (n_x，n_y，n_z) 数组，每取一组值叫一个平动量子态。

能级：$\varepsilon_{t,0}$ 为基态平动能级；$\varepsilon_{t,1}$ 第一激发态平动能级。

② 转动：采用刚性转子模型(对双原子模型)

$$\varepsilon_r = \frac{J(J+1)h^2}{8\pi^2 I} \quad \left[I = \mu r^2 \quad \mu = \frac{m_1 m_2}{m_1 + m_2}(\text{折合质量}) \right]$$

简并度：J=1，2，3…对每一个 J，对应于 $m = 0$，± 1，± 2，…，$\pm J$ 个 m 取值，每一个 m 取值对应一个转动量子态，所以 $g_r = 2J + 1$ 个简并度。注意：单原子理想气体分子内部没有转动。

能级：$\varepsilon_{r,0} = 0$，基态转动能级；$\varepsilon_{r,1} = \dfrac{2h^2}{8\pi^2 I}$，第一激发态转动能级。

③ 振动：一维谐振子模型

$$\varepsilon_v = \left(v + \frac{1}{2}\right)h\nu \quad \left[\nu = \frac{c}{\lambda} = c \times \text{波数} \quad v = 0,\ 1,\ 2,\ 3\cdots \right]$$

ε_v 是非简并的，即 $g_v = 1$。但单原子理想气体分子内部没有振动。

④ 电子运动：一般情况下，都认为电子运动处于基态且分子的 g_e 一般为 1，而对 O_2 是 $g_e = 3$，NO 是 $g_e = 2$

⑤ 核运动(核自旋)

处于基态，$g_{n,0} = 2i + 1$，通常不考虑。

对一个分子整体，一般情况考虑前三项：$\varepsilon = \varepsilon_t + \varepsilon_r + \varepsilon_v$，$g = g_t \times g_r \times g_v$

6.1.3 系统的微观状态和宏观状态分布类型、系统微观状态数、能级分布数、配分函数

系统的微观状态：指某一瞬间的状态，宏观体系中的微观状态是用系统中各粒子的量子态来描述。

$$(\varepsilon_0,\ \varepsilon_1,\ \varepsilon_2\cdots\varepsilon_i\cdots\varepsilon_k)$$
$$(g_0,\ g_1,\ g_2\cdots g_i\cdots g_k)$$
$$D_1(N_0,\ N_1,\ N_2\cdots N_i\cdots N_k)$$
$$D_2(N_0',\ N_1' N_2'\cdots N_i'\cdots N_k')$$
$$\vdots \qquad \vdots \qquad \vdots$$

有多种分布的微观状态数目 t_D，其中有一种分布 t_m 最大，叫最可几分布即最概然分布，对应于一种分布 D^* (N_0^*，N_1^*，$N_2^*\cdots N_i^*\cdots N_k^*$)

(1) 定域独粒子系统(粒子可别，没有相互作用)

微观状态数：$t_D = N! \ \Pi \dfrac{g_i^{N_i}}{N_i!}$

Boltzmann 分布：

$$N_i^* = g_i e^{\alpha+\beta\varepsilon_i} = g_i \exp(\alpha + \beta\varepsilon_i) = \frac{N \times g_i e^{-\varepsilon_i/kT}}{q} \quad \left[\beta = -\frac{1}{kT},\ e^{\alpha} = \frac{N}{\sum_i g_i e^{-\varepsilon_i/kT}}\right]$$

$q = \sum g_i e^{-\varepsilon_i/kT}$ 叫配分函数，决定了粒子在各能级上的分配情况。

$e^{-\varepsilon_i/kT}$ 叫 Boltzmann 因子，q 是对单个粒子所有可能状态的玻尔兹曼因子求和，是粒子微观运动状态性质的反映，各项的相对大小代表了粒子最概然分布时各能级分配的粒子数的多少。

据此，同一系统两个能级上的粒子数之比可求：$\dfrac{N_j^*}{N_i^*} = \dfrac{g_j e^{-\varepsilon_j/kT}}{g_i e^{-\varepsilon_i/kT}}$

(2) 离域独立粒子系统(粒子可别，没有相互作用)

微观状态数：$t_D = \prod_i \dfrac{g_i^{N_i}}{N_i!}$

Boltzmann 分布：$N_i^* = \dfrac{N \times g_i e^{-\varepsilon_i/kT}}{q} \quad \left[q = \sum g_i e^{-\varepsilon_i/kT}\right]$

6.1.4 配分函数与热力学函数之间的关系

(1) 不可别(离域)系统

N 个粒子处于温度为 T，体积为 V 时

$A = -kT\ln \dfrac{q^N}{N!}$ 计算时 $N! = \left(\dfrac{N}{e}\right)^N$

$U = NkT^2 \left(\dfrac{\partial \ \ln q}{\partial \ T}\right)_{N,\ V} \qquad p = NkT \left(\dfrac{\partial \ \ln q}{\partial \ V}\right)_T = \dfrac{NkT}{V}$

$S = k\ln \dfrac{q^N}{N!} + \dfrac{U}{T} \qquad G = -kT\ln \dfrac{q^N}{N!} + NkT$

(2) 可别(定域)粒子系统

$A = -kT\ln q^N \qquad U = NkT^2 \left(\dfrac{\partial \ \ln q}{\partial \ T}\right)_{N,\ V} \qquad S = Nk\ln q^N + \dfrac{U}{T}$

$G = -kT\ln q^N + NkT = -NkT\ln q + NkT$

(3) 说明：① 上述公式中，只要记住定域子系统、离域子系统的亥姆霍兹函数、内能与配分函数关系，即可通过下列关系求出其它热力学函数与配分函数的关系：由 $S = -\left(\dfrac{\partial \ A}{\partial \ T}\right)_V$ 可求出熵与配分函数的关系；由 $p = -\left(\dfrac{\partial \ A}{\partial \ V}\right)_T$ 求出压力

与配分函数的关系；由 $G=A+pV$、$H=U+pV$、$C_V=\left(\frac{\partial U}{\partial T}\right)_V$ 可得吉布斯函数、焓、热容与配分函数的关系。

② 统计热力学的任务是找出宏观性质与微观性质之间的定量关系，因此，统计热力学的应用主要集中在两方面：一是通过微观性质计算热力学宏观性质；二是从微观角度证明和解释热力学宏观规律。

6.1.5 配分函数的计算

(1) 析因子性质：粒子(全)配分函数可分解为各独立运动配分函数之乘积。即 $q=q_t \times q_r \times q_v \times q_e \times q_n$(后两项通常不考虑)称为配分函数析因子性质。析因子性质给出了求解配分函数的方法。它们分别对热力学函数有贡献。

例如：$A=A_t+A_r+A_v+A_e+A_n$(后两项通常不考虑)

$S=S_t+S_r+S_v+S_e+S_n$(后两项通常不考虑)

(2) 能量零点对配分函数的影响：若某独立运动形式基态能级能量为 ε_0，能级 i 的能量值为 ε_i，则以基态为能量零点时，能级 i 的能量值为 ε_i^0，而且 $\varepsilon_i^0=\varepsilon_i-\varepsilon_0$。而原来的配分函数 q 与以基态为能量零点时的配分函数的关系是 $q_0=q\exp\left(\frac{\varepsilon_0}{RT}\right)$。能量零点的变动，对粒子分布数 n_i 没有影响，在常温下，对计算平动及转动配分函数没有影响，对系统熵的计算及热容的计算没有影响，但对热力学能的计算有影响。因此，对 H、A、G 的计算也有影响。

(3) q 的计算公式分项给出

① 电子配分函数 q_e：$q_e=q_{e,0}$(只考虑基态，并取其能量为零。实际上是相对零点标度的配分函数)。

② 平动配分函数q_t：$q_t=\frac{V}{h^3}(2\pi mkT)^{\frac{3}{2}}$(三维平动子)

$$q_t=\frac{a}{h}(2\pi mkT)^{\frac{1}{2}}\text{(一维平动子)}$$

③ 转动配分函数q_r：$q_r=\frac{T}{\sigma\cdot\Theta_r}\quad(T>>\Theta_r)$；

$$q_r=\frac{T}{\sigma\cdot\Theta_r}\left(1+\frac{\Theta_r}{3T}\right)\quad(T<<\Theta_r)$$

其中：$\sigma=1$ 异核双原子分子 $\sigma=2$ 同核双原子分子；Θ_r 为转动特征温度：$\Theta_r=\frac{h^2}{8\pi^2 Ik}$ [单位 K]；

I 为转动惯量：$I=\mu r^2$；μ 为折合质量，$\mu=\dfrac{m_1 m_2}{m_1+m_2}$；$r$ 为原子间距。

④ 振动配分函数 q_ν：

双原子分子 $q_v=\dfrac{e^{-\Theta_v/2T}}{1-e^{-\Theta_v/T}}$ $(T<<\Theta_v)$（绝对零点标度）；

$$q_v'=\frac{1}{1-e^{-\Theta_v/T}}\text{（相对零点标度）}$$

其中：$\Theta_v=\dfrac{h\nu}{k}$［单位 K］（振动特征温度）

⑤ 分子全配分函数：$q=q_t\times q_r\times q_v\times q_e$

6.1.6 熵的统计意义

由 Boltzmann 公式 $S=k\ln\Omega$ 可知，熵是系统微观状态数的试题，即熵值随微观状态数的增加而增加。因此从本质上讲，影响微观状态数的因素就是影响熵的因素：① 分子数越多，熵值越大。例如，分解反应导致 S 值增加，这是由于分子数增加，使得 Ω 值增大，于是 S 值增加。② 分子占用的能级越多，S 值越大。例如，当温度升高时，许多分子由于吸收能量而向较高能级跃迁，即分子占用的能级数增多，因而 Ω 值增大，于是 S 值增加。当体积增大时，使得平动能级间隔变小，平动能级变得密集，于是分子占据的能级数增多，Ω 值增大，于是 S 值增加。③ 能级的简并度越大，S 值越大。例如，在一定温度和压力下，对同一种物质而言，$S_m(l)>S_m(s)$。这是由于液体分子比固体增加了转动运动，而气体分子又比液体分子增加了平动运动。分子运动形式越多，各能级的简并度越大，Ω 值越大，S 值越大。

6.2 基本结构

	内容	定义或注意事项
基本概念	微观状态数	$t_D=N!\ \Pi\dfrac{g_i^{N_i}}{N_i!}$
	最概然分布	$\ln\Omega=\ln t_m$（Ω：总的微态数；t_m：最概然分布对应的微态数）
	配分函数	$q=\sum g_i e^{-\varepsilon_i/kT}$，分子在所有可及能级上有效量子态数和
	转动特征温度	$\Theta_r=\dfrac{h^2}{8\pi^2 Ik}$（单位 K）
	振动特征温度	$\Theta_v=\dfrac{h\nu}{k}$（单位 K）

续表

	内容	定义或注意事项
基本定理	Boltzmann 分布定律	$N_i^* = \dfrac{N \times g_i e^{-\varepsilon_i/kT}}{q}$
	Boltzmann 熵定理	$S = k_B \ln \Omega$
	Sackar-Tetrode 方程	$S^{\ominus}_{统计, m} = \dfrac{5}{2}R + R\ln\left(\dfrac{V_m (2\pi mkT)^{\frac{2}{3}}}{Lh_3}\right)$
基本计算	能级及简并度	$q = q_t \times q_r \times q_v \times q_e \times q_n$
	分子配分函数分解因式	$q_t = \dfrac{V}{h^3}(2\pi mkT)^{\frac{3}{2}}$ $q_r = \dfrac{T}{\sigma \cdot \Theta_r}$ $(T >> \Theta_r)$ $q_v' = \dfrac{1}{1 - e^{-\Theta_V/T}}$ ($\varepsilon_{v,0} = 0$，双原子分子)
	热力学函数的求解	$U = NkT^2\left(\dfrac{\partial \ln q}{\partial T}\right)_{N,V}$ $S = k\ln\dfrac{q^N}{N!} + \dfrac{U}{T}$ (不可别) $S = Nk\ln q^N + \dfrac{U}{T}$ (可别)
	理想气体反应平衡常数	$K_p^{\ominus} = \dfrac{f_C}{f_A f_B}\left(\dfrac{p^{\ominus}}{RT}\right) e^{-\frac{\Delta_r \varepsilon_0}{kT}}$

6.3 例题精解

6.3.1 选择题

1. 将一个容器用隔板隔成体积相等的两部分，在一侧充入 1mol 理想气体，另一侧抽成真空。当抽去隔板后，气体充满全部容器。则开始气体在一侧的数学概率和气体充满全部容器的数学概率分别为(　　)

(A) 1，$(1/2)^L$　(B) 1，2^L　(C) $(1/2)^L$，1　(D) 2^L，1

解析：开始时单个气体分子在一侧的数学概率为 1/2，则 1mol 气体的概率为 $(1/2)^L$

答案：(C)

2. 对定域子系统，D 所拥有的微观状态数 W_D 为(　　)

(A) $W_D = N! \prod (g_i n_i / n_i!)$　(B) $W_D = N! \prod (g_i^{\ n_i} / n_i!)$

(C) $W_D = \prod (g_i n_i / n_i!)$　　(D) $W_D = \prod (g_i^{n_i} / n_i!)$

答案：(B)

3. U、V、N 给定体系的微观状态数 Ω 与最可几分布的微观状态数 t_m 之间的关系(　　)

(A) $t_m = \Omega$　　(B) $\ln t_m = \Omega$　　(C) $\ln t_m = \ln\Omega$　　(D) $t_m = \ln\Omega$

答案：(C)

4. 玻尔兹曼分布(　　)

(A) 是最概然分布，但不是平衡分布

(B) 是平衡分布，但不是最概然分布

(C) 既是最概然分布，又是平衡分布

(D) 不是最概然分布，也不是平衡分布

答案：(C)

5. Boltzmann 定理是沟通热力学性质与微观性质的基本公式，这个公式的形式是(　　)

(A) $n_i = (N/q) g_i e^{-\varepsilon_i/kT}$　　(B) $k = q/N$

(C) $S = k\ln\Omega$　　(D) $q = \sum g_i e^{-\varepsilon_i/kT}$

答案：(C)

6. 下面关于摘取最大项的描述正确的是(　　)

(A) 因为 $\Omega \geqslant t_{max}$，所以 $\ln\Omega \geqslant \ln t_{max}$，这说明原理有较大误差

(B) 因为 t_{max}/Ω 很小，故虽然 t_{max} 是 Ω 中最大的一项，但不是最概然分布的微观状态数

(C) 只有在该原理成立的前提下，才能用波尔兹曼公式进行熵的计算

(D) 该原理是经严格数学推导而得到的

答案：(C)

7. 当熵值增大 $1\text{J} \cdot \text{K}^{-1} \cdot \text{mol}^{-1}$，体系的微观状态数 Ω 增大的倍数为：

(A) 6.02×10^{23} 倍　　(B) $\exp(6.02 \times 10^{23})$ 倍

(C) $\exp(\frac{1}{1.38} \times 10^{23})$ 倍　　(D) $\frac{1}{1.38} \times 10^{23}$ 倍

答案：(C)

8. 忽略 CO 和 N_2 的振动运动对熵的贡献的差别，CO 和 N_2 的摩尔熵的大小关系为(　　)

(A) $S_m(CO) > S_m(N_2)$　　(B) $S_m(CO) < S_m(N_2)$

(C) $S_m(CO) = S_m(N_2)$　　(D) 不确定

解析：N_2 为同核双原子分子，CO 为异核双原子分子。CO 转动运动的微观状

态比 N_2 多一倍。由 $S=k\ln\Omega$ 可知，$S_m(CO) > S_m(N_2)$

答案：(A)

9. 在 NO 分子组成的晶体中，每个分子都有两种可能的排列方式，即 NO 和 ON，也可将晶体视为 NO 和 ON 的混合物，在温度为 0K 时该体系的熵值为(k_B 为波尔兹曼常数)(　　)

(A) $S_0=0$　　(B) $S_0=k_B\ln2$　　(C) $S_0=Nk_B\ln2$　(D) $S_0=2k_B\ln N$

解析：NO 和 ON 的混合，$\Omega=2^N$。根据 $S=k\ln\Omega$ 可知，$S_0=Nk_B\ln2$

答案：(C)

10. 从统计热力学的观点看，理想气体封闭体系在有用功 $W'=0$、体积不变的情况下吸热时，体系中粒子(　　)

(A) 能级提高，且各能级上的粒子分布数发生变化

(B) 能级提高，但各能级上的粒子分布数不变

(C) 能级不变，但各能级上的粒子分布数发生变化

(D) 能级不变，且各能级上的粒子分布数不变

解析：粒子在受到外界一定强度的能量激发，才能出现能级的变化，一般的吸热过程，无法导致能级的升高。当体系吸热后，温度升高，粒子的运动加剧，使得粒子的分布状态发生变化。

答案：(C)

11. 粒子的配分函数 q 表示的是(　　)

(A) 一个粒子的玻尔兹曼因子

(B) 对一个粒子的玻尔兹曼因子取和

(C) 对一个粒子的所有能级的玻尔兹曼因子取和

(D) 对一个粒子的所有能级的简并度和玻尔兹曼因子取和

答案：(D)

12. 下列说法错误的是(　　)

(A) 能量标度零点选择不同，粒子配分函数值不同

(B) 能量标度零点选择不同，粒子配分函数值相同

(C) 能量标度零点选择不同，对系统的熵 S 值没有影响

(D) 能量标度零点选择不同，对系统的自由能 G 值有影响

解析：$q_0=qe^{\varepsilon_0/kT}$，$q_0$ 为基态能为零时的分子配分函数，可见选择不同能量标度零点会影响配分函数的数值。

答案：(B)

13. 确定基态能量为某一数值 ε_0 时，分子配分函数以 $q(\varepsilon_0)$ 表示，确定基态能量 $\varepsilon_0=0$ 时，分子配分函数以 q_0 表示，下列各式中错误的是(　　)

(A) $q(\varepsilon_0)=\exp(-\varepsilon_0/kT)\sum_i g_i\exp(-\varepsilon_i/kT)$

(B) $q_0=\sum_i g_i\exp(-\varepsilon_i/kT)$

(C) $q(\varepsilon_0)=\sum_i g_i\exp(-\varepsilon_i/kT)$

(D) $q(\varepsilon_0)=q_0\exp(-\varepsilon_0/kT)$

答案：(C)

14. 与分子运动空间有关的分子运动的配分函数是：

(A) 振动配分函数　　(B) 转动配分函数

(C) 平动配分函数　　(D) 前三个配分函数均与分子运动空间无关

解析：平动配分函数为 $q_t=\frac{V}{h^3}(2\pi mkT)^{3/2}$，与体积有关，即与分子的运动空间有关。

答案：(C)

15. 在分子运动的各配分函数中与压力有关的是(　　)

(A) 电子运动的配分函数　　(B) 平动配分函数

(C) 转动配分函数　　(D) 振动配分函数

解析：平动配分函数与体积有关，所以和压力也有关系。

答案：(B)

16. 1mol 某双原子理想气体在 300K 等温膨胀时(　　)

(A) q_t，q_r，q_v，q_e，q_n 均不变　　(B) q_t 变，q_r，q_v，q_e，q_n 均不变

(C) q_r 不变，q_t，q_v，q_e，q_n 均变　　(D) q_t，q_r，q_v，q_e，q_n 均变

答案：(B)

17. 已知 CO 的转动惯量 $I=1.45\times10^{-46}\text{kg}\cdot\text{m}^2$，则 CO 的转动特征温度为(　　)

(A) 0.36K　　(B) 2.78K　　(C) 2.78×10^7 K　　(D) 5.56K

解析：$\Theta_r=\frac{h^2}{8\pi^2 Ik}=\left[\frac{h^2}{8\times\pi^2\times1.45\times10^{-46}\times1.38\times10^{-23}}\right]\text{K}=2.78\text{K}$

答案：(B)

18. 300K 时，某分子分布在 $J=1$ 和 $J=0$ 的能级的比值为 2.7，则 Θ_r 为(　　)

(A) 10K　　(B) 15K　　(C) 30K　　(D) 300K

解析：$g_{r,1}=2J+1=3$；$g_{r,0}=2J+1=1$

$$\varepsilon_{r,1}=J(J+1)\frac{h^2}{8\pi^2 I}=J(J+1)\frac{h^2}{8\pi^2 I}\frac{k}{k}=J(J+1)\Theta_r k=2\Theta_r k\text{；}\varepsilon_{r,0}=0$$

$$\frac{N_1}{N_0}=\frac{g_{r,1}e^{-\varepsilon_{r,1}/kT}}{g_{r,0}e^{-\varepsilon_{r,0}/kT}}=\frac{3e^{-2\Theta_r/T}}{1e^0}=2.7\Rightarrow-2\Theta_r/T=\ln0.9\Rightarrow\Theta_r=15.8$$

答案：(B)

19. 温度为 T 时，分子 AB 的振动基态能量为 0，$q=1.1$，则 $\frac{N_{\nu=0}}{N}=$ (   )

(A) 1.1　　(B) 1　　(C) 0.9　　(D) 0

解析：$\frac{N_{\nu=0}}{N}=\frac{g_{\nu,0}e^{-\varepsilon_{\nu,0}/kT}}{q}=\frac{1}{1.1}=0.9$

答案：(C)

20. 双原子分子在温度很低时取振动基态能量为 0，则 q_ν(   )

(A) 0　　(B) 1　　(C) <0　　(D) >1

解析：$T\to 0$, $e^{-\Theta_\nu/T}\to 0$, $q_\nu=\frac{1}{1-e^{-\Theta_\nu/T}}=1$

答案：(B)

21. T、V 一定时，下列理想气体中 $S_{t,m}$ 最小的是(   )

(A) H_2　　(B) O_2　　(C) NO　　(D) F_2

解析：$S_{t,m}=R\ln\frac{(2\pi mkT)^{3/2}}{Lh^3}V_m+\frac{5}{2}R$，$m$ 越小，$S_{t,m}$ 越小

答案：(A)

22. 一个体积为 V，粒子质量为 m 的离域子体系，其最低平动能与其相邻能级的间隔是(   )

(A) $\frac{h^2}{8mV^{2/3}}$　　(B) $\frac{3h^2}{8mV^{2/3}}$　　(C) $\frac{4h^2}{8mV^{2/3}}$　　(D) $\frac{9h^2}{8mV^{2/3}}$

解析：$\varepsilon_1=\frac{n^2h^2}{8mV^{2/3}}=\frac{h^2}{8mV^{2/3}}$　　$\varepsilon_2=\frac{n^2h^2}{8mV^{2/3}}=\frac{4h^2}{8mV^{2/3}}$ $\Delta\varepsilon=\frac{3h^2}{8mV^{2/3}}$

答案：(B)

23. 1mol 双原子分子理想气体，当温度由 T_1 升至 $T_2=2T_1$ 时，若其转动惯量保持不变，则其转动熵变 ΔS 为(   )

(A) $5.763\text{J}\cdot\text{mol}^{-1}\cdot\text{K}^{-1}$　　(B) $R\ln T_1$

(C) $R\ln T_2$　　(D) $11.526\text{J}\cdot\text{mol}^{-1}\cdot\text{K}^{-1}$

解析：$S_{m,r}=R\left(\ln\frac{T}{\sigma\cdot\Theta_r}+1\right)\Rightarrow$

$$\Delta S=S_{m,r,2}-S_{m,r,1}=R\left(\ln\frac{T_2}{\sigma\cdot\Theta_r}+1\right)-R\left(\ln\frac{T_1}{\sigma\cdot\Theta_r}+1\right)=R\ln 2$$

$$=5.763\text{J}\cdot\text{K}^{-1}\cdot\text{mol}^{-1}$$

答案：(A)

24. N_2 与 CO 的转动特性温度分别为 2.86 和 2.77，相同温度下 N_2 与 CO 转动配分函数的比值为(　　)

(A) 1.03：1　　(B) 0.97：1　　(C) 0.48：1　　(D) 1.94：1

解析：$q_{r,N_2}:q_{r,CO}=\frac{T}{\sigma\cdot\Theta_{r,N_2}}:\frac{T}{\sigma\cdot\Theta_{r,CO}}=\frac{1}{2\times2.86}:\frac{1}{2.77}=0.48:1$

答案：(C)

6.3.2　填空题

1. 从统计热力学观点看，功的微观本质是______；热的微观本质是______。

答案：改变分子的能级；改变分子能级上分布的分子数；

2. 一平动子处于能量 $\varepsilon_1=(7h^2/4mV^{2/3})$ 的能级上，则此能级的简并度 $g_t=$ ______。

解析：$\varepsilon_1=\frac{14h^2}{8mV^{2/3}}\Rightarrow n_x^2+n_y^2+n_z^2=14$，$n_x$，$n_y$，$n_z$ 的取值为(1，2，3)，因此 $g_t=6$

答案：6

3. NO 分子在平、转、振三种运动的第一激发态上的简并度 $g_t=$ ______，$g_r=$ ______，$g_v=$ ______。

解析：NO 为线性双原子分子

答案：3；3；1

4. 一般说来，由统计力学所得的统计熵总要比由热力学第三定律算得的熵要______。(大、小)

答案：大

5. 用统计热力学计算得到 NO_2气体在 25°C 时的标准摩尔熵为 220.0J·K^{-1}·mol^{-1}，由热力学第三定律得到的是 215.2J·K^{-1}·mol^{-1}。作为热力学数据使用，较为可靠的是______，两者之差称为______。

答案：前者；残余熵

6. 最低能量零点选择不同，则配分函数的值______，热力学能值______，熵值______，定容热容值______。(填相同、不同)。

答案：不同；不同；相同；相同

7. 按玻尔兹曼分布方式，当 T 一定时粒子在两个能级上的分布取决于所处的能级及相应的简并度。能级 $\varepsilon_j=2\varepsilon_i$、简并度 $g_j=2g_i$ 与能级为 ε_i、简并度为 g_i 的两个能级上分布的粒子数之比为______。

解析：$\frac{n_j}{n_i}=\frac{g_j e^{-\varepsilon_j/kT}}{g_i e^{-\varepsilon_i/kT}}=\frac{2g_i e^{-2\varepsilon_i/kT}}{g_i e^{-\varepsilon_i/kT}}=2e^{-\varepsilon_i/kT}$

答案：$2e^{-\varepsilon_i/kT}$

8. 玻尔兹曼分布的数学表达式为______；粒子的配分函数 q 表达式为______。

答案：$n_i = \dfrac{N}{q} g_i e^{-\varepsilon_i/kT}$，$q = \sum_i g_i e^{-\varepsilon_i/kT} = \sum_j e^{-\varepsilon_j/kT}$；

9. 对于双原子分子 H_2、HD、D_2，其转动惯量之比为______，其转动特征温度之比为______。

解析：$I = \mu \cdot r_0^2, \mu = \dfrac{m_1 m_2}{m_1 + m_2} \Rightarrow I(H_2):I(HD):I(D_2) = \dfrac{1}{2}:\dfrac{2}{3}:\dfrac{4}{4} = 3:4:6$

$$\Theta_r = \frac{h^2}{8\pi^2 Ik} \Rightarrow \Theta_r(H_2):\Theta_r(HD):\Theta_r(D_2) = \frac{1}{I(H_2)}:\frac{1}{I(HD)}:\frac{1}{I(D_2)}$$
$$= 4:3:2$$

答案：3：4：6；4：3：2

10. 试估算 $T = 300K$、$V = 10^{-6}m^3$ 时氩气分子的配分函数 $q =$______。已知 Ar 的相对原子质量为 39.95，普朗克常数为 $6.626 \times 10^{-34} J \cdot s$、玻尔兹曼常数为 $1.381 \times 10^{-23} J \cdot K^{-1}$。

解析：对单原子理想气体，只有平动，而无转动、振动

$$q = q_t = \left(\frac{2\pi mkT}{h^2}\right)^{3/2} V$$
$$= \left(\frac{2\pi \times 39.95 \times 10^{-3} \times 1.38 \times 10^{-23} \times 300}{6.022 \times 10^{23} \times 6.626^2 \times 10^{-68}}\right)^{3/2} \times 10^{-6} = 2.467 \times 10^{26}$$

答案：2.467×10^{26}

11. 某理想气体 A 其分子的最低能级是非简并的，若取分子的基态作为能量零点，相邻能级的能量为 ε_1，其简并度为 2，忽略更高的能级，则 A 分子的配分函数 $q =$______，设 $\varepsilon_1 = kT$，则相邻两能级上的最概然分子数之比 $n_1/n_0 =$ ______。

解析：$q = \sum_i g_i e^{-\varepsilon_i/kT} = 1 + 2e^{-\varepsilon_1/kT}$；$\dfrac{n_1}{n_0} = \dfrac{2e^{-\varepsilon_1/kT}}{g_i e^{-\varepsilon_0/kT}} = \dfrac{2g_i e^{-kT/kT}}{g_i e^{-\varepsilon_0/kT}} = 2e^{-1} = 0.74$

答案：$1 + 2e^{-\varepsilon_1/kT}$；0.74

12. 分子配分函数 q 是对______的______进行加合，当体系温度趋于绝对零度时，体系的 N 个分子处于______状态，当体系的温度趋于无穷大时，N 个分子的分配为______。

答案：一个粒子，所有可能状态的波尔兹曼因子，能量最低，能量最高

13. 对于宏观热力学体系，能级愈高，此能级量子态所具有的分子数______；体系温度愈高，高能级所具有的分子数______。

答案：减少，增加

14. I_2分子的振动能级间隔为 0.43×10^{-20}J。在 298K 时某一能级与其次能级上分子数的比值 $N_{i+1}/N_i=$______。

解析： $\dfrac{N_{i+1}}{N_i}=e^{-\Delta\varepsilon/kT}=0.352$

答案： 0.352

6.3.3　简答题

1. Ar 和 CO 分子有几个平动、转动和振动自由度？请写出这两种分子在室温下以基态为能量零点的配分函数 q_0。在求算这些配分函数时，需要哪些有关 Ar 和 CO 分子的数据？

答案： Ar 是单原子分子，有 3 个平动自由度，无转动和振动自由度

$$q_0=q_t^0=\left(\frac{2\pi mkT}{h^2}\right)^{3/2}V$$

求算配分函数时，只需要知道 Ar 的相对原子质量。

CO 是异核线性分子，有 3 个平动、2 个转动和 1 个振动自由度。室温时，振动能级不开放，粒子的振动几乎全部处于基态。

$$q_0=q_t^0\cdot q_r^0=\left(\frac{2\pi mkT}{h^2}\right)^{3/2}V\cdot\frac{8\pi^2 IkT}{h^2}$$

计算配分函数时，需知 C、O 相对原子质量，及由光谱数据得到的转动惯量 I(或分子中 C 与 O 两原子间的距离)

2. 能量标度零点的选择是否影响分子配分函数的数值？是否影响热力学函数 U、H、S、G、A 及热容 C_V 的数值？

答案： 配分函数的值与能量零点的选择有关；能量零点的选择对热力学能及包含热力学能的复合函数的计算值有影响，对 S、p 及热容 C_V 的数值无影响。

3. O_2的 $\Theta_v=2239$K，I_2的 $\Theta_v=307$K，问什么温度时两者有相同的热容？(不考虑电子的贡献)

答案： 若平动和转动能经典处理，不考虑 O_2的电子激发态，这样两者 C_V 的不同只是振动引起，选振动基态为能量零点时，

$$U_{V,m}=\frac{Lh\nu}{\left[\exp\left(\dfrac{\Theta_v}{T}\right)-1\right]}\qquad C_{V,m}(\nu)=\left(\frac{\partial U_{V,m}}{\partial T}\right)_{V,N}=\frac{R\left(\dfrac{\Theta_v}{T}\right)^2\exp\left(\dfrac{\Theta_v}{T}\right)}{\left[\exp\left(\dfrac{\Theta_v}{T}\right)-1\right]^2}$$

由于两者 Θ_v 不同，故不可能在某一个 T 有相同的 $C_{V,m}(\nu)$。但当 $T\to\infty$，$\exp\left(\dfrac{\Theta_v}{T}\right)\approx1+\dfrac{\Theta_v}{T}$ 时，$C_{V,m}(\nu)\to R$，即温度很高时两者有相同的 $C_{V,m}(\nu)$。

4. 利用热力学关系 $\mathrm{d}A=-S\mathrm{d}T-p\mathrm{d}V$，$A=U-TS$，$A=-NkT\ln q$，求出定域子系统 H 与 q、V、T 的关系。

答案：$\mathrm{d}A=-S\mathrm{d}T-p\mathrm{d}V \Rightarrow p=-\left(\frac{\partial A}{\partial V}\right)_T=NkT\left(\frac{\partial \ln q}{\partial V}\right)_T$

$$\mathrm{d}A=-S\mathrm{d}T-p\mathrm{d}V \Rightarrow S=-\left(\frac{\partial A}{\partial T}\right)_V=Nk\ln q+NkT\left(\frac{\partial \ln q}{\partial T}\right)_V$$

$$H=U+pV=A+TS+pV=NkT^2\left(\frac{\partial \ln q}{\partial T}\right)_V+NkT\left(\frac{\partial \ln q}{\partial V}\right)_T$$

6.3.4 计算题

1. 当 Cl_2 第一转动激发态和第一振动激发态的能量均等于 kT 时，转动和振动对配分函数变得很重要，分别计算此时的温度。已知 Cl_2 的核间距为 1.988×10^{-10} m，摩尔质量为 35.0g·mol^{-1}，$\Theta_v=801.3$K。

解：$\varepsilon_r=J(J+1)\left(\frac{h^2}{8\pi^2 I}\right) \Rightarrow \varepsilon_r=\frac{2h^2}{8\pi^2 I}=kT$

$$I=\mu(r_c)^2 \Rightarrow T=\frac{2h^2}{8\pi^2\mu(r_c)^2k}=0.7K$$

$$\varepsilon_v=\left(\nu+\frac{1}{2}\right)h\nu \Rightarrow \varepsilon_v=\frac{3}{2}h\nu=kT \Rightarrow T=\frac{3}{2}\Theta_v=1202\text{K}$$

2. 设有由 N 个独立定域子构成的系统，总能量为 3ε，各能级为 0，ε，2ε 和 3ε，简并度皆为 1。

（1）试举出不同的分布方式，求每一分布所拥有的微观状态数；

（2）当 $N=10$、$N=1000$、$N=6.02\times10^{23}$ 时，求各分布的微观状态数 W_D 以及最概然分布的微观状态数 $W_{D,\max}$ 与总微观状态数 Ω 之比；

（3）当 $N\to\infty$ 时，$W_{D,\max}/\Omega$ 趋于什么数值？

解：（1）符合 $\sum_i N_i=N$，$\sum_i N_i\varepsilon_i=3\varepsilon$ 的分布有以下三种

	0	ε	2ε	3ε
分布 1	$N-3$	3	0	0
分布 2	$N-2$	1	1	0
分布 3	$N-1$	0	0	1

$$W_D=N!\prod_i\frac{g_i^{N_i}}{N_i!} \Rightarrow W_{D,1}=N(N-1)(N-2),\ W_{D,2}=N(N-1),\ W_{D,3}=N$$

（2）将 N 数代入求出数值

	$W_{D,1}$	$W_{D,2}$	$W_{D,3}$	$W_{D,max}/\Omega$
$N=10$	120	90	10	0.5455
$N=1000$	166167000	999000	1000	0.9940
$N=6.02\times10^{23}$	3.636×10^{70}	3.624×10^{47}	6.02×10^{23}	1.0000

(3) $N\to\infty\Rightarrow W_{D,\max}/\Omega\to1$

3. I_2(g)样品光谱的振动能级上分子的分布为$n_{v=2}/n_{v=0}=0.5414$，$n_{v=3}/n_{v=0}=0.3984$，问系统是否已达平衡？系统温度为多少？已知振动频率 $\nu=6.39\times10^{12}\text{s}^{-1}$。

解：若已达平衡必满足 Boltzmann 分布：

$$n_{v=1}/n_{v=0}=\exp[-h\nu/(kT)];$$

$$n_{v=2}/n_{v=0}=\exp[-2h\nu/(kT)]=\{\exp[-h\nu/(kT)]\}^2;$$

$$n_{v=3}/n_{v=0}=\exp[-3h\nu/(kT)]=\{\exp[-h\nu/(kT)]\}^3;$$

根据实验数据：$(0.5414)^{1/2}=0.7358$；$(0.3984)^{1/3}=0.7358$

则 $(n_{v=2}/n_{v=0})^{1/2}=(n_{v=3}/n_{v=0})^{1/3}$，对比两式，可得系统已达平衡。

$$\exp[-h\nu/(kT)]=0.7358,\ T=-h\nu/(k\ln0.7358)=1000\text{K}$$

4. 若将双原子分子看作一维谐振子，则气体 HCl 与 I_2分子的振动能级间隔分别是 5.94×10^{-20}J 和 0.426×10^{-20}J，在 298.15K 时试分别计算上述两种分子在相邻两振动能级上的分子数之比，并解释计算结果。

解：$\dfrac{N_{i+1}}{N_i}=\exp\left[-\dfrac{\Delta\varepsilon_0}{kT}\right]$

$$\text{HCl}:\frac{N_{i+1}}{N_i}=\exp\left[-\frac{5.94\times10^{-20}}{1.38\times10^{-23}\times298.15}\right]=5.36\times10^{-7}$$

$$I_2:\frac{N_{i+1}}{N_i}=\exp\left[-\frac{0.426\times10^{-20}}{1.38\times10^{-20}\times298.15}\right]=0.355$$

由于 HCl 分子比 I_2分子的振动能级间隔大，所以前者的比值比后者小得多，说明有更多的分子处于基态，HCl 分子的第一激发态能级是非开放的而 I_2分子的激发态则是开放的。

5. 设有一极大数目的三维平动子组成的粒子体系，运动于边长为 a 的正立方体容器中，体系的体积、粒子质量和温度有如下关系 $\dfrac{h^2}{8ma^2}=0.10kT$，求处于能级 $E_1=\dfrac{18h^2}{4ma^2}$ 和 $E_2=\dfrac{27h^2}{8ma^2}$ 上粒子数目的比值是多少？

解：$E_t=\dfrac{h^2}{8ma^2}(n_x^2+n_y^2+n_z^2)$

对 E_1：$(n_x^2+n_y^2+n_z^2)=18\Rightarrow(n_x,\ n_y,\ n_z)$：(1，1，4)，(1，4，1)，(4，1，1) $g_1=3$

对 E_2：$(n_x^2+n_y^2+n_z^2)=27\Rightarrow(n_x,\ n_y,\ n_z)$：(3，3，3)，(1，1，5)，(1，5，1)，(5，1，1) $g_2=4$

$$\frac{N_2}{N_1}=\frac{g_2\mathrm{e}^{-E_2/kT}}{g_1\mathrm{e}^{-E_1/kT}}=\frac{g_2}{g_1}\mathrm{e}^{(-27\times0.1+18\times0.1)}\Rightarrow\frac{N_2}{N_1}=\frac{4}{3}e^{-0.9}$$

6. A 分子为理想气体，设分子的最低能级是非简并的，取分子的基态为能量零点，相邻能级的能量为 ε，其简并度为 2，忽略更高能级。(1) 写出 A 分子的配分函数；(2) 若 $\varepsilon=kT$，求出高能级与最低能级上的最概然分子数之比；(3) 若 $\varepsilon=kT$，求出 1mol 该气体的平均能量为多少 RT?

解析：已知 $g_0=1$，$\varepsilon_0=0$，$g_1=2$，$\varepsilon_1=\varepsilon$

(1) $q_A=\sum g_i\mathrm{e}^{-\varepsilon_i/kT}=g_0\mathrm{e}^{-\varepsilon_i/kT}+g_1\mathrm{e}^{-\varepsilon_i/kT}=1+2\mathrm{e}^{-\varphi/kT}$

(2) $\dfrac{N_1^*}{N_0^*}=\dfrac{g_1\mathrm{e}^{-\varepsilon_1/kT}}{g_0\mathrm{e}^{-\varepsilon_0/kT}}=\dfrac{2e^{-1}}{1}=0.736$

(3) $\mathrm{L}=6.02\times10^{23}$

$$\begin{cases}N_0^*+N_1^*=\mathrm{L}\\N_1^*=0.736N_0^*\end{cases}\Rightarrow\begin{matrix}N_0^*=0.576\mathrm{L}\\N_1^*=0.424\mathrm{L}\end{matrix}$$

$$U=N_0^*\varepsilon_0+N_1^*\varepsilon_1=0+0.424LkT=0.424RT$$

7. 试用统计热力学方法，推导出 $x$mol 单原子分子理想气体由始态 T、p_1 经等温过程变化至终态 T、p_2 的 $\Delta G=xR\ln\dfrac{p_2}{p_1}$。

证：单原子分子理想气体为等同独立粒子系统，只考虑平动配分函数

$$q=q_t=\left(\frac{2\pi mkT}{h^2}\right)^{3/2}V$$

$$G=-NkT\ln q+NkT$$

$$G_1=-NkT\ln q+NkT=-xLkT\ln\left(\frac{V}{h^3}(2\pi mkT)^{\frac{3}{2}}\right)+xLkT$$

$$=-xRT\ln V_1+\left\{-xRT\ln\left[\frac{(2\pi mkT)^{\frac{3}{2}}}{h^3}\right]+xRT\right\}$$

$$G_2=-NkT\ln q+NkT=-xRT\ln V_2+\left\{-xRT\ln\left[\frac{(2\pi mkT)^{\frac{3}{2}}}{h^3}\right]+xRT\right\}$$

$$\Delta G=G_2-G_1=-xRT\ln\frac{V_2}{V_1}=-xRT\ln\frac{p_1}{p_2}=xRT\ln\frac{p_2}{p_1}$$

8. 将 N_2 在电弧中加热，从光谱中观察到两个振动能级分子数之比为 $\dfrac{n(\nu=1)}{n(\nu=0)}=0.3$，式中 ν 为振动量子数。已知 N_2 的振动频率 $\nu=6.99\times10^{13}\,\mathrm{s^{-1}}$。

（1）此时系统的温度；

（2）此温度时的振动配分函数值 q_ν。

已知普朗克常数 $h=6.626\times10^{-34}\,\mathrm{J\cdot s}$，玻尔兹曼常数 $k=1.3806\times10^{-23}\,\mathrm{J\cdot K^{-1}}$。

解：（1）$\dfrac{n(\nu=1)}{n(\nu=0)}=\exp\left(\dfrac{-h\nu}{kT}\right)=0.3$

$$T=\frac{-h\nu}{k\ln\left[\dfrac{n(\nu=1)}{n(\nu=0)}\right]}=\left[\frac{-6.626\times10^{-34}\times6.99\times10^{13}}{1.3806\times10^{-23}\times\ln0.3}\right]\mathrm{K}=3848\mathrm{K}$$

（2）$q_\nu^0=\dfrac{1}{1-\exp\dfrac{h\nu}{2kT}}=\dfrac{1}{1-0.3}=1.429\qquad q_\nu=\dfrac{1}{\exp\dfrac{h\nu}{2kT}-\exp\dfrac{-h\nu}{2kT}}$

$$=\frac{1}{0.3^{-1/2}-0.3^{1/2}}=0.7825$$

9. 已知 N_2 分子的转动特征温度 $\Theta_r=2.86\mathrm{K}$，振动特征温度 $\Theta_v=3340\mathrm{K}$，试求在 298.15K 及 $p^\ominus$ 时 N_2 的标准摩尔平动熵、转动熵、振动熵及摩尔总熵。

解：N_2 分子 $M_r=28$，$\sigma=2$，$p=p^\ominus=101325\mathrm{Pa}$

$$S_{t,m}^\ominus(298.15\mathrm{K})=R\left[\frac{3}{2}\ln M_r+\frac{5}{2}\ln T-\ln\frac{p}{p^\ominus}-1.164\right]=150.30\mathrm{J\cdot K^{-1}\cdot mol^{-1}}$$

$$S_{r,m}^\ominus(298.15\mathrm{K})=R\ln\frac{T}{\sigma\cdot\Theta_r}+R=41.18\mathrm{J\cdot K^{-1}\cdot mol^{-1}}$$

$$S_{v,m}^\ominus(298.15\mathrm{K})=-R\ln\left(1-\exp\frac{-\Theta_v}{T}\right)+\frac{R\dfrac{\Theta_v}{T}}{\exp\dfrac{\Theta_v}{T}-1}=0.0014\mathrm{J\cdot K^{-1}\cdot mol^{-1}}$$

$$S_m^\ominus(298.15\mathrm{K})=S_{t,m}^\ominus+S_{r,m}^\ominus+S_{v,m}^\ominus=191.48\mathrm{J\cdot K^{-1}\cdot mol^{-1}}$$

§7　电解质溶液

7.1　重要知识点

7.1.1　物质的量的基本单元

物质 B 的物质的量 n_B 正比于 B 的特定单元的数目 N_B，即 $n_B = \frac{N_B}{L}$，其中 L 为 Avogadro 常数。这种特定单元叫作基本单元。在讨论电解质溶液导电性质时，为了讨论问题方便，使公式表示形式简单，人们常以一个元电荷为基础作为物质的基本单元，这样相同的物质的量的不同物质便具有相同的电关系。例如，1mol 的 Na^+、Cl^-、$\frac{1}{2}Mg^{2+}$、$\frac{1}{3}Au^{3+}$、$\frac{1}{3}PO_4^{3-}$ 等，它们都带有 96500C 的电量。某强电解质依下式电离

$$M_{\nu_+}A_{\nu_-} \rightarrow \nu_+ M^{z+} + \nu_- A^{z-}$$

则电解质及离子的基本单元分别为 $\frac{1}{\nu_+ z_+}M_{\nu_+}A_{\nu_-}$、$\frac{1}{z_+}M^{z+}$ 和 $\frac{1}{z_-}A^{z-}$

7.1.2　法拉第定律

公式：$Q = nF$

文字表述：电极界面上发生化学变化物质的量与通入的电量成正比；通电于若干个电解池串联的线路中，当所取的基本粒子的物质的量的基本单元相同时，在各个电极上发生反应的物质，其物质的量相同，析出物质的质量与其摩尔质量成正比。

7.1.3　影响迁移数的因素

浓度：溶液浓度 c 增加，离子间相互引力增加，致使离子的运动速度 r 减小，从而迁移数 t_B 减小。同一电解质溶液中，价数大的离子 t_B 减小明显。

温度：温度 T 增加，溶液黏度 η 减小，致使离子的运动速率 r 增大，从而迁

移数 t_B 增大。同一电解质溶液中，价数大的离子 t_B 增大明显。

7.1.4 电导、电导率及摩尔电导率的物理意义

电导 G 是电阻的倒数，单位为 Ω^{-1} 或 S。

电导率 κ 是电阻率的倒数，电导率相当于单位长度及截面积导体的电导，单位是 $S \cdot m^{-1}$。

因为两电极间距离和镀有铂黑的电极面积无法用实验测量，通常用已知电导率的 KCl 溶液注入电导池，测定电组一后得到电池常数($K_{cell} = l/A$)的值，然后用这个电导池测未知溶液的电导率。

在相距为单位距离的两个平行电导电极之间，放置含有 1mol 电解质的溶液，这时溶液所具有的电导称为摩尔电导率 Λ_m，$\Lambda_m = \dfrac{\kappa}{c}$，单位为 $S \cdot m^2 \cdot mol^{-1}$。该式中要注意浓度的单位为 $mol \cdot m^{-3}$，对于弱电解质，应该指弱电解质的浓度，而不是离解了的电解质浓度。浓度和摩尔电导率所取的基本单元要一致。

如对于 $MgCl_2$，$\Lambda_m(MgCl_2) = \dfrac{\kappa}{c(MgCl_2)}$

$$\Lambda_m\left(\frac{1}{2}MgCl_2\right) = \frac{\kappa}{c\left(\frac{1}{2}MgCl_2\right)}$$

7.1.5 电导率、摩尔电导率与浓度的关系

强电解质溶液的电导率随着浓度的增加(即导电粒子数的增多)而升高。当浓度增加到一定程度后，由于正、负离子之间的相互作用增大，解离度下降，离子运动速率降低，电导率也降低。弱电解质溶液的电导率随浓度变化不显著，因浓度增加使其电离度下降，粒子数目变化不大。

由于溶液中导电物质的量已给定(1mol)，所以当溶液浓度降低时，粒子之间相互作用减弱，正、负离子迁移速率加快，溶液的摩尔电导率必定升高。电解质溶液不同，摩尔电导率随浓度降低而升高的程度不同。

7.1.6 离子独立移动定律

当电解质溶液浓度无限稀释时，离子间作用力可忽略不计。电解质 $M_{\nu_+}A_{\nu_-}$ 的极限摩尔电导率与正、负离子极限摩尔电导率之间的定量关系符合离子独立运动定律，即 $\Lambda_m^\infty = \nu_+\lambda_{m,+}^\infty + \nu_-\lambda_{m,-}^\infty$。这样，弱电解质的无限稀释摩尔电导率可以通过强电解质的无限稀释摩尔电导率或从表值上查离子的无限稀释摩尔电导率而求得。

7.1.7 Debye-Hükel(D-H)极限公式

$\lg\gamma_{\pm}=-0.509|z_{+}\cdot z_{-}|\sqrt{I}$：式中 I 为溶液离子强度 $I=\dfrac{1}{2}\sum m_{B}Z_{B}^{2}$；在 298K 的水溶液中 $A=0.509\ \mathrm{kg}^{1/2}\cdot\mathrm{mol}^{-1/2}$，该式适用于 $I\leqslant 0.01\mathrm{mol}\cdot\mathrm{kg}^{-1}$

7.2 基本结构

	内　　容	定义或注意事项
基本概念	离子电迁移率	$r_{+}=U_{+}\dfrac{dE}{dl}\quad r_{-}=U_{-}\dfrac{dE}{dl}$
	离子迁移数	$t_{B}=\dfrac{n_{B}z_{B}r_{B}}{\sum_{B}n_{B}z_{B}r_{B}}\ \sum_{B}t_{B}=\sum t_{+}+\sum t_{-}=1$
	摩尔电导率	$\Lambda_{m}=\dfrac{\kappa}{c}$（注意基本单元的选取及浓度的单位）
	离子的平均活度、平均活度系数	$\alpha_{\pm}=(\alpha_{+}^{\nu_{+}}\cdot\alpha_{+}^{\nu_{-}})^{\frac{1}{\nu}}=\gamma_{\pm}\dfrac{m_{\pm}}{m^{\ominus}}\quad\gamma_{\pm}=(\gamma_{+}^{\nu_{+}}\cdot\gamma_{+}^{\nu_{-}})^{\frac{1}{\nu}}$ $(\nu_{+}+\nu_{-}=\nu)$
	离子强度	$I=\dfrac{1}{2}\sum m_{B}Z_{B}^{2}$
	离子氛	驰豫效应、电泳效应
基本定理	法拉第定律	$Q=nF$
	离子独立移动定律	$\Lambda_{m}^{\infty}=\nu_{+}\lambda_{m,+}^{\infty}+\nu_{-}\lambda_{m,-}^{\infty}$
	Debye-Hükel 离子互吸理论	$\lg\gamma_{\pm}=-0.509|z_{+}\cdot z_{-}|\sqrt{I}$
基本计算	迁移数的测定	界面移动法及希托夫法
	电导测定的应用	弱电解质电离常数的计算 $K^{\ominus}=\dfrac{\frac{c}{c^{\ominus}}\Lambda_{m}^{2}}{\Lambda_{m}^{\infty}(\Lambda_{m}^{\infty}-\Lambda_{m})}\quad\alpha=\dfrac{\Lambda_{m}}{\Lambda_{m}^{\infty}}$ 水的离子积 K_{W}、难溶盐的溶度积 K_{sp}、溶液的 pH 等
	D-H 公式计算同离子效应	

7.3 例题精解

7.3.1 选择题

1. 在一定温度下，稀释强电解质溶液，则其电导率 κ 与摩尔电导 Λ_m 变化为(　　)

(A) κ 与 Λ_m 均增大　　(B) κ 的变化不确定，Λ_m 增大

(C) κ 与 Λ_m 均减少　　(D) κ 减少，Λ_m 增大

答案：(B)

2. 韦斯顿(Wheatstone)电桥只用于测量电解质溶液的(　　)

(A) 电势　　(B) 电阻

(C) 离子的迁移数　　(D) 电容

答案：(B)

3. 欲比较各种电解质的导电能力的大小，更为合理的应为(　　)

(A) 电解质的电导率值　　(B) 电解质的摩尔电导率值

(C) 电解质的电导值　　(D) 电解质的极限摩尔电导率值

答案：(B)

4. 下列电解质水溶液中摩尔电导率最大的是(　　)

(A) $0.001 mol \cdot kg^{-1}$的 HAc　　(B) $0.001 mol \cdot kg^{-1}$的 KCl

(C) $0.001 mol \cdot kg^{-1}$的 KBr　　(D) $0.001 mol \cdot kg^{-1}$的 HCl

解析：H^+在水溶液中为质子传递机理

答案：(D)

5. 298K 时，摩尔电导率 $\lambda_m(LiI)$，$\lambda_m(H^+)$，$\lambda_m(LiCl)$的值分别为 $1.17\times10^{-2} S \cdot m^2 \cdot mol^{-1}$，$3.50\times10^{-2} S \cdot m^2 \cdot mol^{-1}$，$1.15\times10^{-2} S \cdot m^2 \cdot mol^{-1}$，LiCl 中 Li^+的迁移数为 0.34，假设上述电解质完全电离，则 HI 中 H^+的迁移数为(　　)

(A) 0.18　　(B) 0.82　　(C) 0.34　　(D) 0.66

解析：

$$t_{H^+} = \frac{\lambda_{H^+}}{\Lambda_{m,\ HI}} = \frac{\lambda_{H^+}}{\lambda_{H^+} + \Lambda_{m,\ LiI} - t_{Li^+}\Lambda_{m,\ LiCl}}$$

$$= \frac{3.5\times10^{-2}}{3.5\times10^{-2} + 1.173\times10^{-2} - 0.34\times1.15\times10^{-2}} = 0.82$$

答案：(B)

6. 一定浓度下，某强电解质的摩尔电导率为 $1.8\times10^{-2}\ \Omega^{-1} \cdot m^2 \cdot mol^{-1.}$。若在该溶液中加入 $1.5m^3$的纯水，此时摩尔电导率(　　)

(A) 降低　　(B) 增高　　(C) 不变　　(D) 不能确定

答案：(B)

7. 在25℃下，0.03mol·kg^{-1}的Na_3PO_4水溶液的离子强度为(　　)

(A) 0.09mol·kg^{-1}　　(B) 0.12mol·kg^{-1}

(C) 0.03mol·kg^{-1}　　(D) 0.18mol·kg^{-1}

解析：$I = \left[\frac{1}{2}(3 \times 0.03 + 0.03 \times 3^2)\right] \text{mol} \cdot \text{kg}^{-1} = 0.18\text{mol} \cdot \text{kg}^{-1}$

答案：(D)

8. z_B、r_B、c_B分别是混合电解质溶液中B种离子的电荷数、迁移速率及浓度，对影响B离子迁移数t_B的下述说法哪个对？(　　)

(A) $|z_B|$愈大，t_B愈大　　(B) $|z_B|$、r_B愈大，t_B愈大

(C) $|z_B|$、r_B、c_B愈大，t_B愈大　　(D) A、B、C均未说完全

解析：混合电解质溶液中B离子迁移数$t_B = \dfrac{n_B \cdot z_B \cdot r_B}{\sum\limits_B (n_B \cdot z_B \cdot r_B)}$

答案：(D)

9. 在25℃，0.002mol·kg^{-1}的$CaCl_2$溶液的离子平均活度系数$\gamma_{\pm,1}$，0.02mol·kg^{-1}$CaSO_4$溶液的离子平均活度系数$\gamma_{\pm,2}$，那么(　　)

(A) $\gamma_{\pm,1} < \gamma_{\pm,2}$　　(B) $\gamma_{\pm,1} > \gamma_{\pm,2}$

(C) $\gamma_{\pm,1} = \gamma_{\pm,2}$　　(D) 无法比较大小

解析：通过公式$\lg\gamma_{\pm} = -0.509|z_+ \cdot z_-|\sqrt{I}$判断

答案：(B)

10. $K_3[Fe(CN)_6]$水溶液，其质量摩尔浓度为b，离子平均活度系数为$\gamma_{\pm}$，则此溶液的离子平均活度$\alpha_{\pm}$等于

(A) $\sqrt[4]{27}\gamma_{\pm} b$　　(B) $\sqrt[4]{27}\gamma_{\pm}^3 b^3$

(C) $\gamma_{\pm}^3 b^3$　　(D) $\gamma_{\pm}^2 b^2$

答案：(A)

11. 对于Ddbye-Huckel-Onsager电导理论中的驰豫效应和电泳效应，以下哪种描述是正确的？(　　)

(A) 弛豫效应使摩尔电导增加，电泳效应使摩尔电导减少

(B) 弛豫效应使摩尔电导减少，电泳效应使摩尔电导增加

(C) 二者均使摩尔电导增加

(D) 二者均使摩尔电导减少

答案：(D)

12. 有关 Debye-Huckel-Onsager 电导理论以下的说法不正确的是(　　)

(A) 离子氛会对中心离子产生弛豫力

(B) 电泳效应减低了离子的运动速率

(C) 能从理论上说明 Kohlrausch 经验公式

(D) 不适合外加电场下的电解质溶液

答案：(D)

7.3.2　填空题

1. 德拜-休克尔极限公式：($\lg\gamma_i = -A|z_+z_-|I^{1/2}$)，适用条件是______。

答案：强电解质的极稀溶液

2. 25℃时，AgCl 饱和水溶液的电导率为 $3.41\times10^{-4}\mathrm{S\cdot m^{-1}}$，所用水的电导率为 $1.60\times10^{-4}\mathrm{S\cdot m^{-1}}$，则 AgCl 的电导率为______。

解析：$\kappa(\mathrm{AgCl}) = \kappa(\mathrm{sln}) - \kappa(\mathrm{H_2O}) = (3.41 - 1.60)\times10^{-4}\mathrm{S\cdot m^{-1}} = 1.81\times10^{-4}\mathrm{S\cdot m^{-1}}$

答案：$1.81\times10^{-4}\mathrm{S\cdot m^{-1}}$

3. 同一电导池测得浓度为 $0.01\mathrm{mol\cdot dm^{-3}}$ 的 A 溶液和浓度为 $0.1\mathrm{mol\cdot dm^{-3}}$ 的 B 溶液的电阻分别为 1000Ω 和 500Ω，则它们的摩尔电导率之比 $\dfrac{\Lambda_{\mathrm{m,A}}}{\Lambda_{\mathrm{m,B}}}$ 等于______。

解析：$\dfrac{\Lambda_{\mathrm{m,A}}}{\Lambda_{\mathrm{m,B}}} = \dfrac{\kappa_{\mathrm{A}}c_{\mathrm{B}}}{\kappa_{\mathrm{B}}c_{\mathrm{A}}} = \dfrac{G_{\mathrm{A}}K_{\mathrm{cell}}c_{\mathrm{B}}}{G_{\mathrm{B}}K_{\mathrm{cell}}c_{\mathrm{A}}} = \dfrac{R_{\mathrm{B}}c_{\mathrm{B}}}{R_{\mathrm{A}}c_{\mathrm{A}}} = 5$

答案：5

4. 离子迁移数(t_i)与温度、浓度都有关，对 $\mathrm{BaCl_2}$ 水溶液来说，随着溶液浓度的增大，$t_{\mathrm{Ba^{2+}}}$ 应______，$t_{\mathrm{Cl^-}}$ 应______；当温度升高时，$t_{\mathrm{Ba^{2+}}}$ 应______，$t_{\mathrm{Cl^-}}$ 应______。(填增大或减小)

解析：在较浓的溶液中，离子间相互作用较大，正、负离子的速率均减慢，若正、负离子的价数相同，则所受影响也大致相同，迁移数变化不大。若价数不同，则价数大的离子的迁移数减小比较明显。除了浓度之外，温度对离子的迁移也有影响，这主要是影响离子的水合程度。当温度升高，正、负离子的速率均加快，两者的迁移数趋于相等。

答案：减小，增大，增大，减小

5. $\mathrm{CaCl_2}$ 的摩尔电导率 $\Lambda_{\mathrm{m}}^{\infty}(\mathrm{CaCl_2})$ 与其离子的摩尔电导率 $\lambda_{\mathrm{m}}^{\infty}(\mathrm{Ca^{2+}})$、$\lambda_{\mathrm{m}}^{\infty}(\mathrm{Cl^-})$ 的关系为______；$\mathrm{CaCl_2}$的化学势 μ 与其离子的化学势 μ_+、μ_-的关系为______。

解析：$\Lambda_{\mathrm{m}}^{\infty} = \nu_+\lambda_{\mathrm{m},+}^{\infty} + \nu_-\lambda_{\mathrm{m},-}^{\infty}$

答案：$\Lambda_m^\infty(CaCl_2) = \lambda_m^\infty(Ca^{2+}) + 2\lambda_m^\infty(Cl^-)$ ；$\mu = \mu_+ + 2\mu_-$

7.3.3 简答题

1. 有了离子活度和活度因子的定义，为什么还要定义离子平均活度和平均活度因子？

答：因为不可能制备出只含正离子或负离子的电解质溶液，即电解质溶液中正、负离子总是共同存在的，且离子间存在着静电引力。因此实验上不可能单独测定正离子或负离子的活度和活度因子，而只能测定它们的平均值，即离子平均活度和平均活度因子(都是几何平均)。

2. 请写出摩尔电导率的定义，电解质的摩尔电导率的大小与哪些因素有关，推导弱酸的摩尔电导率与离解常数以及电离度之间的关系式。

答：电解质的摩尔电导率是相距为 1m 的两平行电极之间放置含有 1mol 某电解质的溶液的电导率，单位为 $S \cdot m^2 \cdot mol^{-1}$。

电解质的摩尔电导率除了与离子的本性(如离子半径、离子水化程度、所带电荷等)以及溶剂性质(如黏度等)有关外，还与温度、溶液溶度有关。摩尔电导率随着溶度的降低反而上升，这是由于离子间相互作用力下降所致；温度升高也会造成电解质的摩尔电导率的上升。

设弱酸为 HA 型，c 为初始溶度，则有

$$K^\ominus = \frac{\frac{c}{c^\ominus}\alpha^2}{1-\alpha},\ \alpha = \frac{\Lambda_m}{\Lambda_m^\infty} \Rightarrow K^\ominus = \frac{\frac{c}{c^\ominus}\left(\frac{\Lambda_m}{\Lambda_m^\infty}\right)^2}{1-\frac{\Lambda_m}{\Lambda_m^\infty}} = \frac{\frac{c}{c^\ominus}\Lambda_m{}^2}{\Lambda_m^\infty(\Lambda_m^\infty - \Lambda_m)}\text{，即}\frac{1}{\Lambda_m} = \frac{1}{\Lambda_m^\infty} + \frac{\frac{c}{c^\ominus}\Lambda_m}{K^\ominus(\Lambda_m^\infty)^2}$$

7.3.4 计算题

1. 用银电极来电解 $AgNO_3$水溶液，通电一定时间后阴极上有 0.078g Ag(s) 析出，经分析知道阳极部含有 $AgNO_3$ 0.236g，水 23.14g。已知原来所用溶液的浓度为 1g 水中溶有 $AgNO_3$ 0.00739g，求 Ag^+ 和 NO_3^- 的迁移数。已知 $M(Ag) = 107.9g \cdot mol^{-1}$，$M(AgNO_3) = 169.94g \cdot mol^{-1}$

解：$n_{反} = \left(\frac{0.078}{107.9}\right) mol = 7.229 \times 10^{-4} mol$

阳极区的 Ag^+：

$n_{后} = \left(\frac{0.236}{169.94}\right) mol = 1.389 \times 10^{-3} mol$

$$n_{前} = \left(\frac{23.14 \times 0.00739}{169.94}\right)\text{mol} = 1.006 \times 10^{-3}\text{mol}$$

$$n_{后} = n_{前} + n_{反} - n_{迁}$$

$$n_{迁} = n_{前} + n_{反} - n_{后} = [1.006 \times 10^{-3} + 7.229 \times 10^{-4} - 1.389 \times 10^{-3}]\text{ mol} = 3.399 \times 10^{-4}\text{mol}$$

$$t_+ = \frac{n_{迁}}{n_{反}} = \frac{3.399 \times 10^{-4}\text{mol}}{7.229 \times 10^{-4}\text{mol}} = 0.47$$

$$t_- = 1 - t_+ = 0.53$$

2. 273.15K 时在甲、乙两个电导池中分别盛以不同液体并测其电阻。当在甲中盛有 Hg(1) 时，测得电阻为 0.99895Ω（1Ω 是 273.15K 时，截面积为 1mm^2，长为 1062.936mm 的汞柱的电阻）；当甲和乙中均盛以浓度约为 $3\text{mol}\cdot\text{dm}^{-3}$ 的 H_2SO_4 溶液时测得乙中的电阻为甲的 0.107811 倍；若在乙中盛以浓度为 $1.0\text{mol}\cdot\text{dm}^{-3}$ 的 KCl 溶液时，测得电阻为 17565Ω。试求：

（1）电导池甲的电导池常数。

（2）在 273.15K 时，该 KCl 溶液的电导率。

解：（1）电导池甲的电导池常数

$$\left.\begin{aligned} R_{甲,1} &= \frac{1}{\rho}\cdot\frac{l}{A} \\ R_{甲,2} &= \frac{1}{\rho}\cdot\left(\frac{l}{A}\right)_2 \end{aligned}\right\} \Rightarrow \frac{0.99895\Omega}{1\Omega} = \frac{K_{\text{cell},甲}}{\left(\dfrac{1.063\text{m}}{1 \times 10^{-6}\text{m}^2}\right)} \Rightarrow K_{\text{cell},甲} = 1.062 \times 10^6\text{m}^{-1}$$

$$(2)\quad \left.\begin{aligned} R_{甲} &= \kappa_{甲} K_{\text{cell},甲} \\ R_{乙} &= \kappa_{乙} K_{\text{cell},乙} \end{aligned}\right\} \Rightarrow \frac{R_{甲}}{R_{乙}} = \frac{K_{\text{cell},甲}}{K_{\text{cell},乙}} \Rightarrow \frac{1}{0.1078811} = \frac{1.062 \times 10^6\text{m}^{-1}}{K_{\text{cell},乙}}$$

$$\Rightarrow K_{\text{cell},乙} = 1.147 \times 10^5\text{m}^{-1}$$

$$R = \kappa_{\text{KCl}}\cdot K_{\text{cell},乙} \Rightarrow 17656\Omega = \kappa_{\text{KCl}}\cdot 1.147 \times 10^5\text{m}^{-1} \Rightarrow \kappa_{\text{KCl}} = 6.53\text{S}\cdot\text{m}^{-1}$$

3. 已知 25℃时用纯水配制的 AgBr 饱和水溶液的电导率为 $1.664 \times 10^{-5}\text{S}\cdot\text{m}^{-1}$，此时纯水的电导率为 $5.5 \times 10^{-6}\text{S}\cdot\text{m}^{-1}$，$Ag^+$ 及 Br^- 的无限稀释摩尔电导率为 $61.92 \times 10^{-4}\text{S}\cdot\text{m}^2\cdot\text{mol}^{-1}$ 及 $78.4 \times 10^{-4}\text{S}\cdot\text{m}^2\cdot\text{mol}^{-1}$，计算 AgBr 的溶度积。

解：$\Lambda_m^\infty(\text{AgBr}) = \lambda_m^\infty(\text{Ag}^+) + \lambda_m^\infty(\text{Br}^-) = (61.92 + 78.4) \times 10^{-4}\text{S}\cdot\text{m}^2\cdot\text{mol}^{-1} = 1.403 \times 10^{-2}\text{S}\cdot\text{m}^2\cdot\text{mol}^{-1}$

$$c = \frac{\kappa_{\text{sln}} - \kappa_{H_2O}}{\Lambda_m^\infty(\text{AgBr})} = \left[\frac{(1.664 - 0.55) \times 10^{-5}}{1.403 \times 10^{-2}}\right]\text{mol}\cdot\text{dm}^{-3} = 7.940 \times 10^{-7}\text{mol}\cdot\text{dm}^{-3}$$

$$K_{\text{sp}} = \left(\frac{c}{c^\ominus}\right)^2 = 6.305 \times 10^{-13}$$

4. 已知 298K 时 0.05mol · dm^{-3} HAc 溶液的电导率为 0.0368S · m^{-1}，NaAc，HCl，NaCl 的无限稀释时的摩尔电导率分别为：0.0091S · m^2 · mol^{-1}，0.042616 S · m^2 · mol^{-1}，0.012645S · m^2 · mol^{-1} 。

求 298K 时 HAc 的解离度 α 及解离平衡常数 $K^\ominus$ 。

解：

$$\begin{aligned}\Lambda_m^\infty(HAc) &= \Lambda_m^\infty(H^+) + \Lambda_m^\infty(Ac^-) = \Lambda_m^\infty(HCl) + \Lambda_m^\infty(NaAc) - \Lambda_m^\infty(NaCl)\\ &= (0.042616 + 0.0091 - 0.012645)\ S \cdot m^2 \cdot mol^{-1}\\ &= 0.03907S \cdot m^2 \cdot mol^{-1}\end{aligned}$$

$$\alpha = \frac{\Lambda_m(HAc)}{\Lambda_m^\infty(HAc)} = \frac{\dfrac{0.0368}{0.05 \times 1000}}{0.039017} = 0.01884$$

$$K^\ominus = \frac{c}{c^\ominus} \cdot \frac{a^2}{1-a} = \frac{0.05 \times 0.01884^2}{1 - 0.01884} = 1.809 \times 10^{-5}$$

5. 25℃时，纯水的电导率 κ=5.50×10^{-6}S · m^{-1}，计算该温度下纯水的电离度及离子的离子积。

已知：$\Lambda_m^\infty(H^+)$=349.82×10^{-4}S · m^2 · mol^{-1}，$\lambda_m^\infty(OH^-)$=1.98×10^{-2}S · m^2 · mol^{-1}，ρ_{H_2O} = 1000kg · m^{-3} 。

解：$\Lambda_m^\infty(H_2O) = \lambda_m^\infty(H^+) + \lambda_m^\infty(OH^-) = (349.8 + 198.0) \times 10^{-4}S \cdot m^2 \cdot mol^{-1} = 547.8 \times 10^{-4}S \cdot m^2 \cdot mol^{-1}$

$$\Lambda_m = \frac{\kappa}{c} = \frac{\kappa M}{\rho} = \left[\frac{5.5 \times 10^{-4} \times 0.018}{1000}\right] S \cdot m^2 \cdot mol^{-1} = 9.9 \times 10^{-11} S \cdot m^2 \cdot mol^{-1}$$

$$\alpha = \frac{\Lambda_m}{\Lambda_m^\infty} = \frac{9.9 \times 10^{-7} S \cdot m^2 \cdot mol^{-1}}{547.8 \times 10^{-4} S \cdot m^2 \cdot mol^{-1}} = 1.81 \times 10^{-9}$$

$$K_W = [H^+] \cdot [OH^-] = \frac{c\alpha}{c^\ominus} \cdot \frac{c\alpha}{c^\ominus} = 1.01 \times 10^{-14}$$

6. 在 298K 时，已知 AgCl(s)在纯水中的解离平衡常数为 $K_\alpha^\ominus = 1.7 \times 10^{-10}$，试计算 AgCl(s)在下述液体中形成饱和溶液的质量摩尔浓度：(1) H_2O(l)；(2) 浓度为 0.01mol · kg^{-1}的 NaCl；(3) 浓度为 0.01mol · kg^{-1}的 $NaNO_3$溶液；(4) 浓度为 0.01mol · kg^{-1}的 $Cu(NO_3)_2$溶液。已知：常数 A = 0.509 $(mol \cdot kg^{-1})^{-1/2}$

解：(1) H_2O(l)中 $\gamma_\pm \approx 1$

$$K_\alpha^\ominus = \frac{\alpha_{Ag^+}\alpha_{Cl^-}}{\alpha_{AgCl}} = \alpha_\pm^2 = \gamma_\pm^2\left(\frac{m}{m^\ominus}\right)^2 \Rightarrow 1.7 \times 10^{-10} = m^2 \Rightarrow m = 1.304 \times 10^{-5} mol \cdot kg^{-1}$$

(2) 浓度为 0.01mol · kg^{-1}的 NaCl

$$I=\frac{1}{2}\sum_B m_B Z_B^2=\frac{1}{2}(0.01\times 1^2+0.01\times 1^2)\ \mathrm{mol\cdot kg^{-1}}=0.01\mathrm{mol\cdot kg^{-1}}$$

$$\lg\gamma_{\pm}=-0.509|z_+\cdot z_-|\sqrt{I}=-0.509\times|1\times 1|\sqrt{0.01}\Rightarrow\gamma_{\pm}=0.889$$

$$K_\alpha^\ominus=\frac{\alpha_{Ag^+}\alpha_{Cl^-}}{\alpha_{AgCl}}=\gamma_\pm^2\frac{m_{Ag^+}}{m^\ominus}\frac{m_{Cl^-}}{m^\ominus}\Rightarrow 1.7\times 10^{-10}=0.889^2m^2$$

$$m_{Ag^+}=\frac{K_\alpha^\ominus}{\gamma_\pm^2\cdot m_{Cl^-}}=\frac{1.7\times 10^{-10}}{0.889^2\times 0.01}=2.15\times 10^{-8}\mathrm{mol\cdot kg^{-1}}$$

(3) 浓度为 0.01mol · kg^{-1}的 $NaNO_3$溶液

$$I=\frac{1}{2}\sum_B m_B Z_B^2=\frac{1}{2}(0.01\times 1^2+0.01\times 1^2)\ \mathrm{mol\cdot kg^{-1}}=0.01\mathrm{mol\cdot kg^{-1}}$$

$$\lg\gamma_{\pm}=-0.509|z_+\cdot z_-|\sqrt{I}=-0.509\times|1\times 1|\sqrt{0.01}\Rightarrow\gamma_{\pm}=0.889$$

$$K_\alpha^\ominus=\frac{\alpha_{Ag^+}\alpha_{Cl^-}}{\alpha_{AgCl}}=\gamma_\pm^2\left(\frac{m}{m^\ominus}\right)^2\Rightarrow m=\sqrt{K_\alpha^\ominus/\gamma_\pm^2}=\sqrt{1.7\times 10^{-10}/0.889^2}=1.467\times 10^{-5}\mathrm{mol\cdot kg^{-1}}$$

(4) 浓度为 0.01mol · kg^{-1}的 $Cu(NO_3)_2$溶液

$$I=\frac{1}{2}\sum_B m_B Z_B^2=\frac{1}{2}(0.01\times 2^2+0.02\times 1^2)\ \mathrm{mol\cdot kg^{-1}}=0.03\mathrm{mol\cdot kg^{-1}}$$

$$\lg\gamma_{\pm}=-0.509|z_+\cdot z_-|\sqrt{I}=-0.509\times|1\times 1|\sqrt{0.03}\Rightarrow\gamma_{\pm}=0.8163$$

$$K_\alpha^\ominus=\frac{\alpha_{Ag^+}\alpha_{Cl^-}}{\alpha_{AgCl}}=\gamma_\pm^2\left(\frac{m}{m^\ominus}\right)^2\Rightarrow m=\sqrt{K_\alpha^\ominus/\gamma_\pm^2}=\sqrt{1.7\times 10^{-10}/0.8163^2}=1.60\times 10^{-5}\mathrm{mol\cdot kg^{-1}}$$

7. 25℃时，质量摩尔浓度 $b=0.20\mathrm{mol\cdot kg^{-1}}$ 的 K_2SO_4 水溶液正负离子的平均活度系数 $\gamma_\pm=0.099$，试问此水溶液中正负离子的平均活度 $a_\pm$ 及 K_2SO_4 的整体活度各为若干。

解: $b_+=2b$，$b_-=b$，$b_\pm=(b_+^{v_+}+b_-^{v_-})^{1/v}=[(2b)^2b]^{1/3}=4^{1/3}b$

$$\alpha_\pm=\frac{\gamma_\pm b_\pm}{b^\ominus}=\frac{0.099\times 4^{1/3}\times 0.20\mathrm{mol\cdot kg^{-1}}}{1\mathrm{mol\cdot kg^{-1}}}=0.03143$$

$$\alpha=\alpha_\pm^v=0.03143^3=3.105\times 10^{-5}$$

8. 25℃时，纯水的 pH 为 7.0，求在 0.1mol · kg^{-1}的 KCl 溶液中的 pH。

解: $I=\frac{1}{2}\sum_B m_B Z_B^2=\frac{1}{2}(0.1\times 1^2+0.1\times 1^2)\ \mathrm{mol\cdot kg^{-1}}=0.1\mathrm{mol\cdot kg^{-1}}$

$$\lg\gamma_{\pm}=-0.509|z_+\cdot z_-|\sqrt{I}=-0.509\sqrt{0.1}=-0.16$$

$pH = -\lg\alpha_{H^+} = -\lg(\gamma_{\pm} c_{H^+}) = -\lg\gamma_{\pm} - \lg c_{H^+} = 7.16$

9. 现有 $CaCl_2$溶液，向其中加入 KCl 和 $FeCl_3$后，$CaCl_2$、KCl、$FeCl_3$的质量摩尔浓度分别为 $0.02 mol \cdot kg^{-1}$、$0.01 mol \cdot kg^{-1}$、$0.03 mol \cdot kg^{-1}$。试以 Debye - Hükel 公式求 25℃时 $CaCl_2$的离子平均活度因子和活度。

解： $I = \frac{1}{2}\sum_{B} m_B Z_B^2 = \frac{1}{2}(0.02 \times 2^2 + 0.01 \times 1^2 + 0.03 \times 3^2 + 0.14 \times 1^2)\ mol \cdot kg^{-1}$

$= 0.25 mol \cdot kg^{-1}$

$\lg\gamma_{\pm} = -0.509 \times |2 \times 1|\sqrt{I} = -0.509 \times |2 \times 1|\sqrt{0.25} \Rightarrow \gamma_{\pm} = 0.3097$

$\alpha_{\pm} = \gamma_{\pm} \frac{b_{\pm}}{b^{\ominus}} = \gamma_{\pm} \frac{(b_{+} \cdot b_{-}^2)^{1/3}}{b^{\ominus}} = 0.3097 \times (0.02 \times 0.14^2)^{1/3} = 0.02267$

§ 8　可逆电池的电动势及其应用

8.1　重要知识点

8.1.1　可逆电池

充、放电时进行的任何反应与过程都可逆的电池(要求：电池反应可逆，热力学可逆，其他过程也可逆，如，没有液接电势，电流无限小)。因为电池是由两个“半电池”(电极)构成的，所以构成可逆电池的电极也必须是可逆的。常见的可逆电极有三种类型。在电化学中，为了方便电池的书面表示，规定了电池的书写符号和电极的排列：规定电池负极(阳极)写在左边，而正极(阴极)写在右边。

8.1.2　电极电势

单个电极的电极电势是无法测量的，因为它的表面电势无法测量，而两个电极之间的电势差是可以测量的。于是，把所有电极与标准氢电极组成电池让标准氢电极作阳极，待测电极做阴极、并规定标准氢电极的电极电势为零(如下图)，这样测定的电动势就作为待测电极的电极电势。

标准氢电极 ‖ 电极 x

虽然这种电极电势是个相对值，但在计算电动势时是没有关系的。

电极电势实际是电极上还原反应难易程度的一种表征，其值越大，说明该还原反应越容易进行。

8.1.3　浓差电池及液接电势

典型的浓差电池有两类，一类是由化学性质相同而活度不同的两个电极浸在同一溶液中组成的浓差电池，称为电极浓差电池。在这一类浓差电池中，又有两种情况，一种是汞齐浓差电池；另一种是气体电极浓差电池。如：

① 汞齐浓差电池：$K(Hg)(\alpha_1) \mid KCl(b) \mid K(Hg)(\alpha_2)$

电池反应：$K(Hg)(\alpha_1) \rightarrow K(Hg)(\alpha_2)$　　$E = \dfrac{RT}{zF}\ln\dfrac{\alpha_1}{\alpha_2}$

② $H_2(g)$浓差电池：$Pt \mid H_2(p_1) \mid HCl(b) \mid H_2(p_2) \mid Pt$

电池反应：$H_2(p_1) \rightarrow H_2(p_2)$ $\quad E = \dfrac{RT}{zF}\ln\dfrac{p_1}{p_2}$

浓差电池的另一类是由两个相同的电极浸在两个电解质溶液相同而活度不同的溶液中组成的，称为电解质浓差电池。两种不同溶液界面处产生的电势差称为液接电势 E_j 。

$$E_j = (2t_+ - 1)\frac{RT}{F}\ln\frac{m_R}{m_L}$$

在一个有液接界电势存在的浓差电池中，电池电动势 E、浓差电动势 E_c 与液接界电势 E_j 之间的关系为：$E_j = E - E_c$。

8.1.4 原电池的设计

设计电池时，首先从给定的反应中找到氧化反应和还原反应，确定阳极和阴极，最后将两个电极组合在一起便构成电池。如果是双液电池，两个溶液间需要用盐桥连接。设计好的电池要写出电池反应，并与给定的反应比对进行复核电池设计的正确与否。从热力学角度，一个电池只是反应进行的一种途径，因此有时由一个反应可设计出多个电池，但这些电池的电动势未必相等。

8.2 基本结构

	内　容	定义或注意事项
基本概念	原电池	电势高低判正负，得失电子判阴阳
	可逆电池	$W'_{max} = \Delta G$
	浓差电池	电极浓差电池、电解质浓差电池
	可逆电池电动势	$W'_{max} = \Delta G = -zEF$（$E>0$ 原电池　$E<0$ 电解池）
	电极电势及标准电极电势	$\varphi_{Ox \mid Red} = \varphi^{\ominus}_{Ox \mid Red} - \dfrac{RT}{zF}\ln\dfrac{\alpha_{Red}}{\alpha_{Ox}}$
	标准电极、参比电极	标准氢电极及甘汞电极
基本定理	Nernst 公式	$E = E^{\ominus} - \dfrac{RT}{zF}\ln\prod_B \alpha_B^{\nu_B}$
	对消法原理	$E_x = E_{s,c}\dfrac{AC(未知电池电位差)}{AH(标准电池电位差)}$

续表

	内　容	定义或注意事项
基本计算	电池设计	
	电动势的计算	$\Delta_r G_m = -zEF \quad \Delta_r G_m^{\ominus} = -zE^{\ominus}F$ $E = \varphi_+ - \varphi_- \quad E^{\ominus} = \varphi_+^{\ominus} - \varphi_-^{\ominus}$ $\varphi_{Ox\mid Red} = \varphi_{Ox\mid Red}^{\ominus} - \frac{RT}{zF}\ln\frac{\alpha_{Red}}{\alpha_{Ox}}$ $E_c = E - E_j$（E_j：液接电势，E_c：浓差电池电动势）
	热力学函数的计算	$\Delta_r G_m = -zEF \quad \Delta_r G_m^{\ominus} = -zE^{\ominus}F = -RT\ln K^{\ominus}$ $\Delta_r S_m = zF\left(\frac{\partial E}{\partial T}\right)_p \quad \Delta_r H_m = -zEF + zFT\left(\frac{\partial E}{\partial T}\right)_p$ $Q_R = zFT\left(\frac{\partial E}{\partial T}\right)_p$ $E = E^{\ominus} - \frac{RT}{zF}\ln\prod_B \alpha_B^{\nu_B}$（计算平均活度因子）

8.3　例题精解

8.3.1　选择题

1. 将反应 $H^+ + OH^- = H_2O$ 设计成可逆电池，下列电池中正确的是(　　)

(A) Pt | $H_2(g)$ | $H^+(aq)$ ‖ OH^- | $O_2(g)$ | Pt

(B) Pt | $H_2(g)$ | NaOH(aq) | $O_2(g)$ | Pt

(C) Pt | $H_2(g)$ | NaOH(aq) ‖ HCl(aq) | $H_2(g)$ | Pt

(D) Pt | $H_2(p_1)$ | $H_2O(l)$ | $H_2(p_2)$ | Pt

解析：反应缺少电子转移，则使用添配法进行设计电池 $H_2(g) + H^+ + OH^- = H_2O + H_2(g)$

答案：(C)

2. 将反应 $H_2 + \frac{1}{2}O_2 = H_2O$ 设计成可逆电池，下列电池中正确的是(　　)

(A) Pt | $O_2(g)$ | $OH^-(aq)$ ‖ $H^+(aq)$ | $H_2(g)$ | Pt

(B) Pt | $H_2(g)$ | NaOH(aq) | $O_2(g)$ | Pt

(C) Pt | $H_2(g)$ | NaOH(aq) ‖ HCl(aq) | $O_2(g)$ | Pt

(D) Pt | $H_2(p_1)$ | $H_2O(l)$ | $H_2(p_2)$ | Pt

解析：反应缺少电解液，使用添配法进行设计电池 $OH^- + H_2 + \frac{1}{2}O_2 \Longrightarrow H_2O + OH^-$

答案：(B)

3. 标准氢电极是指(　　)

(A) $Pt|H_2(p=100kPa)|OH^-(\alpha=1)$

(B) $Pt|H_2(p=100kPa)|H^+(c=10^{-7})$

(C) $Pt|H_2(p=100kPa)|H^+(\alpha=1)$

(D) $Pt|H_2(p=100kPa)|OH^-(\alpha=10^{-7})$

答案：(C)

4. 如果规定标准氢电极的电极电势 $\varphi^\ominus_{H^+|H_2}=1$，则其他电极的氢标可逆还原电极电势 $\varphi^\ominus_{离子|电极}$ 值与电池标准电动势 $E^\ominus$ 值将有何变化(　　)

(A) $\varphi^\ominus_{离子|电极}$ 与 $E^\ominus$ 各增加 1V　　(B) $\varphi^\ominus_{离子|电极}$ 增加 1V，$E^\ominus$ 不变

(C) $\varphi^\ominus_{离子|电极}$ 与 $E^\ominus$ 各减小 1V　　(D) $\varphi^\ominus_{离子|电极}$ 减小 1V，$E^\ominus$ 不变

答案：(B)

5. 如果要求得电池反应的 $\Delta_r H^\ominus_m$ 值，需要测定(　　)

(A) 温度系数 $(\partial E/\partial T)_p$　　(B) 电动热 E

(C) 可逆热 Q_R　　(D) 温度系数 $(\partial E/\partial T)_p$ 和电动势 E

解析：$\Delta_r H^\ominus_m = -zEF + zFT\left(\frac{\partial E}{\partial T}\right)_p$

答案：(D)

6. 原电池在等温等压可逆的条件下放电时，其在过程中与环境交换的热量为(　　)

(A) ΔH　　(B) 零　　(C) $T\Delta S$　　(D) ΔG

解析：$Q_R = T\Delta_r S_m$

答案：(C)

7. 298K 时，已知 $\varphi^\ominus_{Fe^{3+}|Fe^{2+}}=0.771V$，$\varphi^\ominus_{Sn^{4+}|Sn^{2+}}=0.150V$，则反应 $2Fe^{3+}+Sn^{2+} \Longrightarrow 2Fe^{2+}+Sn^{4+}$ 的 $\Delta_r G^\ominus_m$ 为(设活度因子均为 1)(　　)

(A) $-268.7kJ\cdot mol^{-1}$　　(B) $-119.9kJ\cdot mol^{-1}$

(C) $-177.8kJ\cdot mol^{-1}$　　(D) $119.9kJ\cdot mol^{-1}$

解析：$\Delta_r G^\ominus_m = -zE^\ominus F = -2\times(\varphi^\ominus_{Fe^{3+}|Fe^{2+}} - \varphi^\ominus_{Sn^{4+}|Sn^{2+}})F = -119.9kJ\cdot mol^{-1}$

答案：(B)

8. 已知 Tl^{3+}，$Tl^+|Pt$ 的标准电极电势 $\varphi^\ominus_{Tl^{3+},Tl^+|Pt}=1.250V$，$Tl^+|Tl$ 的标准电极电势 $\varphi^\ominus_{Tl^+|Tl}=-0.336V$，则 $Tl^{3+}|Tl$ 的标准电极电势 $\varphi^\ominus_{Tl^{3+}|Tl}$ 为(　　)

(A) 1.586V　　(B) 0.914V　　(C) 0.721V　　(D) 0.305V

解析：① $Tl^{3+} + 2e \rightarrow Tl^+$　$\Delta_r G^{\ominus}_{m,1} = -2\varphi^{\ominus}_{Tl^{3+},Tl^+|Pt}F$；② $Tl^+ + e \rightarrow Tl$　$\Delta_r G^{\ominus}_{m,2} = -\varphi^{\ominus}_{Tl^+|Tl}F$；

③ $Tl^{3+} + 3e \rightarrow Tl$　$\Delta_r G^{\ominus}_{m,3} = -3\varphi^{\ominus}_{Tl^+|Tl}F$

$\Delta_r G^{\ominus}_{m,3} = \Delta_r G^{\ominus}_{m,2} + \Delta_r G^{\ominus}_{m,1} \Rightarrow -3\varphi^{\ominus}_{Tl^+|Tl}F = -2\varphi^{\ominus}_{Tl^{3+},Tl^+|Pt}F - \varphi^{\ominus}_{Tl^+|Tl}F$

答案：(C)

9. 298K 时，在电池 $Pt|H_2(p^{\ominus})|H^+(\alpha = 1) \| CuSO_4(0.01mol \cdot kg^{-1})|Cu(s)$ 右边溶液中通入 NH_3，电池电动势将(　　)

(A) 升高　　(B) 下降　　(C) 不变　　(D) 无法比较

解析：该电池反应为 $H_2(p^{\ominus}) + CuSO_4(\alpha) \rightarrow 2H^+(\alpha = 1) + Cu$，$E = E^{\ominus} + \frac{RT}{2F}\ln\alpha_{CuSO_4}$。随着氨气的加入，生成的氢氧根将与铜离子发生反应，从而降低铜离子的浓度，α 随之降低，因此电动势也降低。

答案：(B)

8.3.2 填空题

1. 下列两个电池，电池电动势分别为 E_1 和 E_2，则 E_1______E_2

① $Pt|H_2(p^{\ominus})|KOH(0.1mol \cdot kg^{-1})|O_2(p^{\ominus})|Pt$；

② $Pt|H_2(p^{\ominus})|H_2SO_4(0.1mol \cdot kg^{-1})|O_2(p^{\ominus})|Pt$

解析：$E_1^{\ominus} = \varphi^{\ominus}_{OH^-|O_2|Pt} - \varphi^{\ominus}_{OH^-|H_2|Pt}$；$E_2^{\ominus} = \varphi^{\ominus}_{H^+|O_2|Pt} - \varphi^{\ominus}_{H^+|H_2|Pt}$

$$
\begin{aligned}
E_1^{\ominus} - E_2^{\ominus} &= \varphi^{\ominus}_{OH^-|O_2|Pt} - \varphi^{\ominus}_{OH^-|H_2|Pt} - (\varphi^{\ominus}_{H^+|O_2|Pt} - \varphi^{\ominus}_{H^+|H_2|Pt}) \\
&= (\varphi^{\ominus}_{OH^-|O_2|Pt} - \varphi^{\ominus}_{H^+|O_2|Pt}) - (\varphi^{\ominus}_{H^+|H_2|Pt} - \varphi^{\ominus}_{OH^-|H_2|Pt}) \\
&= -RT\ln K_W + RT\ln K_W = 0
\end{aligned}
$$

答案：=

2. 盐桥中使用的电解质需满足的条件是______。

答案：正负离子的迁移数相等

3. $Ag(s)|AgNO_3(0.01mol \cdot kg^{-1} \cdot \gamma_{\pm,1} = 0.90) \|$ $AgNO_3(0.1mol \cdot kg^{-1} \cdot \gamma_{\pm,1} = 0.72)|Ag(s)$ 在25℃时的电动势 $E=$______。

解析：$E = \frac{RT}{F}\ln\frac{0.1 \times 0.72}{0.01 \times 0.9} = 0.0535V$

答案：0.0535V

4. 对消法测定原电池的电动势的实验，所需主要仪器设备是：①______②______③______④______。

答案：电位差计；被测电池；工作电池；Weston 标准电池

5. 在 298K 时，要使电池 $Na(Hg)\ (\alpha_1)\ |NaCl(aq)\ |Na(Hg)\ (\alpha_2)$ 成为自发电池，两个汞齐活度的关系为______。

解析：电池反应为：$Na^+\ (\alpha_2) \rightarrow Na^+\ (\alpha_1)$，其自发电池 $E = -\dfrac{RT}{F}\ln\dfrac{\alpha_2}{\alpha_1} > 0$，所以 $\alpha_1 > \alpha_2$。

答案：$\alpha_1 > \alpha_2$

6. 金属 Cu 和含 Cu^{2+}离子的溶液组成电极，若溶剂为水，则其标准还原电极电势 $\varphi^{\ominus}$ 为 0.3402V，若溶剂为乙醇，则 $\varphi^{\ominus}$ 为 0.21V，故 Cu^{2+}在______溶液中稳定。

解析：电极电势实际是电极上还原反应难易程度的一种表征，其值越大，说明该还原反应越容易进行。

答案：乙醇

8.3.3 简答题

1. 在 100kPa 及 298.15K 下，反应 $2H_2O(l) \rightarrow 2H_2(g) + O_2(g)$ 的 $\Delta_r G_m > 0$，说明此反应不能自动自左向右进行，但在工业上常用电解水制备 H_2和 O_2，这两者是否矛盾？简答为什么？

答：$\Delta_r G_m > 0$ 在作为判据时的使用条件为等温等压且不做非体积功的体系。而电解过程过程有非体积功电功参与，故尔 $\Delta_r G_m > 0$ 的判据不适用。

2. 一个可逆电动势为 1.07V 的电池在一巨大恒温槽（由于热容很大，温度不易变化）中恒温在 20℃，当将此电池短路时，有 1000C 的电量通过。假定此电池中发生的化学反应与可逆放电 1000C 时的化学反应相同，试问以此电池和恒温槽为系统的总熵增加是多少？

答：若以电池和恒温槽为系统，则系统中发生的过程为等温等压无非体积功的绝热过程，由此 $\Delta H = 0$。由于恒温槽本身的 Gibbs 函数变为零，所以系统的 ΔG 等于电池的 Gibbs 函数变 ΔG(电池)，ΔG(电池) $= -zEF = [-1000 \times 1.07]$ kJ $= -1.07$kJ。$\Delta S = (\Delta H - \Delta G)/T = 3.65\text{J} \cdot \text{K}^{-1}$。

3. 根据同一化学反应是否可能设计出不同的电池？若两个不同的可逆电池中发生的是同一个化学反应，试问：（1）两个电池所做的电功是否一定相同？（2）两个电池的电动势是否一定相同？（3）两个电池放的电量是否一定相同？

答：一个电池实际上是化学反应进行的一种途径。两个电池中发生同一个反应，意味着两个电池的 ΔG 相同，即电功相同。zF 是电池放的电量，电动势等于电池放 1C 电量时所消耗的化学能。因此不同的两个电池的电量不同，则电动势不同。

8.3.4 计算题

1. 298K 时，电极 $Ag|Ag_2O(s)|OH^-(\alpha=1)$ 的 $\varphi^\ominus$ 为 0.340V，$Pt|O_2(g)|OH^-(\alpha=1)$ 的 $\varphi^\ominus$ 为 0.401V，写出由上述两个电极组成电池的表示式和电池反应，并计算：

(1) 电池的 $E^\ominus$ 及 $\Delta_r G_m^\ominus(298K)$

(2) 当 $p(O_2)=101.325kPa$，298K 时，计算电池的电动势。

解：(1) 根据 $\varphi^\ominus$ 可知电池负极为 $Ag|Ag_2O(s)|OH^-(\alpha=1)$

$(-)2Ag + 2OH^-(\alpha) - 2e \rightarrow Ag_2O(s) + H_2O$

$(+)\ \frac{1}{2}O_2(p) + H_2O + 2e \rightarrow 2OH^-(\alpha)$

$2Ag + \frac{1}{2}O_2(p) \rightarrow Ag_2O(s)$

(2) $E^\ominus = \varphi_+^\ominus - \varphi_-^\ominus = 0.401 - 0.340 = 0.061V$

$\Delta_r G_m^\ominus(298K) = -zE^\ominus F = [-2\times 0.061\times 96500]\ kJ\cdot mol^{-1} = -11.77kJ\cdot mol^{-1}$

$$E = E^\ominus - \frac{RT}{zF}\ln\frac{1}{\alpha_{O_2}^{1/2}} = E^\ominus + \frac{RT}{4F}\ln\frac{p}{p^\ominus} = 0.06108V$$

2. 将反应 $2Fe^{3+}+Fe = 3Fe^{2+}$ 设计成原电池。

(1)写出电池表示式(要求写出 2 个不同的电池)

(2)求 25℃、100kPa 下反应的平衡常数 $K^\ominus$。已知此条件下，电极 $Fe^{2+}+2e \rightarrow Fe$ 和 $Fe^{3+}+e \rightarrow Fe^{2+}$ 的标准电极电势分别为 −0.439V 和 0.770V。

解：(1) 第一种设计

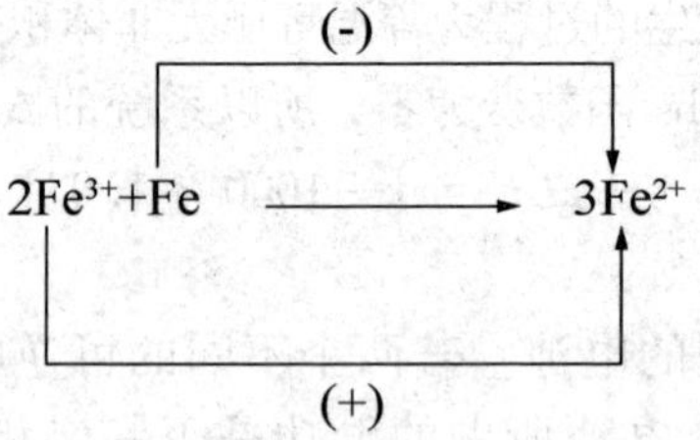

$Fe(s)|Fe^{2+}(\alpha_1)\|Fe^{3+}(\alpha_2),\ Fe^{2+}(\alpha_1)|Pt$

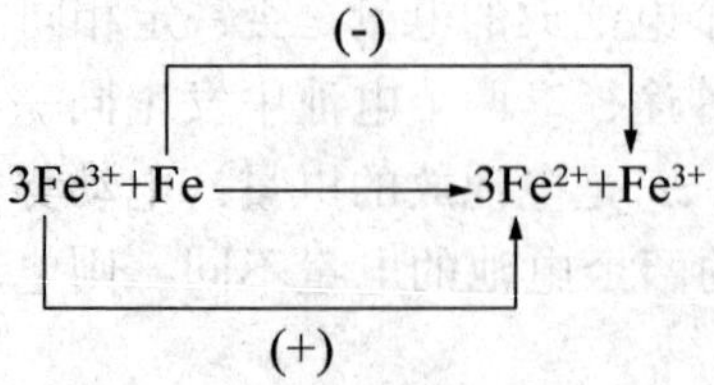

$Fe(s)|Fe^{3+}(\alpha_2)\|Fe^{3+}(\alpha_2),\ Fe^{2+}(\alpha_1)|Pt$

(2) $E^{\ominus} = \varphi_{+}^{\ominus} - \varphi_{-}^{\ominus} = [0.770 + 0.439]\ \text{V} = 1.209\text{V}$

$$-RT\ln K^{\ominus} = -zE^{\ominus}F \Rightarrow \ln K^{\ominus} = \frac{zE^{\ominus}F}{RT} = \frac{2 \times 1.209\text{V} \times 96500\text{C}\cdot\text{mol}^{-1}}{8.314\text{J}\cdot\text{K}^{-1}\cdot\text{mol}^{-1} \times 298\text{K}} = 94.2$$

$K^{\ominus} = 7.97 \times 10^{40}$

3. 298K 和 313K 分别测定丹尼尔电池电动势，得到 $E_1(298\text{K}) = 1.1030\text{V}$，$E_2(318\text{K}) = 1.0961\text{V}$，设反应为 $Zn(s) + CuSO_4(\alpha=1) = Cu(s) + ZnSO_4(\alpha=1)$，并设 E 随 T 变化率不变。求电池在 298K 时反应的 $\Delta_r H_m$，$\Delta_r S_m$，$\Delta_r G_m$ 和可逆热效应 Q_R。

解： $\left(\frac{\partial E}{\partial T}\right)_p = \frac{E_2 - E_1}{T_2 - T_1} = \left[\frac{1.0961 - 1.1030}{313 - 298}\right]\text{V}\cdot\text{K}^{-1} = -4.6 \times 10^{-4}\text{V}\cdot\text{K}^{-1}$

$\Delta_r G_m = -zEF = [-2 \times 96500 \times 1.1030]\ \text{kJ}\cdot\text{mol}^{-1} = -212.9\text{kJ}\cdot\text{mol}^{-1}$

$\Delta_r S_m = zF\left(\frac{\partial E}{\partial T}\right)_p = [2 \times 96500 \times (-4.6 \times 10^{-4})]\ \text{J}\cdot\text{K}^{-1}\cdot\text{mol}^{-1} = -88.78\ \text{J}\cdot\text{K}^{-1}\cdot\text{mol}^{-1}$

$\Delta_r H_m = \Delta_r G_m + T\Delta_r S_m = [-212.9 + 298 \times (-88.78) \times 10^{-3}]\ \text{kJ}\cdot\text{mol}^{-1} = -239.4\text{kJ}\cdot\text{mol}^{-1}$

$Q_R = T\Delta_r S_m = [298 \times (-88.78) \times 10^{-3}]\ \text{kJ}\cdot\text{mol}^{-1} = -26.46\text{kJ}\cdot\text{mol}^{-1}$

4. 298K 和标准压力下，有化学反应 $Ag_2SO_4(s) + H_2 = 2Ag(s) + H_2SO_4(0.1\text{mol}\cdot\text{kg}^{-1})$

(1) 设计一个电池，使电池反应与之相同。

(2) 求该电池的电动势 E，设 H_2SO_4 全部二级解离。

(3) 计算 $Ag_2SO_4(s)$ 解离平衡时的离子活度积 $K_{ap}^{\ominus}$

已知：$\varphi_{Ag|Ag_2SO_4|SO_4^{2-}}^{\ominus} = 0.627V$，$\varphi_{Ag|Ag^+}^{\ominus} = 0.799V$，Debye-Hückel 公式的常数 $A = 0.509(\text{mol/kg})^{-1/2}$

解： (1) (−) Pt，$H_2(p^{\ominus})$ $H_2SO_4(0.1\text{mol}\cdot\text{kg}^{-1})$ | $Ag_2SO_4(s)$ | $Ag(s)$ (+)

(−)：$H_2(p^{\ominus}) - 2e \rightarrow 2H^+(\alpha_{H^+})$

(+)：$Ag_2SO_4(s) + 2e \rightarrow 2Ag(s) + SO_4^{2-}(\alpha_{SO_4^{2-}})$

$Ag_2SO_4(s) + H_2(p^{\ominus}) \rightarrow 2Ag(s) + 2H^+(\alpha_{H^+}) + SO_4^{2-}(\alpha_{SO_4^{2-}})$

(2) $I = \frac{1}{2}\sum m_B z_B^2 = \frac{1}{2}(0.2 \times 1^2 + 0.1 \times 2^2)\ \text{kg}\cdot\text{mol}^{-1} = 0.3\text{kg}\cdot\text{mol}^{-1}$

$\lg\gamma_{\pm} = -0.509 \cdot |z_+ z_-|\sqrt{I} = -0.509 \cdot |1 \times 2|\sqrt{0.3} \Rightarrow \gamma_{\pm} = 0.28$

$m_{\pm}^3 = m_+^2 m_- = (2m)^2 m = 4m^3$

$$\alpha_{H_2SO_4} = \alpha_+^2 \alpha_- = \alpha_{\pm}^3 = \left(\gamma_{\pm}\frac{m_{\pm}}{m^{\ominus}}\right)^3 = 0.28^3\frac{4 \times 0.1^3}{1^3} = 8.78 \times 10^{-5}$$

$E^{\ominus} = \varphi_{+}^{\ominus} - \varphi_{-}^{\ominus} = 0.627\text{V}$

$$E = E^{\ominus} - \frac{RT}{zF}\ln\alpha_{H_2SO_4} = \left[0.627 - \frac{8.314 \times 298}{2 \times 96500}\ln(8.78 \times 10^{-5})\right]\text{V} = 0.746\text{V}$$

(3) 设计电池为

$(-)$：$2Ag(s) - 2e \rightarrow 2Ag^{+}(\alpha_{Ag^{+}})$

$(+)$：$Ag_2SO_4(s) + 2e \rightarrow 2Ag(s) + SO_4{}^{2-}(\alpha_{SO_4{}^{2-}})$

$Ag_2SO_4(s) \rightarrow 2Ag(\alpha_{Ag^{+}}) + SO_4{}^{2-}(\alpha_{SO_4{}^{2-}})$

$E^{\ominus} = \varphi^{\ominus}_{Ag|Ag_2SO_4|SO_4^{2-}} - \varphi^{\ominus}_{Ag|Ag^{+}} = (0.627 - 0.799)\text{V} = -0.172\text{V}$

$$\Delta_r G_m = -zFE^{\ominus} = -RT\ln K_{ap}^{\ominus} \Rightarrow K_{ap}^{\ominus} = \exp\left(\frac{zFE^{\ominus}}{RT}\right) = \exp\left(\frac{2 \times (-0.172) \times 96500}{8.314 \times 298}\right) =$$

1.52×10^{-6}

5. 电池 $Pt|H_2(p^{\ominus})|HCl(m=0.1\text{mol}\cdot\text{kg}^{-1})|Hg_2Cl_2(s)$，$Hg(l)$的电动势 E 与温度 T/K 的关系式为 $E/\text{V} = 0.0694 + 1.881 \times 10^{-3}T/\text{K} - 2.9 \times 10^{-6}(T/\text{K})^2$

(1) 写出电极反应和电池反应；(2) 计算电池反应的熵变；(3) 18℃时可逆条件下的 Q_R；(4) 若已知 18℃时甘汞的生成热为 $-261.918\text{kJ}\cdot\text{mol}^{-1}$，求 $0.1\text{mol}\cdot\text{kg}^{-1}$ HCl 溶液中 HCl 的生成热。

解：(1) 电极反应及电池反应

$(-)$：$H_2(p^{\ominus}) - 2e \rightarrow 2H^{+}(m)$

$(+)$：$Hg_2Cl_2 + 2e \rightarrow 2Hg + 2Cl^{-}(m)$

总：$H_2(p^{\ominus}) + Hg_2Cl_2 \rightarrow 2Hg + 2HCl(m)$

(2) 电池反应的熵变

$$\left(\frac{\partial E}{\partial T}\right)_p = 1.881 \times 10^{-3} - 2 \times 2.9 \times 10^{-6}T$$

$$= [1.881 \times 10^{-3} - 2 \times 2.9 \times 10^{-6} \times 291]\ \text{V}\cdot\text{K}^{-1}$$

$$= 1.932 \times 10^{-4}\text{V}\cdot\text{K}^{-1}$$

$$\Delta_r S_m = zF\left(\frac{\partial E}{\partial T}\right)_p$$

$$= [2 \times 96500 \times 1.932 \times 10^{-4}]\ \text{J}\cdot\text{mol}^{-1}\cdot\text{K}^{-1} = 37.29\text{J}\cdot\text{mol}^{-1}\cdot\text{K}^{-1}$$

(3) 可逆条件下的 Q_R

$Q_R = T\Delta_r S_m = [291 \times 37.29]\ \text{kJ}\cdot\text{mol}^{-1} = 10.85\text{kJ}\cdot\text{mol}^{-1}$

(4) HCl 的生成热

$E = [0.0694 + 1.881 \times 10^{-3} \times 291 - 2.9 \times 10^{-6} \times 291^2]\ \text{V} = 0.3712\text{V}$

$\Delta_r G_m = -zEF = [-2 \times 0.3712 \times 96500]\ \text{kJ}\cdot\text{mol}^{-1} = -71.64\text{kJ}\cdot\text{mol}^{-1}$

$\Delta_r H_m = \Delta_r G_m + T\Delta_r S_m = [-71.64 + 10.85]\,kJ \cdot mol^{-1} = -60.79 kJ \cdot mol^{-1}$

$\Delta_r H_m = 2 \times \Delta_f H_m(HCl) - \Delta_f H_m(Hg_2Cl_2)$

$$\Delta_f H_m(HCl) = \frac{\Delta_r H_m + \Delta_f H_m(Hg_2Cl_2)}{2} = \left[\frac{-60.79 - 261.918}{2}\right] kJ \cdot mol^{-1}$$

$$= -161.35 kJ \cdot mol^{-1}$$

6. 可逆电池 $Pb(s), PbSO_4(s)|H_2SO_4(0.002mol \cdot kg^{-1})|H_2(g, p^\ominus)|Pt$ 的电动势为 0.125V。试计算 25℃ $PbSO_4$ 的溶度积 K_{sp}。已知 25℃ 时 $\varphi^\ominus_{Pb|Pb^{2+}} = -0.1265V$，设此 H_2SO_4 溶液的活度系数等于 1。

解：

$(-)$：$Pb - 2e + SO_4^{2-}(m) \rightarrow PbSO_4$

$(+)$：$2H^+(2m) + 2e \rightarrow H_2(p^\ominus)$

总：$Pb + 2H^+(2m) + SO_4^{2-}(m) \rightarrow PbSO_4 + H_2(p^\ominus)$

$$E = E^\ominus - \frac{RT}{2F}\ln\frac{1}{\alpha^2_{H^+} \cdot \alpha_{SO_4^{2-}}} \Rightarrow 0.125V = E^\ominus + \frac{8.314J \cdot mol^{-1} \cdot K^{-1} \times 298K}{2 \times 96500C \cdot mol^{-1}}$$

$\ln(0.004^2 \cdot 0.002)$

$E^\ominus = 0.3465V$

$E^\ominus = \varphi^\ominus_+ - \varphi^\ominus_- \Rightarrow 0.3465V = 0 - \varphi^\ominus_- \Rightarrow \varphi^\ominus_- = -0.3465V$

$Pb(s)|Pb^{2+} \| SO_4^{2-}|PbSO_4(s)|Pb(s)$

$E^\ominus = \varphi^\ominus_+ - \varphi^\ominus_- = [-0.3465 - (-0.1265)]\,V = -0.22V$

$-zE^\ominus F = -RT\ln K_{sp} \Rightarrow 2 \times (-0.22) \times 96500C \cdot mol^{-1}$

$= 8.314J \cdot mol^{-1} \cdot K^{-1} \times 298K \times \ln K_{sp}$

$K_{sp} = 3.61 \times 10^{-8}$

7. 已知 25℃ 时 AgBr 的 $K_{sp} = 4.88 \times 10^{-13}$，$\varphi^\ominus_{Ag|Ag^+} = 0.799V$，$\varphi^\ominus_{Br_2|Br^-} = 1.065V$，试求 25℃时(1) $\varphi^\ominus_{Ag, AgBr|Br^-}$；(2) AgBr 的 $\Delta_f G^\ominus_m$。

解：(1) $Ag(s)|Ag^+ \| Br^-|AgBr(s)|Ag(s)$

$-RT\ln K^\ominus_{sp} = -zE^\ominus F \Rightarrow RT\ln K^\ominus_{sp} = z(\varphi^\ominus_{Ag, AgBr|Br^-} - \varphi^\ominus_{Ag|Ag^+})F$

$$\varphi^\ominus_{Ag, AgBr|Br^-} = \varphi^\ominus_{Ag|Ag^+} + \frac{RT}{zF}\ln K^\ominus_{sp} = \left[0.799 + \frac{8.314 \times 298}{96500}\ln(4.88 \times 10^{-13})\right] V$$

$$= 0.07117V$$

(2) $Ag + \frac{1}{2}Br_2 \rightarrow AgBr$ 可设计电池为 $Ag(s)|AgBr(s)|Br^-|Br_2(s)$，Pt

$\Delta_f G^\ominus_m = -zE^\ominus F = (\varphi^\ominus_{Br^-|Br_2} - \varphi^\ominus_{Ag, AgBr|Br^-}) \times F$

$= [(1.065 - 0.07117) \times 96500]\,kJ \cdot mol^{-1}$

$=-95.9\text{kJ}\cdot\text{mol}^{-1}$

8. 有一个氢氧燃料电池：$Pt|H_2(p^\ominus)|H^+(0.01\text{mol}\cdot\text{kg}^{-1})|O_2(p^\ominus)|Pt$。已知 298K 时 $H_2O(l)$ 的摩尔生成焓 $\Delta_f H_m^\ominus$ 为 $-286.1\text{kJ}\cdot\text{mol}^{-1}$。(1)写出电极及电池反应式；(2) 已知 $\varphi^\ominus_{H_2O,\ OH^-|O_2}=0.401\text{V}$，设计电池计算 $\varphi^\ominus_{H_2O,\ H^+|O_2}$；(3) 计算 $z=2$ 时电池反应的 $\Delta_r G_m^\ominus$、$\Delta_r H_m^\ominus$、$\Delta_r S_m^\ominus$ 及 $\left(\frac{\partial E}{\partial T}\right)_p$；(4) 写出氢氧燃料电池中电极反应的能斯特方程式，计算该电池电动势并说明氢气和氧气的分压均为标准压力时，氢氧燃料电池的电动势在 pH 为 1~14 时为常数。

解：(1) 电极及电池反应式

$(-)$：$H_2(p^\ominus)-2e\rightarrow 2H^+(0.01\text{mol}\cdot\text{kg}^{-1})$

$(+)$：$\frac{1}{2}O_2(p^\ominus)+2e+2H^+(0.01\text{mol}\cdot\text{kg}^{-1})\rightarrow H_2O$

总：$H_2(p^\ominus)+\frac{1}{2}O_2(p^\ominus)\rightarrow H_2O$

(2) 计算 $\varphi^\ominus_{H_2O,\ H^+|O_2}$

解：设计电池为 $Pt|O_2(p^\ominus)|H^+(\alpha_1)\parallel OH^-(\alpha_2)|O_2(p^\ominus)|Pt$

$(-)$：$H_2O-2e\rightarrow O_2(p^\ominus)+2e+2H^+(\alpha_1)$

$(+)$：$\frac{1}{2}O_2(p^\ominus)+2e+2H_2O\rightarrow 2OH^-(\alpha_2)$

总：$2H_2O\rightarrow 2H^+(\alpha_1)+2OH^-(\alpha_2)$

$-2RT\ln K_W=-2E^\ominus F\Rightarrow E^\ominus=-0.8276\text{V}\Rightarrow\varphi^\ominus_{H_2O,\ H^+|O_2(g)}=1.229\text{V}$

(3) $E^\ominus=\varphi_+^\ominus-\varphi_-^\ominus=1.229\text{V}$

$\Delta_r G_m^\ominus=-zE^\ominus F=[-2\times1.229\times96500]\text{kJ}\cdot\text{mol}^{-1}=-237.1\text{kJ}\cdot\text{mol}^{-1}$

$\Delta_r H_m^\ominus=\Delta_f H_m^\ominus=-286.1\text{kJ}\cdot\text{mol}^{-1}$

$\Delta_r H_m^\ominus=\Delta_r G_m^\ominus+T\Delta_r S_m^\ominus\Rightarrow\Delta_r S_m^\ominus=-164.4\text{J}\cdot\text{mol}^{-1}\cdot\text{K}^{-1}$

$$\left(\frac{\partial E}{\partial T}\right)_p=\frac{\Delta_r S_m^\ominus}{zF}=\left[\frac{-164.4}{2\times96500}\right]\text{V}\cdot\text{K}^{-1}=-8.5\times10^{-4}\text{V}\cdot\text{K}^{-1}$$

(4) $$\varphi_+=\varphi_+^\ominus-\frac{RT}{2F}\ln\frac{1}{\alpha_{H^+}^2\cdot\alpha_{O_2}^{1/2}}=\varphi_+^\ominus+\frac{RT}{F}\ln\alpha_{H^+}+\frac{RT}{2F}\ln\alpha_{O_2}^{1/2}$$

$$=\varphi_+^\ominus-\frac{2.303RT}{F}\text{pH}+\frac{RT}{4F}\ln\frac{p_{O_2}}{p^\ominus}$$

$$\varphi_- = \varphi_-^{\ominus} + \frac{RT}{2F}\ln\frac{\alpha_{H^+}^2}{\alpha_{H_2}} = \varphi_-^{\ominus} + \frac{RT}{F}\ln\alpha_{H^+} - \frac{RT}{2F}\ln\alpha_{H_2} = \varphi_-^{\ominus} - \frac{2.303RT}{F}pH - \frac{RT}{2F}\ln\frac{p_{H_2}}{p^{\ominus}}$$

$$E = E^{\ominus} + \frac{RT}{2F}\ln\left(\frac{p_{H_2}}{p^{\ominus}}\cdot\left(\frac{p_{O_2}}{p^{\ominus}}\right)^{1/2}\right)$$

$$E^{\ominus} = \varphi_+^{\ominus} - \varphi_-^{\ominus} = 1.229V$$

9. 在25℃、$p^{\ominus}$下，将一可逆电池短路，使1F的电量通过电池，此时所放出的热量恰好为该电池可逆操作时所吸收热量的43倍。在25℃、$p^{\ominus}$压力下，该电池的电动势的温度系数为0.00014V·K^{-1}，求电池在25℃及$p^{\ominus}$压力下的可逆电动势。

解：$\Delta_r S_m = zF\left(\frac{\partial E}{\partial T}\right)_p = [1 \times 96500 \times 0.00014]\,J\cdot K^{-1}\cdot mol^{-1}$

$= 13.51J\cdot K^{-1}\cdot mol^{-1}$

$Q_R = T\Delta_r S_m = [298.15 \times 13.51]\,J\cdot mol^{-1} = 4.03kJ\cdot mol^{-1}$

$$\left.\begin{aligned}\Delta_r H_m &= Q_p + W' = Q_p\\ \Delta_r H_m &= \Delta_r G_m + T\Delta_r S_m = \Delta_r G_m + Q_R\end{aligned}\right\} \Rightarrow \Delta_r G_m = Q_p - Q_R = -43Q_R - Q_R =$$

$-177.1kJ\cdot mol^{-1}$

$$\Delta_r G_m = -zEF \Rightarrow E = -\frac{\Delta_r G_m}{zF} = \left[\frac{1.771 \times 10^5}{96500}\right]V = 1.836V$$

10. 298K 时，可逆电池 $Pt|H_2(p^{\ominus})|H_2SO_4$(极稀)$|O_2(p^{\ominus})|Pt$ 的 $E = 1.23V$，并已知水的标准摩尔生成热 $\Delta_f H_m^{\ominus}(H_2O) = -285.90kJ\cdot mol^{-1}$，求反应 $2H_2(p^{\ominus}) + O_2(p^{\ominus}) \rightarrow 2H_2O(l, p^{\ominus})$ 按以下两种途径进行的$\Delta_r U_m$、$\Delta_r H_m$、$\Delta_r S_m$及$\Delta_r G_m$值，并判断过程的自发方向及过程的性质。

(1) 将氢和氧直接接触在烧杯中进行；

(2) 组成电池进行反应，并已知该单位反应时对外做电功为374.78kJ·mol^{-1}。

解：(1) 将氢和氧直接接触在烧杯中进行

$\Delta_r G_m = \Delta_r G_m^{\ominus} = -zE^{\ominus}F = [-4 \times 1.23 \times 96500]\,J\cdot mol^{-1} = -474.8kJ\cdot mol^{-1}$

$\Delta_r H_m = 2\Delta_f H_m^{\ominus} = [-2 \times 285.90]\,J\cdot mol^{-1} = -571.8kJ\cdot mol^{-1}$

$\Delta_r U_m = Q \times W = \Delta_r H_m - \sum \nu(g)RT$

$= [-571.82 + 8.314 \times 298.15 \times 10^3]\,kJ\cdot mol^{-1} = -569.4kJ\cdot mol^{-1}$

$$\Delta_r S_m = \frac{\Delta_r H_m - \Delta_r G_m}{T} = \left[\frac{-571.8 + 474.8}{298}\right]J\cdot K^{-1}\cdot mol^{-1}$$

$= -317.5J\cdot K^{-1}\cdot mol^{-1}$

$\Delta_r G_m < W'$、$\Delta_r G_m < 0$ 反应为自发的不可逆过程。

(2) 组成电池进行反应

因始、终态相同，因此 $\Delta_r S_m$ 、$\Delta_r G_m$ 、$\Delta_r U_m$ 、$\Delta_r H_m$ 均与(1)相同

$\Delta_r G_m < 0$ 且 $\Delta_r G_m \neq W'$ 反应为自发的不可逆过程。

11. 有人设计以 $Zn^{2+}|Zn$ 和 $H^+|O_2|Pt$ 为电极系统的生物化学电池，把它埋在人体内作为心脏病患者心脏起搏器能源。它在人体体液中含有一定浓度的溶解氧时进行工作，在低功率下人体能适应电池工作时 Zn^{2+} 的增加和 H^+ 的迁移。你能写出电池的负极反应、正极反应、电池结构、电池反应和电池在标准状态下的可逆电动势吗？若让上述电池在 0.8V 和 40×10^{-6}W 下在人体内放电，试问 5g Zn 电极能用多长时间才需要进行第二次手术更换？

已知：$\varphi^{\ominus}_{H^+|O_2|Pt} = 1.229\text{V}$，$\varphi^{\ominus}_{Zn^{2+}|Zn} = -0.762\text{V}$，$M(Zn) = 65.37\text{g}\cdot\text{mol}^{-1}$

解：电极反应及电池反应

$(-)$：$Zn - 2e \rightarrow Zn^{2+}$

$(+)$：$O_2 + 2e + 4H^+ \rightarrow 2H_2O$

$Zn + O_2 + 4H^+ \rightarrow Zn^{2+} + 2H_2O$

$E^{\ominus} = \varphi^{\ominus}_{+} - \varphi^{\ominus}_{-} = [1.229 + 0.762]\ \text{V} = 1.991\text{V}$

$E = 0.8\text{V}$ 时，$W = EQ = Pt \quad I = P/E = [40\times10^{-6}/0.8]\ \text{A} = 5\times10^{-5}\text{A}$

$$Q = nF = It \Rightarrow t = \frac{nF}{I} = \left[\frac{5\times2\times96500}{65.37\times5\times10^{-5}}\right]\text{s} = 2.95\times10^{8}\text{s} = 9.4\text{a}$$

12. 已知 298K 时 $2H_2O(g) = 2H_2(g) + O_2(g)$ 反应的平衡常数为 9.7×10^{-81}，这时 H_2O 的饱和蒸气压为 3200Pa，试求 298K 时下述电池的电动势 E。

$Pt|H_2(p^{\ominus})|H_2SO_4(0.01\text{mol}\cdot\text{kg}^{-1})|O_2(p^{\ominus})|Pt$

(298K 时的平衡常数是根据高温下的数据间接求出的。由于氧电极上反应不易达到平衡，不能测出精确的值 E，所以可通过上法来计算 E 值)。

解：过程可设计如下

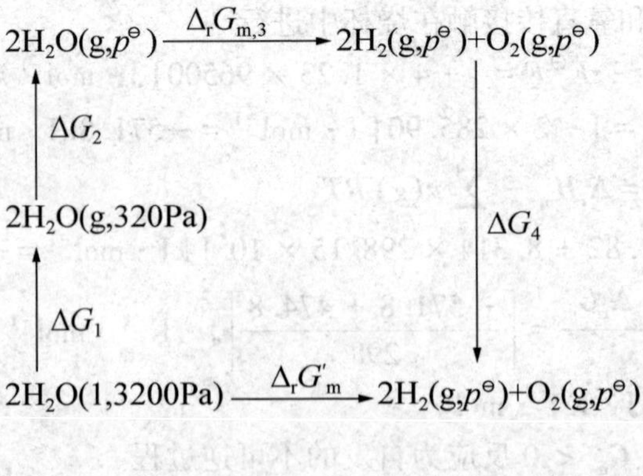

$$\Delta_r G_m' = \Delta G_1 + \Delta G_2 + \Delta_r G_{m,3} + \Delta G_4 = 0 + nRT\ln\frac{p_2}{p_1} - RT\ln K^{\ominus} + 0$$

$$= \left[8.314 \times 298 \times \left(2\ln\frac{100}{3.2} - \ln(9.7 \times 10^{-81})\right)\right] \text{J} \cdot \text{mol}^{-1}$$

$$= 473.6\text{kJ} \cdot \text{mol}^{-1}$$

电池反应为 $2H_2(g, p^{\ominus}) + O_2(g, p^{\ominus}) = 2H_2O(l, 3200Pa)$

$$\Delta_r G_m = -\Delta_r G_m' = -zEF \Rightarrow E = \frac{\Delta_r G_m'}{zF} = \left[\frac{473.6 \times 10^3}{4 \times 96500}\right]\text{V} = 1.227\text{V}$$

13. 在 25℃时下列电池的标准电动势 $E^{\ominus} = 0.356\text{V}$：

$Pb(s) | PbSO_4(s) | H_2SO_4(0.01\text{mol} \cdot \text{kg}^{-1}, \gamma_{\pm} = 0.544) | H_2(g, p^{\ominus}) | Pt$

（1）写出 $z=2$ 时的电极反应和电池反应；

（2）计算电池的电动势及以上电池反应的 $\Delta_r G_m$ 、$K^{\ominus}$

（3）测得 $PbSO_4$ 饱和水溶液的电导率比配制此溶液所用水的电导率高 $4.031 \times 10^{-3}\text{S} \cdot \text{m}^{-1}$。已知摩尔电导率 $\Lambda_m^{\infty}\left(\frac{1}{2}Pb^{2+}\right)$ 、$\Lambda_m^{\infty}\left(\frac{1}{2}SO_4^{2-}\right)$ 分别为 $70 \times 10^{-4}\text{S} \cdot \text{m}^2 \cdot \text{mol}^{-1}$ 和 $79.8 \times 10^{-4}\text{S} \cdot \text{m}^2 \cdot \text{mol}^{-1}$，求铅电极的标准电极电势 $\varphi^{\ominus}_{Pb^{2+}|Pb}$。

解：（1）电极反应和电池反应；

$(-)$：$Pb(s) - 2e + SO_4^{2-}(m, \gamma_{\pm}) \rightarrow PbSO_4(s)$

$(+)$：$2H^+(2m, \gamma_{\pm}) + 2e \rightarrow H_2(g, p^{\ominus})$

$Pb(s) + H_2SO_4(m, \gamma_{\pm}) \rightarrow H_2(g, p^{\ominus}) + PbSO_4(s)$

（2）$\Delta_r G_m$ 、$K^{\ominus}$

$$E = E^{\ominus} - \frac{RT}{zF}\ln\frac{\alpha_{H_2}}{\alpha_{H_2SO_4}} = E^{\ominus} - \frac{RT}{zF}\ln\frac{1}{\alpha_+^2 \cdot \alpha_-} = E^{\ominus} + \frac{3RT}{zF}\ln\alpha_{\pm} = E^{\ominus} + \frac{3RT}{zF}\ln\left(\gamma_{\pm} \cdot \sqrt[3]{4}m\right)$$

$$E = \left[0.356 + \frac{3 \times 8.314 \times 298.15}{2 \times 96500}\ln\left(0.544 \times \sqrt[3]{4} \times 0.01\right)\right]\text{V} = 0.1729\text{V}$$

$$\Delta_r G_m = -zEF = [-2 \times 0.1729 \times 96500]\ \text{J} \cdot \text{mol}^{-1} = -33.37\text{kJ} \cdot \text{mol}^{-1}$$

$$-RT\ln K^{\ominus} = -zE^{\ominus}F \Rightarrow 8.314 \times 298.15\ln K^{\ominus} = 2 \times 0.356 \times 96500 \Rightarrow K^{\ominus} = 1.084 \times 10^{12}$$

（3）标准电极电势 $\varphi^{\ominus}_{Pb^{2+}|Pb}$

$$\Lambda_m^{\infty}(PbSO_4) = 2\Lambda_m^{\infty}\left(\frac{1}{2}PbSO_4\right) = 2\left[\Lambda_m^{\infty}\left(\frac{1}{2}Pb^{2+}\right) + \Lambda_m^{\infty}\left(\frac{1}{2}SO_4^{2-}\right)\right] = 299.6 \times 10^{-4}\text{S} \cdot \text{m}^2 \cdot \text{mol}^{-1}$$

$$c(PbSO_4) = \frac{\kappa}{\Lambda_m^{\infty}(PbSO_4)} = \left(\frac{4.031 \times 10^{-3}}{299.6 \times 10^{-4}}\right)\text{mol} \cdot \text{m}^{-3} = 0.13455\text{mol} \cdot \text{m}^{-3} =$$

$1.3455 \times 10^{-4} \text{mol} \cdot \text{dm}^{-3}$

$$K^{\ominus} = \left(\frac{c}{c^{\ominus}}\right)^2 = (1.3455 \times 10^{-4})^2 = 1.8103 \times 10^{-8}$$

设计电池为 $Pb(s) \mid Pb^{2+}(c_1) \parallel SO_4^{2-}(c_2) \mid PbSO_4(s) \mid Pb(s)$

$$-RT\ln K^{\ominus} = -zE^{\ominus}F \Rightarrow \varphi^{\ominus}_{SO_4^{2-} \mid PbSO_4 \mid Pb} - \varphi^{\ominus}_{Pb^{2+} \mid Pb} = \frac{RT\ln K^{\ominus}}{zF}$$

$$-0.356 - \varphi^{\ominus}_{Pb^{2+} \mid Pb} = \frac{8.314 \times 298.15}{2 \times 96500}\ln(1.8103 \times 10^{-8}) \Rightarrow \varphi^{\ominus}_{Pb^{2+} \mid Pb} = -0.127\text{V}$$

§9　电解与极化作用

9.1　重要知识点

9.1.1　分解电压

分解电压：使电解质在两极连续不断进行分解所需最小外加电压。

析出电势：当外加电压等于分解电压时，两电极的电极电势。

理论分解电压=相应原电池的电动势

实际上，当外电压小于分解电压时，由于电解产物扩散，电极上仍有微小电流；当外电压大于分解电压时，电流 I=(外电压 V-反电动势极大值 E_{max})/电解池电阻 R。实际分解电压往往大于相应原电池的电动势(理论分解电压)。

9.1.2　电极的极化

当电流通过电极，电极电势偏离平衡值的现象称为电极的极化现象。当有电流通过电极时，电极上必然发生一系列以一定速率进行的过程，这些过程都或多或少地存在着阻力，要克服这些阻力，相应地需要一定的推动力，表现在电极电势上就出现种偏离，这就是电极发生极化的原因。不论原电池还是电解池，实际的阳极极化以后会使电势更正，实际的阴极极化后电势会更负。因此，不论阳极或阴极，极化都是为了克服过程的阻力电极付出的代价，其结果是电极过程更难于进行，即极化程度越大(超电势越大)，阳极上的氧化反应越难于进行，阴极上的还原反应越难于进行。

9.1.3　Tafel 公式

超电势 η 与电流密度的关系：$\eta = a + b\lg j$ 。式中，a 是一与电极材料，电极表面状态，溶液组成以及温度等有关的常数；b 对大多数的金属近似为一常数，常温下约为 0. 116V。当电流密度很小时，η 与 j 存在线性关系：$\eta = \varphi \cdot j$ ，ϕ 值与金属电极的性质有关。

9.1.4 电解时的电极反应

电解液中通常含有许多种离子，各种离子的析出电势一般并不相同。在电解时，阳极上优先极化电势最低的氧化反应，阴极上优先发生极化电极电势最高的还原反应。若外加电压很大，其他电极反应也可能同时进行。

9.2 知识脉络

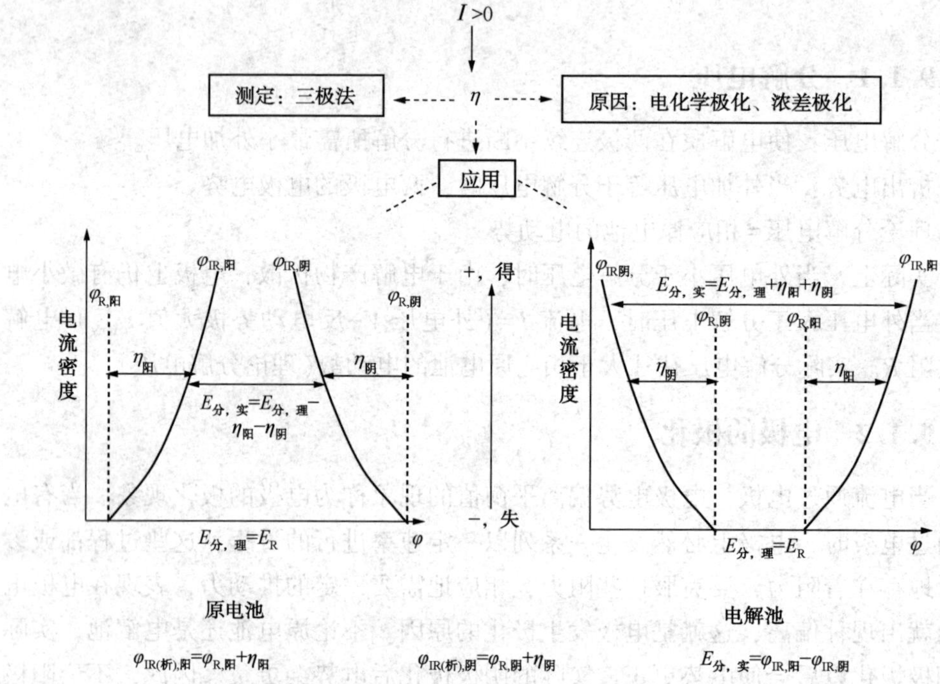

9.3 例题精解

9.3.1 选择题

1. 理论分解电压指(　　)

(A) 当电解质开始电解反应时，所必须施加的电小电压

(B) 当两极上析出的产物所组成的原电池的可逆电动势

(C) 大于实际分解电压

(D) 电解时阳极超电势与阴极超电势之和

答案：(B)

2. 对于 Tafel 公式的理解，下列说法错误的是(　　)

(A) Tafel 公式是电化学极化时，过电位与电流密度关系式

(B) 当极化电流很小时，该公式不适用

(C) Tafel 公式仅适用于阴极电化学极化时过电位与电流密度关系

(D) Tafel 公式也适用于阳极电化学极化时过电位与电流密度关系

答案：(C)

3. Tafel 公式 $\eta = a + b\lg j$ 中，j 的物理意义是(　　)

(A) 交换电流密度　　(B) 电极表面在还原方向的电流密度

(C) 极限电流密度　　(D) 电极与溶液界面上的净电流密度

答案：(A)

4. 室温下，用铂作电极电解 $1\text{mol}\cdot\text{dm}^{-3}$NaOH 溶液，阴极上发生的电极反应为(已知：$\varphi^{\ominus}_{Na|Na^+}=-2.71\text{V}$，$\varphi^{\ominus}_{O_2|OH^-}=0.40\text{V}$，$\varphi^{\ominus}_{H_2|OH^-}=-0.83\text{V}$)(　　)

(A) $Na^+ + e^- \rightarrow Na$　　(B) $H_2O + \frac{1}{2}O_2 + 2e^- \rightarrow 2OH^-$

(C) $2H_2O + 2e^- \rightarrow H_2 + 2OH^-$　　(D) $2H_2O \rightarrow 2H^+ + \frac{1}{2}O_2 + 2e^-$

解析：(A)(B)(C)三个反应可在阴极上进行，阴极上析出电势越正者越先析出。

答案：(C)

5. 298K 时，某溶液中含 $Ag^+(\alpha=0.05)$、$Ni^{2+}(\alpha=0.1)$、$H^+(\alpha=0.01)$ 等离子，已知 H_2 在 Ag、Ni 上的超电势分别为 0.20V、0.24V，$\varphi^{\ominus}_{Ag|Ag^+}=0.799\text{V}$，$\varphi^{\ominus}_{Ni|Ni^{2+}}=-0.250\text{V}$。当电解时外加电压从零开始逐渐增加，则在阴极上析出物质的顺序是(　　)

(A) Ag→Ni→Ni 上逸出 H_2　　(B) Ni→Ag→Ni 上逸出 H_2

(C) Ag→Ni→Ag 上逸出 H_2　　(D) Ni→Ag→Ni 上逸出 H_2

解析：$\varphi_{析,Ag^+} = \varphi^{\ominus}_{Ag|Ag^+} - \frac{RT}{F}\ln\frac{1}{\alpha_{Ag^+}} = \left[0.799 + \frac{8.314\times 298}{96500}\ln 0.05\right]\text{V} = 0.722\text{V}$

$$\varphi_{析,Ni^{2+}} = \varphi^{\ominus}_{Ni|Ni^{2+}} - \frac{RT}{2F}\ln\frac{1}{\alpha_{Ni^{2+}}} = \left[-0.250 + \frac{8.314\times 298}{2\times 96500}\ln 0.1\right]\text{V} = -0.280\text{V}$$

可见，Ag 先析出

$$\varphi_{析,H^+} = \varphi^{\ominus}_{H_2|H^+} - \frac{RT}{F}\ln\frac{1}{\alpha_{H^+}} - \eta_{Ag,H_2} = \left[\frac{8.314\times 298}{2\times 96500}\ln 0.1 - 0.20\right]\text{V} = -0.318\text{V}$$

可见 Ni 先析出，而后是 Ni 上析出 H_2

答案：(A)

6. 298K，0.1mol · dm^{-3}的 HCl 溶液中氢电极的热力学电势为-0.06V，电解此溶液时，氢在铜电极上的析出电势 φ 为(　　)

(A) 大于-0.06V　　(B) 等于-0.06V

(C) 小于-0.06V　　(D) 不能确定

解析：极化都是为了克服过程的阻力电极付出的代价，其结果是电极过程更难于进行，即极化程度越大(超电势越大)，阴极上的还原反应越难于进行。

答案：(C)

7. 将两个铂电极插入 0.1dm^3浓度为 3mol · dm^{-3}的氯化钾溶液中，在两极之间放置隔膜，并于两电极附近分别滴入几滴酚酞，通以直流电。片刻，观察到溶液中的显色情况是(　　)

(A) 阴极区显红色

(B) 阴极区和阳极区只有气泡冒出，均不显色

(C) 阳极区显红色

(D) 阴极区和阳极区同时显红色

解析：阴极反应：$2H_2O + 2e^- \rightarrow H_2 + 2OH^-$

答案：(A)

8. 将金属插入含该金属离子的溶液中，由于金属的溶解或溶液中金属离子在金属表面上沉积，可能使金属表面带上某种电荷，产生界面电势。若已知 $\varphi^{\ominus}_{Zn\,|\,Zn^{2+}} = -0.763V$，则金属锌表面上所带的电荷一定是(　　)

(A) 正电荷　　(B) 不带电荷，因为溶液始终是电中性的

(C) 负电荷　　(D) 无法判断，可能是正电荷也可能是负电荷

解析：带何种电荷与电极的极性有关，本题没有明确电极的极性，故无法判断。

答案：(D)

9. 铅蓄电池负极反应的交换电流密度，比正极反应的交换电流密度约小两个数量级，这表明(　　)

(A) 负极反应的恢复平衡的速率小，容易出现极化

(B) 正极反应的恢复平衡的速率大，容易出现极化

(C) 负极反应的恢复平衡的速率大，容易出现极化

(D) 正极反应的恢复平衡的速率小，容易出现极化

答案：(A)

10. 一贮水铁箱上被腐蚀了一个洞，今用一金属片焊接在洞外面以堵漏，为

了延长铁箱的寿命，选用哪种金属片为好？(　　)

(A)镀锡铁　　(B)铁片　　(C)铜片　　(D)锌片

解析：应选择电极电势比 $Fe|Fe^{2+}$ 的电极电势低的金属

答案：(D)

11. 为了防止金属的腐蚀，在溶液中加入阳极缓蚀剂，其作用是(　　)

(A)降低阳极极化程度　　(B)增加阳极极化程度

(C)降低阴极极化程度　　(D)增加阴极极化程度

解析：阳极缓蚀剂的作用是直接阻止阳极表面的金属进入溶液使阳极免于腐蚀，阳极极化程度增大

答案：(B)

12. 碳钢(为阳极)在碳铵溶液中的腐蚀属于(已知：$\varphi^{\ominus}_{H_2|OH^-}=-0.828V$，$\varphi^{\ominus}_{O_2|OH^-}=0.401V$)(　　)

(A)析氢腐蚀　　(B)化学腐蚀　　(C)吸氧腐蚀　　(D)浓差腐蚀

解析：$E^{\ominus}_{吸氧}=\varphi^{\ominus}_{O_2|OH^-}-\varphi^{\ominus}_{Fe|Fe^{2+}}$，$E^{\ominus}_{析氢}=\varphi^{\ominus}_{H_2|OH^-}-\varphi^{\ominus}_{Fe|Fe^{2+}}$，$E^{\ominus}_{吸氧}>E^{\ominus}_{析氢}$

答案：(C)

13. 电解混合电解液时，有一种电解质可以首先析出，它的分解电压等于下列差值中的哪一个？式中 $\varphi_{平}$，$\varphi_{阴}$，$\varphi_{阳}$ 分别代表电极的可逆电极电势和阴、阳极的实际析出电势。(　　)

(A) $\varphi_{平,阳}-\varphi_{平,阴}$　　(B) $\varphi_{阴}+\varphi_{阳}$

(C) $\varphi_{阳}$(最小) $-\varphi_{阴}$(最大)　　(D) $\varphi_{阳}$(最大) $-\varphi_{阴}$(最小)

答案：(C)

9.3.2 填空题

1. 超电势测量采用的是三电极体系，即研究电极、辅助电极和参比电极，其中辅助电极的作用是______；参比电极的作用是______。

答案：提供电流，使研究电极极化；测量研究电极的超电势值

2. 电池在不可逆放电时的电动势______可逆电池的电动势，在有电流通过电解池时，外加电压必须______可逆电池的电动势才能使电解连续进行。

答案：小于；大于

3. 实际电解时，在阴极上首先发生还原作用而放电的是______，在阳极上首先发生氧化作用而放电的是______。

答案：极化后实际的不可逆还原电极电势最大者；极化后实际的不可逆还原电极电势最小者

9.3.3 简答题

1. 什么叫电极极化和超电势？并解释超电势产生的原因。

答： 当电流通过电极，电极电势偏离平衡值的现象称为电极的极化现象。当有电流通过电极时，电极上必然发生一系列以一定速率进行的过程，这些过程都或多或少地存在着阻力，要克服这些阻力，相应地需要一定的推动力，表现在电极电势上就出现种偏离，这就是电极发生极化的原因。不论原电池还是电解池，实际的阳极极化以后会使电势更正，实际的阴极极化后电势会更负。因此，不论阳极或阴极，极化都是为了克服过程的阻力电极付出的代价，其结果是电极过程更难于进行，即极化程度越大（超电势越大），阳极上的氧化反应越难于进行，阴极上的还原反应越难于进行。

2. 原电池和电解池有什么不同？

答： 原电池是把化学能转变为电能的装置。它利用 $\Delta_r G_m < 0$ 的化学反应自发地进行，产生电能；而电解池是把电能转化为化学能的装置，它利用环境加给系统的电能促使 $\Delta_r G_m > 0$ 的化学反应发生，从而制得化学产品（如电解水产生氢和氧）或进行其他化学工艺过程（如电镀）。

原电池的阳极为负极（氧化反应），阴极为正极（还原反应）；而电解池的阳极为正极（氧化反应），阴极为负极（还原反应）。

3. 试阐述浓差极化及其对电解过程的影响。

答： 浓差极化是由于电解过程中电极附近的离子浓度和本体溶液浓度产生了差别而引起的。由于浓度差别所引起的极化称为浓差极化。

对于阴极，当没有电流通过时，$\varphi_R = \varphi^\ominus - \dfrac{RT}{zF}\ln\dfrac{1}{\alpha_R}$

有电流通过时，设电极附近的溶度为：$\alpha_{IR}(\alpha_{IR} < \alpha_R)$ $\varphi_{IR} = \varphi^\ominus - \dfrac{RT}{zF}\ln\dfrac{1}{\alpha_{IR}}$

$$\eta_{阴} = \varphi_R - \varphi_{IR} = \frac{RT}{zF}\ln\frac{\alpha_R}{\alpha_{IR}} > 0$$

这使得阴极实际操作的电极电势比按本体浓度计算的理论值低；同样可以证明极化使阳极实际操作的电极电势比按本体浓度计算的理论值高。总体效果是分解电压提高。即 $E_{分解} = E_R + \eta_{阴} + \eta_{阳}$。

4. 在铁锅里放一点水，哪一个部位最新出现铁锈？为什么？

答： 水面附近的容易发生腐蚀。金属电化学腐蚀的类型主要决定于组成的原电池，金属发生腐蚀是被氧化，作阳极；暴露在空气中时，阴极反应可能有两种情况：一是阴极上仅仅析出氢气，组成原电池（1），称为析氢腐蚀；另一种是氧气参与反应，组成原电池（2），称为耗氧腐蚀。由于 $E_2 > E_1$，所以耗氧腐蚀比较严重。

E_1：Fe(s) | $Fe^{2+}(\alpha_1)$, H^+ (aq) | Cu(s) (铁中杂质)

E_2：Fe(s) | $Fe^{2+}(\alpha_1)$, Fe^{3+} , H^+ (aq) | O_2, Cu(s)

5. 为什么海轮要比江轮采取更有效的防腐措施?

答：金属表面与介质如潮湿空气或电解质溶液等形成微电池，金属作为阳极发生氧化而使金属发生腐蚀，这种由于电化学作用引起的腐蚀称为电化学腐蚀。相比江水，海水中含有更多种类的电解质，因此更容易发生电化学腐蚀。

6. 在氯碱工业中电解 NaCl 水溶液，获得氢气、氯气和氢氧化钠等化工原料。为什么电解时用石墨作阳极?

答：因为氧气在石墨上有很大的超电势，无法析出，所以在阳极上可以获得氯气作为化工原料。如果用其他材料，氧气超电势小，很可能阳极上析出的是氧气而不是氯气。

9.3.4 计算题

1. 298.2K 时，用金屋铂电极电解 Pb^{2+} 和 Sn^{2+} 的混合水溶液，若使 Pb 和 Sn 在阴极上共同沉积，则应调整两金属离子活度比 $\alpha_{Sn^{2+}}/\alpha_{Pb^{2+}}$ 为多少? 已知 $\varphi^{\ominus}_{Pb^{2+}|Pb} = -0.126V$, $\varphi^{\ominus}_{Sn^{2+}|Sn} = -0.136V$, 且超电势 $\eta_{Pb} = \eta_{Sn}$ 。

解：$\varphi_{Pb^{2+}|Pb} = \varphi_{Sn^{2+}|Sn} \Rightarrow \varphi^{\ominus}_{Pb^{2+}|Pb} + \frac{RT}{2F}\ln\alpha_{Pb^{2+}} - \eta_{Pb} = \varphi^{\ominus}_{Sn^{2+}|Sn} + \frac{RT}{2F}\ln\alpha_{Sn^{2+}} - \eta_{Sn}$

$$-0.126 + \frac{8.314 \times 298.2}{2 \times 96500}\ln\alpha_{Pb^{2+}} - \eta_{Pb} = -0.136 + \frac{8.314 \times 298.2}{2 \times 96500}\ln\alpha_{Sn^{2+}} - \eta_{Sn}$$

$\alpha_{Sn^{2+}}/\alpha_{Pb^{2+}} = 2.18$

2. 25℃、100kPa 时，某混合溶液中，$CuCl_2$ 浓度为 $0.5mol \cdot kg^{-1}$，HCl 浓度为 $0.01mol \cdot kg^{-1}$，用 Pt 电极电解，若 $H_2(g)$ 在 Cu(s) 上的超电势为 0.2V，问当外加电压增加到有 $H_2(g)$ 在电极上析出时溶液中所余 Cu^{2+} 浓度为多少? 已知 $\varphi^{\ominus}_{Cu^{2+}|Cu} = 0.34V$。

解：阴极反应

(1) $Cu^{2+} + 2e^- \rightarrow Cu$ (2) $H^+ + e^- \rightarrow \frac{1}{2}H_2$

$$\varphi_{H^+|H_2} = \varphi_{Cu^{2+}|Cu} \Rightarrow \varphi^{\ominus}_{Cu^{2+}|Cu} + \frac{RT}{2F}\ln\alpha_{Cu^{2+}} = \frac{RT}{F}\ln\alpha_{H^+} - \eta$$

$$0.34 + \frac{8.314 \times 298}{2 \times 96500}\ln\alpha_{Cu^{2+}} = \frac{8.314 \times 298}{96500}\ln 0.01 - 0.2$$

$\alpha_{Cu^{2+}} = 5.38 \times 10^{-23} \Rightarrow m_{Cu^{2+}} = 5.38 \times 10^{-23} mol \cdot kg^{-1}$

3. 在 298K 和标准压力下，以 Pt 为阴极，石墨为阳极，电解含有 0.01mol · kg^{-1} $CdCl_2$及 0.02mol · kg^{-1} $CuCl_2$的混合水溶液。若电解过程中超电势可忽略不计，试问：(设活度因子均为 1)

(1) 何种金属先在阴极析出？(2) 第二种金属析出时，至少需要加多少电压？(3) 当第二种金属析出时，计算第一种金属在溶液中的浓度？已知：$\varphi^{\ominus}_{Cu^{2+}|Cu}=0.34V$，$\varphi^{\ominus}_{Cd^{2+}|Cd}=0.34V$，$\varphi^{\ominus}_{Cl^-|Cl_2}=1.36V$，$\varphi^{\ominus}_{O_2|H_2O,H^+}=1.229V$。

解：(1) 在阴极析出的金属可能是：Cd(s) 和 Cu(s)

$Cu^{2+}+2e^-\rightarrow Cu$

$$\varphi_{Cu^{2+},析}=\varphi^{\ominus}_{Cu^{2+}|Cu}+\frac{RT}{2F}\ln\alpha_{Cu^{2+}}=\left[0.337+\frac{8.314\times 298.2}{2\times 96500}\ln 0.02\right]V=0.287V$$

$Cd^{2+}+2e^-\rightarrow Cd$

$$\varphi_{Cd^{2+},析}=\varphi^{\ominus}_{Cd^{2+}|Cd}+\frac{RT}{2F}\ln\alpha_{Cd^{2+}}=\left[-0.40+\frac{8.314\times 298.2}{2\times 96500}\ln 0.01\right]V=-0.459V$$

$\varphi_{Cd^{2+},析}<\varphi_{Cu^{2+},析}$，$Cu^{2+}$先还原成 Cu(s) 析出

(2) 在阳极上可能发生的反应为：

$2Cl^- - 2e^-\rightarrow Cl_2(p^{\ominus})$

$$\varphi_{Cl^-,析}=\varphi^{\ominus}_{Cl^-|Cl_2}-\frac{RT}{F}\ln\alpha_{Cl^-}=\left[1.36-\frac{8.314\times 298.2}{96500}\ln 0.06\right]V=1.4323V$$

$2H_2O-4e^-\rightarrow O_2(p^{\ominus})+4H^+$

$$\varphi_{O_2|H^+}=\varphi^{\ominus}_{O_2|H^+}+\frac{RT}{F}\ln\alpha_{H^+}=\left[1.229+\frac{8.314\times 298.2}{96500}\ln 10^{-7}\right]V=0.815V$$

或可以写成

$$2\,OH^- - 2e^-\rightarrow \frac{1}{2}O_2+H_2O$$

$$\varphi_{O_2|OH^-}=\varphi^{\ominus}_{O_2|OH^-}-\frac{RT}{F}\ln\alpha_{OH^-}=\left[0.401-\frac{8.314\times 298.2}{96500}\ln 10^{-7}\right]V=0.815V$$

$\varphi_{O_2,析}<\varphi_{Cl^-,析}$，$O_2$先析出

因为在阳极上电极电势小的先析出，所以 O_2先析出，但当阴极上 0.02mol · kg^{-1}的 Cu^{2+}完全析出时，在阳极上就形成 0.04mol · kg^{-1} H^+，所以这时

$$\varphi_{O_2,析}=\varphi^{\ominus}_{H^+|O_2}+\frac{RT}{F}\ln\alpha_{H^+}=\left[1.23+\frac{8.314\times 298.2}{96500}\ln 0.04\right]V=1.147V$$

$$E=\varphi_{O_2,析}-\varphi_{Cu^{2+},析}=[1.147+0.459]V=1.606V$$

(3) $\varphi_{Cd^{2+},析}=\varphi_{Cu^{2+},析}\Rightarrow -0.459V=0.337+\dfrac{8.314\times 298.2}{96500}\ln\alpha_{Cu^{2+}}$

$$\alpha_{Cu^{2+}}=1.186\times 10^{-27}\Rightarrow m_{Cu^{2+}}=1.186\times 10^{-27}\,mol\cdot kg^{-1}$$

4. 在 298K 和标准压力下，用 Pt 电极电解 $1.0\text{mol}\cdot\text{kg}^{-1}$ 的 NaCl 中性水溶液。(1)在可逆情况下，在阴、阳极上先析出何种物质？分解电压是多少？(2)在不可逆情况下，阴、阳极上先析出何种物质？分解电压是多少？已知：$\eta_{H_2}=0$，$\eta_{O_2}=0.64\text{V}$，$\varphi^{\ominus}_{Na^+|Na}=-2.71\text{V}$，$\varphi^{\ominus}_{Cl^-|Cl_2}=1.36\text{V}$，$\varphi^{\ominus}_{OH^-|O_2}=0.401\text{V}$。

解：(1) 可逆过程

阴极：$2H^+(\alpha_{H^+})+2e^-\rightarrow H_2(g)$

$$\varphi_{H^+,析}=\varphi^{\ominus}_{H^+|H_2}+\frac{RT}{F}\ln\alpha_{H^+}=\left[\frac{8.314\times298}{96500}\ln10^{-7}\right]\text{V}=-0.4138\text{V}$$

$Na^+(\alpha_{Na^+})+e^-\rightarrow Na(s)$

$$\varphi_{Na^+,析}=\varphi^{\ominus}_{Na^+|Na}-\frac{RT}{F}\ln\frac{1}{\alpha_{Na^+}}=\left[-2.71-\frac{8.314\times298}{96500}\ln\frac{1}{1}\right]\text{V}=-2.71\text{V}$$

$\varphi_{H^+,析}>\varphi_{Na^+,析}$，阴极上 H_2 先析出。

阳极：$2OH^-(\alpha_{OH^-})-2e^-\rightarrow\frac{1}{2}O_2(g)+H_2O$

$$\varphi_{OH^-,析}=\varphi^{\ominus}_{OH^-|O_2}-\frac{RT}{F}\ln\alpha_{OH^-}+\eta_{O_2}=\left[0.401-\frac{8.314\times298}{96500}\ln10^{-7}+0.64\right]\text{V}$$
$$=1.4548\text{V}$$

$2Cl^-(\alpha_{Na^+})-2e^-\rightarrow Cl_2(g)$

$$\varphi_{Cl^-,析}=\varphi^{\ominus}_{Cl^-|Cl_2}-\frac{RT}{F}\ln\alpha_{Cl^-}=\left[1.36-\frac{8.314\times298}{96500}\ln1\right]\text{V}=1.36\text{V}$$

$\varphi_{OH^-,析}>\varphi_{Cl^-,析}$，阳极 Cl_2 先析出

$E_分=\varphi_{Cl^-,析}-\varphi_{H^+,析}=[1.36+0.4138]\text{V}=1.7738\text{V}$

(2)不可逆过程

阴极：与可逆过程相同，H_2 先析出。

阳极：
$$\varphi_{OH^-,析}=\varphi^{\ominus}_{OH^-|O_2}-\frac{RT}{F}\ln\alpha_{OH^-}+\eta_{O_2}$$
$$=\left[0.401-\frac{8.314\times298}{96500}\ln10^{-7}+0.64\right]\text{V}=1.4548\text{V}$$

$$\varphi_{Cl^-,析}=\varphi^{\ominus}_{Cl^-|Cl_2}-\frac{RT}{F}\ln\alpha_{Cl^-}+\eta_{Cl_2}=\left[1.36-\frac{8.314\times298}{96500}\ln1\right]\text{V}=1.36\text{V}$$

$\varphi_{OH^-,析}>\varphi_{Cl^-,析}$，阳极 Cl_2 先析出

$E_分=\varphi_{Cl^-,析}-\varphi_{H^+,析}=[1.36+0.4138]\text{V}=1.7738\text{V}$

5. 25℃时，H^+ 在 Fe 电极上放电的超电势 $\eta_{H_2}=0.35\text{V}$，Fe^{2+} 在 Fe 电极上放电的超电势可忽略不计。某电解液中 Fe^{2+} 离子活度 $\alpha_{Fe^{2+}}=0.8$，电解时不希望 H_2 在电极上析出，试计算溶液的 pH 值最低要保持多少？已知 25℃时 $\varphi^{\ominus}_{Fe^{2+}|Fe}=-0.440\text{V}$。

解：

$$\varphi_{Fe^{2+},析}=\varphi^{\ominus}_{Fe^{2+}|Fe}+\frac{RT}{zF}\ln\alpha_{Fe^{2+}}=\left[-0.440+\frac{8.314\times298}{2\times96500}\ln0.8\right]V=-0.4429V$$

$$\varphi_{H^+,析}=\varphi^{\ominus}_{H^+|H_2}+\frac{RT}{zF}\ln\alpha_{H^+}-\eta_{H_2}=\left[-\frac{2.303\times8.314\times298}{96500}pH-0.35\right]V$$

$$=[-0.05916pH-0.35]\ V$$

$$\varphi_{Fe^{2+},析}>\varphi_{H^+,析}\Rightarrow-0.4429>-0.05916\times pH-0.35\Rightarrow pH>1.57$$

6. 在 298K 时，用 Pb(s) 电极来电解 H_2SO_4 溶液（$0.10mol\cdot kg^{-1}$，$\gamma_{\pm}=0.265$），若在电解过程中把 Pb 阴极与另一摩尔甘汞电极相连组成原电池，测得其电动势 $E=1.0685V$。试求 $H_2(g)$ 在 Pb 阴极上的超电势（只考虑 H_2SO_4 的一极电离）。已知 $\varphi_{甘汞}=0.2802V$。

解： 电解池中的阴极即原电池中的阳极

$$E=\varphi_{甘汞}-\varphi_{Pb}\Rightarrow\varphi_{Pb}=\varphi_{甘汞}-E=[0.2802-1.0685]\ V=-0.7883V$$

$$\varphi_{Pb}=\varphi_{H^+|H_2}=\frac{RT}{F}\ln\alpha_{H^+}-\eta\Rightarrow-0.7883V$$

$$=\left[\frac{8.314\times298}{96500}\ln(0.1\times0.265)-\eta\right]V\Rightarrow\eta=0.695V$$

7. 298K 时，用铂电极电解 $1mol\cdot dm^{-1}$ 的 H_2SO_4（不考虑活度系数）

（1）计算理论分解电压；（2）若两电极面积均为 $1cm^2$，电解液电阻为 100Ω，H_2 和 O_2 的超电势 η(V) 与电流密度 $j(A\cdot cm^{-2})$ 的关系分别为：$\eta_{H_2}=0.472+0.118\lg j$；$\eta_{O_2}=1.062+0.118\lg j$。

问当通过的电流为 1mA 时，外加电压为若干？已知：$\varphi^{\ominus}_{O_2|H_2O,H^+}=1.229V$。

解： $E_{理论}=E^{\ominus}=\varphi^{\ominus}_{O_2|H_2O,H^+}-\varphi^{\ominus}_{H^+|H_2}=1.229V$

$E_{外}=E_{理论}+IR+\eta_{H_2}+\eta_{O_2}=2.155V$

8. 298K 时，某钢铁容器内盛 pH 为 3.0 的溶液，试通过计算说明此时钢铁容器是否会被腐蚀？假定容器内 Fe^{2+} 浓度超过 $10^{-6}mol\cdot dm^{-3}$ 时，则认为容器已被腐蚀。

（已知：$\varphi^{\ominus}_{Fe^{2+}|Fe}=-0.4402V$，$H_2$ 在铁上析出时的超电势为 0.40V。）

解： 电极反应及电池反应为

$(-)$：$Fe(s)-2e^-\rightarrow Fe^{2+}(\alpha_{Fe^{2+}})$

$(+)$：$2H^+(\alpha_{H^+})+2e^-\rightarrow H_2(p^{\ominus})$

总：$Fe(s)+2H^+(\alpha_{H^+})\rightarrow Fe^{2+}(\alpha_{Fe^{2+}})+H_2(p^{\ominus})$

$$\varphi_{Fe^{2+},析}=\varphi^{\ominus}_{Fe^{2+}|Fe}+\frac{RT}{2F}\ln\alpha_{Fe^{2+}}=-0.6175V$$

$$\varphi_{H^+,析} = \varphi^{\ominus}_{H^+|H_2} + \frac{RT}{F}\ln\alpha_{H^+} - \eta = -\frac{2.303RT}{F}pH - 0.40 = -0.577V$$

$E = \varphi_+ - \varphi_- = [-0.577 + 0.6175]V = 0.04V$

$\Delta_r G_m = -zEF < 0 \Rightarrow$ 可自发反应，即会被腐蚀。

9. 某溶液中含有 $1mol \cdot kg^{-1}$ 的 $Zn(NO_3)_2$ 和 $1mol \cdot kg^{-1}$ 的 $Cu(NO_3)_2$，pH 为 4.0，该溶液在 298K 用光滑的 Pt 片作为电极。试问当阴极电势达 $-0.30V$ 时，阴极上发生什么反应？这时溶液中残余的 Cu^{2+} 浓度为多少？已知 H_2 在光滑 Pt 片和 Cu 片上的超电势分别为 0.1V 和 0.2V，$\varphi^{\ominus}_{Zn^{2+}|Zn} = -0.768V$，$\varphi^{\ominus}_{Cu^{2+}|Cu} = 0.337V$。假设不考虑其活度系数的影响，且溶液中 H^+ 浓度均一。

解： $\varphi_{Zn^{2+},析} = \varphi^{\ominus}_{Zn^{2+}|Zn} = -0.768V < -0.30V \Rightarrow$ Zn 不会析出

$\varphi_{Cu^{2+},析} = \varphi^{\ominus}_{Cu^{2+}|Cu} = 0.337V > -0.30V \Rightarrow$ Cu 会析出

$$-0.30V = \varphi_{Cu^{2+},析} = \varphi^{\ominus}_{Cu^{2+}|Cu} + \frac{RT}{zF}\ln m_{Cu^{2+}} \Rightarrow m_{Cu^{2+}} = 2.919 \times 10^{-22} mol \cdot kg^{-1},$$

即 Cu 完全析出

$H_2O - 2e^- \rightarrow 2H^+ + \frac{1}{2}O_2(g)$，即 Cu 完全析出时阳极有 $2mol \cdot kg^{-1}$ 的 H^+ 产生

$m_{H^+} = [2 + 10^{-4}] mol \cdot kg^{-1} \approx 2mol \cdot kg^{-1}$

$$\varphi_{H^+,析} = \varphi^{\ominus}_{H^+|H_2} + \frac{RT}{F}\ln m_{H^+} - \eta_{Cu,H_2} = \left[\frac{8.314 \times 298}{96500}\ln 2 - 0.2\right]V = -0.1822V > -0.30V$$

故 H_2 也在阴极析出。

§ 10 化学动力学基础

10.1 重要知识点

10.1.1 反应速率方程 $r = c_A^{\alpha} c_B^{\beta} c_C^{\gamma} \cdots$

反应速率及速率方程式的表示：根据不同的研究需要，有平均速率 $\left(r = \pm\frac{\Delta c}{\Delta t}\right)$ 、瞬间速率(也称即时速率，$r = \pm\frac{dc}{dt}$)。研究反应的速率规律，不但要写出反应速率，还必须写出反应的速率方程式。

广义地说，表示反应速率与影响它的各种因素(如浓度、温度、溶剂、各种场…)的关系方程称反应速率方程，但实际上能同时包括各种因素的方程具体形式是很难表述的，在动力学所研究的速率方程中有 $r=f(c)$ 、$r=f(t)$ 、$r=f(T)$ 等各种形式，其中，在一定温度下化学反应速率与反应物浓度间关系的方程是研究的重点。

对基元反应，速率方程可以根据基元反应的质量作用定律来描述(即在恒定的温度下，基元反应的速率与所有反应物浓度的幂乘积成正比 $r = kc_A^{\alpha} c_B^{\beta} c_C^{\gamma}$ ，其中幂指数恰是反应式中各相应物质的反应分子数)；对非基元反应，有的速率方程会很复杂 $r = kc_A^{\alpha} c_B^{\beta} c_C^{\gamma} \cdots$ ，对某些化学反应，若是用实验方法来确定的速率方程称为“经验速率方程”，若是由反应机理推导出的速率方程称为“机理速率方程”。

除浓度外，在其他因素不变时，对于定温下反应速率与浓度间的速率方程 $r=f(c)$ 转化的浓度与时间的函数关系式 $c=f(t)$ ，也称“动力学方程”。

10.1.2 反应级数 *n*

① 反应级数可为正整数、分数、零或负数，但有些复合反应(如 $H_2+Br_2 = 2HBr$)的速率方程，反应速率与反应物浓度之间无简单的级数关系。必须注意，只有速率方程符合 $r = kc_A^{\alpha} c_B^{\beta} c_C^{\gamma} \cdots$ 形式的反应才有反应级数可言，$n = \alpha + \beta + \gamma$ 。

② 反应级数与反应分子数的区别：对于基元反应，反应级数为正整数且等

于反应分子数。但有些反应的速率方程形式看起来符合质量作用定律，但它却不是基元反应(如 $H_2 + I_2 = 2HI$，其速率方程为 $r = kc_{H_2}c_{I_2}$，它是复合反应)，此时的反应级数就不能说是反应分子数。只有基元反应才具有反应分子数的概念。

③ 确定反应级数是动力学研究的一个重点，对宏观的化学反应而言，它需由实验来确定。可以用微分法、积分法、半衰期法、孤立法等来确定。对于指定的化学反应，级数可因反应条件的变化而发生改变，如当反应过程中某些反应物的浓度变化极小或甚至不变时，可作为常数与速率系数合并(总反应级数称为“假级数”、“准级数”，如酯的水解、蔗糖在酸催化下水解等反应)，对反应级数的确定有助于确定反应速率方程。

10.1.3 速率常数 k

对不同化学反应进行比较时，速率常数 k 往往可以表示反应的快慢。它等于系统中各物质浓度均为单位浓度时的反应速率，其值决定于反应的温度、催化剂的种类及浓度、溶剂种类等。在动力学研究中，k 是人们最关心的物理量之一。与一般物理量相比，它的主要特点是没有固定的单位，其单位随反应级数不同而不同。

10.1.4 阿仑尼乌斯(Arrheius)方程

Arrheius 理论建立了速率系数(k)与温度(T)的经验关系式，提出了活化状态及“活化能”(E_a)的概念。$k = A\exp\left(-\frac{E_a}{RT}\right)$ 虽然是经验式，但 Arrheius 理论却为其他的速率理论发展奠定了基础，许多动力学的问题，至今还需借助 Arrheius 理论进行计算，从而解决实际问题。

使用 Arrheius 公式时须注意以下几点：

① Arrheius 经验式适用于基元反应和大部分非基元反应，对于爆炸反应和光化反应不适用。

② 同一反应，反应温度越高，反应速率受温度的影响越小；不同反应，活化能越大，反应受温度影响越大，温度越高，对活化能大的反应有利。

③ 活化能只对基元反应才有明确的物理意义，是活化分子的平均能量与反应物分子平均能量之差。对复合反应，活化能只是一个表观量，称为表观活化能。有些表观活化能等于各基元反应活化能的代数和。

④ 在对峙反应中，若反应时，系统的体积不发生变化，反应热效应为 $Q_V = \Delta U = E_{a,正} - E_{a,逆}$ (认为活化能是热力学能的一部分)；若将对峙基元反应的平衡

常数 $K = k_{正} / k_{逆}$ 与等压方程共同考虑时，即在等压情况下，反应热效应为 $Q_p = \Delta H = E_{a,正} - E_{a,逆}$。

10.1.5 碰撞理论

碰撞理论从物质的微观运动出发解决碰撞频率的计算，同时认为只有相对碰撞动能大于一定值时，才能发生反应，将此能量界限引入速率计算，提出了“阈能”(E_c)的概念。

(1) 双分子气体反应的碰撞频率 Z

同种分子 $$Z_{AA} = 2\pi d^2 L^2 \sqrt{\frac{RT}{\pi M_A}} c_A^2$$

不同分子 $$Z_{AB} = \pi d^2 L^2 \sqrt{\frac{8RT}{\pi \mu_M}} c_A c_B \quad 其中 \quad \mu_M = \frac{M_A M_B}{M_A + M_B}$$

(2) 双分子气体反应速率

同种分子 $$k = 2\pi d^2 L \sqrt{\frac{RT}{\pi M_A}} \exp\left(-\frac{E_c}{RT}\right)$$

不同分子 $$k = \pi d^2 L \sqrt{\frac{8RT}{\pi \mu_M}} \exp\left(-\frac{E_c}{RT}\right)$$

碰撞理论的贡献：

① 简单碰撞理论直观、易理解，从理论上解释了基元反应的质量作用定律和指数定律；

② 指出 Arrheius 公式中 E_a 与 T 有关：$E_a = E_c + \frac{1}{2}RT$ 比 Arrheius 式更准确；

③ 解释了 Arrheius 公式中 A、$e^{-\frac{E_a}{RT}}$ 的物理意义：$A = \frac{Z_{AB}}{L}$ 表明 Arrheius 式中 A 是与碰撞频率有关的物理量，故又称为频率因子；$e^{-\frac{E_a}{RT}} \approx e^{-\frac{E_c}{RT}} = \frac{Z_{AB}(\varepsilon_c)}{Z_{AB}} = q$。

10.1.6 过渡态理论

过渡状态理论从物质的微观结构及微观运动的观点出发，考虑在基元反应中粒子(质点)位能的变化，从而解决速率理论的计算问题，提出了“活化过渡状态”和“能垒”(E_b)的概念。

$$k_c = \frac{k_B T}{h}(c^{\ominus})^{1-n} \exp\left(\frac{\Delta_r^{\neq} S_m^{\ominus}}{R}\right) \exp\left(\frac{-\Delta_r^{\neq} H_m^{\ominus}}{RT}\right)$$

其中 k_B 为玻耳兹曼常量；h 为普朗克常量；$\Delta_r^{\neq}S_m^{\ominus}$ 为活化熵，$\Delta_r^{\neq}H_m^{\ominus}$ 为活化焓。

过渡态理论的贡献：过渡态理论原则上可以从原子结构的光谱数据和势能面计算宏观反应的速率常数。它对 Arrheius 公式中的指前因子作了理论说明，认为它与反应的活化熵有关。从势能面上可形象地说明为什么反应需要活化能，以及反应途径的能量最低原理等。

10.1.7 影响反应速率的各种因素

① 温度　研究温度对反应速率的影响应用最广泛的是阿伦尼乌斯公式。但阿伦尼斯理论认为活化能与温度无关，而事实上活化能与温度有关，精确的实验表明，在温度变化范围很小时，E_a 与温度有关，在温度变化范围大时，E_a 随温度的变化就更为明显。在一般要求不高的计算中，多数将 E_a 视为与温度无关的量。

② 浓度　在固定温度的情况下，浓度对速率的影响表现在以 $r=f(c)$ 的微分速率方程中，在计算时，要变换成 $c=f(t)$ 形式的积分式动力学方程。

③ 溶剂　在溶液中进行反应由于溶剂的干扰，要比气相反应复杂。笼效应是由于溶剂分子的物理阻隔引起的，原盐效应是由于溶液中的离子强度造成的。另外溶剂的介电常数、溶剂的极性和溶剂化效应都可能影响化学反应的速率。这里需要区别盐效应与原盐效应。盐效应是指在非电解质的水溶液中，加入电解质盐而引起非电解质溶解度的变化。如果溶解度减小，称为盐析作用；如果溶解度增加，就称为盐溶作用。

④ 催化剂　催化剂是指能明显改变反应速率，但反应结束后其数量和化学性质不发生变化的物质。催化剂的通性：(a) 反应后，催化剂的某些物理性质可能会发生改变；(b) 催化剂不能改变反应的热力学性质，因此催化剂虽然能改变原来的反应机理和反应活化能(有时也改变指前因子)，从而改变反应的速率常数，但它却无法改变反应的方向和限度；(c) 对反应具有特殊选择性。

⑤ 光　光化学反应是一类特殊的化学反应，热化学反应的许多动力学和热力学处理方法都不适用于光化学反应。光化学反应不遵守 Gibbs 函数减少原理，其反应速率与吸光强度有关而与反应温度基本无关，因此光化学反应速率方程中含有吸光强度。光化学反应的平衡浓度与光的波长和强度有关。平衡常数 $K^{\ominus}$ 不只是温度的函数，同时与光的波长和强度有关且 $K^{\ominus} \neq \exp\left(-\dfrac{\Delta_r G_m^{\ominus}}{RT}\right)$，而对峙光化学反应 $K^{\ominus}(c^{\ominus})^{\sum_B \nu_B} \neq k_1/k_2$。

10.1.8 简单级数反应的动力学特征

简单级数反应的速率公式及特征

r(微分式)	r(积分式)	线性关系	$t_{1/2}$	$t_{1/2}:t_{3/4}:t_{7/8}$	k 单位
$r=k_1c_A$	$\ln\frac{a}{a-x}=k_1t$	$\ln\frac{1}{a-x}\sim t$	$\frac{\ln2}{k_1}$	1：2：3	$[t]^{-1}$
$r=k_2c_Ac_B$ $(a=b)$	$\frac{1}{a-x}-\frac{1}{a}=k_2t$	$\frac{1}{a-x}\sim t$	$t_{1/2}=\frac{1}{k_2a}$	1：3：7	$[c]^{-1}\cdot[t]^{-1}$
$r=k_3c_Ac_Bc_C$ $(a=b=c)$	$\frac{1}{2}\left[\frac{1}{(a-x)^2}-\frac{1}{a^2}\right]=k_3t$	$\frac{1}{(a-x)^2}\sim t$	$\frac{3}{2}\frac{1}{k_2a^2}$	1：5：21	$[c]^{-2}\cdot[t]^{-1}$
$r=k_0$	$x=k_0t$	$x\sim t$	$\frac{a}{2k_0}$	$\frac{1}{2}:\frac{3}{4}:\frac{7}{8}$	$[c]\cdot[t]^{-1}$
$r=kc_A^n$	$\frac{1}{n-1}\left[\frac{1}{(a-x)^{n-1}}-\frac{1}{a^{n-1}}\right]=k_nt$	$\frac{1}{(a-x)^{n-1}}\sim t$	$A\frac{1}{a^{n-1}}$		$[c]^{1-n}\cdot[t]^{-1}$

10.1.9 复合反应的动力学特征

复合反应动力学处理的关键是抓住反应机理，根据特点写出速率方程式，再整理化简，用 $c=f(t)$ 的动力学方程表征。如对峙反应，无论是1-1、1-2、2-1、2-2型，其特点都是经过足够长时间达到平衡时，正、逆反应的速率相等，产物生成速率等于正反应速率和逆反应速率之差。据此来求解动力学方程。对于平行反应，无论是一级还是二级，它的总反应速率等于同时进行各反应的速率之和，且推导得出的速率方程和动力学方程与同级的简单级数反应的速率方程和动力学方程类似。加入选择性好的催化剂可以改变生成物的比例；提高温度有利于活化能大的反应。而连串反应，由于前一基元反应的产物是后一步基元反应的反应物，可根据基元反应的质量作用定律写出速率方程，并求解各种物质在 t 时刻的浓度。

10.1.10 稳态近似和平衡假设

对复杂动力学问题处理时常常用到稳态近似和平衡假设法。用稳态近似处理时必须符合反应迅速达到稳定态、活泼中间产物(一般为自由原子或自由基)的浓度比反应物及产物浓度都小得多，不能认为凡是活泼中间产物就可以用稳态法处理。用平衡假设法时，在复合反应中必须包括有能迅速达到化学平衡的可逆反应，其反应后存在的基元反应是慢反应(速率很小)，是决速步骤。使用两种方法时需要注意以下三个问题：① 对一些反应(如爆炸反应)，不可使用稳态近似和平衡假设；② 对一个反应，若两种方法均可以使用时，应优先使用平衡假设；③ 一般优先选择参与决速步反应且在整个机理中出现次数较少的反应物或产物来描述反应速率。

10.1.11 反应机理的确定

确定反应机理时要考虑速率、能量、结构三个方面的因素，在化学动力学基础学习中，一般只要求能利用化学反应历程推导出速率方程，求出活化能，并与实验结果相比较。必须指出，最终机理的确定还需要通过新的实验，包括对中间产物的定性、定量鉴定等。

10.2 基本结构

	内　容	定义或注意事项
	反应速率	$r \overset{\text{def}}{=\!=} \frac{1}{V}\frac{d\xi}{dt} = \frac{1}{\nu_B}\frac{dc_B}{dt}$
	速率方程	$r = kc_A^{\alpha}c_B^{\beta}c_C^{\gamma}\cdots$
	基元反应，反应分子数、反应级数	宏观上一步直接实现的反应为基元反应 $n = \alpha + \beta + \gamma$
	速率常数及活化能	$k = A\exp\left(-\frac{E_a}{RT}\right)$
	碰撞和有效碰撞	反应性碰撞为有效碰撞
	势能面、过渡态、活化熵	过渡态：活化络合物在马鞍点上所处的状态 活化熵：从反应物到过渡态的熵变
基本概念	阈能(E_c)、能垒(E_b)、零点活化能(E_0)	$E_b = L[E_p(S) - E_p(R)]$ $E_0 = E_b + \left[\frac{1}{2}h\nu_0^{\neq} - \frac{1}{2}h\nu_0(R)\right]$ (S—过渡态；R—反应物)(如图 10-1)
	对峙反应、平行反应、连续反应、链反应	链反应：① 自由基参与反应的始、终，并满足稳态处理的条件。② 反应过程中至少包含一个闭合循环，即某些活化中间物若在前一步骤中消耗，必须在后一步骤中再生。③ 分数级数常常出现在链反应速率方程中。④ 支链反应是发生化学爆炸的原因之一。
	速控步、速决步	速决步：起始步骤决定总反应的速率 速控步：反应速率的控制步骤
	稳态近似法、平衡假设法	平衡假设法优先

续表

	内　容	定义或注意事项
基本概念	溶剂化效应、笼效应、遭遇	溶剂对反应速率的影响包括物理作用和化学作用两个方面。前者包括离解、传能与传质和介电作用等。后者包括催化、形成氢键和参与化学反应等。溶剂作用可产生水合电子，形成新机理，产生新物质。
	初级反应、次级反应、荧光、磷光	光化反应的特征：① 初级反应速率与入射光的强度有关，与反应物的起始浓度无关。② 温度对光化反应速率的影响小。③反应自由能 $\Delta_r G_m > 0$ 的反应也能发生。④ 光化反应是激发态分子发生的反应，因此它是在光物理过程与光化学过程的竞争中产生的
	催化剂、催化活性、催化剂的选择性	
基本定理	质量作用定律	$r = kc_A^{\alpha} c_B^{\beta} c_C^{\gamma}$（基元反应）
	微观可逆性原理	任意一个态-态反应与其逆反应具有相同的过渡态和反应途径，即微观粒子体系具有时间反演的对称性。
	简单级数反应动力学特征	（如 10.1.8）
	复杂反应动力学特征	对峙反应：$r = r_+ - r_-$；$K = k_+ / k_-$ 平行反应：$r = r_1 + r_2$； $\frac{r_1}{r_2} = \frac{x_1}{x_2}$（同级数） 连续反应：$t_{max} = \frac{\ln k_2 - \ln k_1}{k_2 - k_1}$ $c_{中间产物,\ max} = c_{A,\ 0}\ (k_1/k_2)^{\frac{k_2}{k_2 - k_1}}$
	Arrhenius 方程	$k = A\exp\left(-\frac{E_a}{RT}\right)$　　$\ln k = -\frac{E_a}{RT} + \ln A$ $\frac{d\ln k}{dT} = \frac{E_a}{RT^2}$　　$\ln\frac{k_2}{k_1} = \frac{E_a}{R}\left(\frac{1}{T_1} - \frac{1}{T_2}\right)$
	碰撞理论	有效碰撞分数：$q = e^{-\frac{E_C}{RT}}$
	过渡态理论	热力学表示、统计表示
	E_a、E_c、E_b、E_0的关系	$E_a = E_c + \frac{1}{2}RT$ $E_a = E_0 + mRT\ m = -\frac{3}{2},\ -1,\ -\frac{1}{2},\ 0,\ 1\cdots$ $E_0 = E_b + \left[\frac{1}{2}h\nu_0^{\neq} - \frac{1}{2}h\nu_0(R)\right]$
	近似法	稳态近似法、平衡假设法、速控步法
	液相快速反应研究方法—驰豫法	
	多相催化反应研究方法—吸附理论	
	光化第一定律、光化第二定律	

续表

	内　容	定义或注意事项
基本计算	反应级数与活化能的确定 简单级数反应的动力学计算 与 Arrhenius 公式有关的计算 活化熵、活化吉布斯自由能及活化焓的计算 反应机理的推导及表观活化能的估算 量子产率的计算 催化剂选择性的计算 催化反应表观活化能的计算	积分法、微分法、半衰期法($n=1$ 除外)

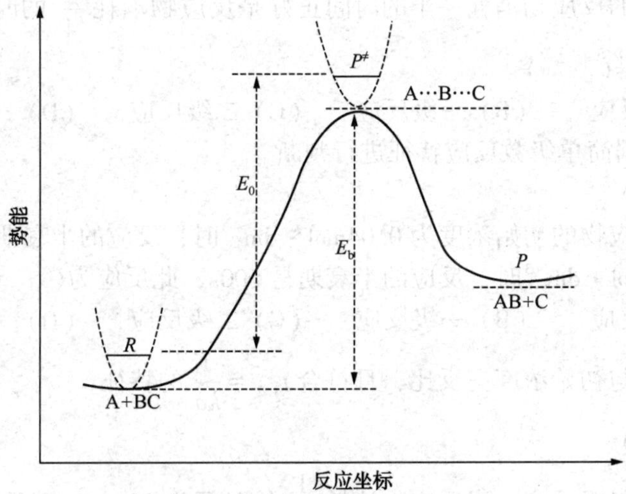

图 10-1　反应途径的势能图

10.3　例题精解

10.3.1　选择题

1. 反应 2A+B →C+D 的速率应表示为(　　)

(A) $\frac{dc_A}{dt}$　　(B) $-\frac{dc_A}{dt}$　　(C) $-\frac{1}{2}\frac{dc_A}{dt}$　　(D) $\frac{1}{2}\frac{dc_A}{dt}$

解析： $r=\frac{1}{\nu_B}\frac{dc_B}{dt}$

答案：（C）

2. 下列反应中有可能是基元反应的是(　　)

（A）$2Cl_2O+2N_2O_5 \rightarrow 2NO_3Cl+2NO_2Cl+O_2$　（B）$2NH_3 \rightarrow N_2+3H_2$

（C）$NO_2+NO_3 \rightarrow NO+NO_2+O_2$　（D）$2Hg+2Og \rightarrow H_2O_2$

解析： 根据微观可逆性原理判断

答案：（C）

3. 如果反应2A+B ══2D 的速率可表示为$r=kc_A^2c_B$，则其反应分子数为(　　)

（A）单分子　（B）双分子　（C）三分子　（D）不能确定

解析： 只有基元反应才具有反应分子数的概念。

答案：（D）

4. 某反应的反应物消耗一半的时间正好是反应物消耗$\frac{1}{4}$的时间的2倍，则该反应的级数是(　　)

（A）零级反应　（B）一级反应　（C）二级反应　（D）三级反应

解析： 根据简单级数反应特征进行判断

答案：（A）

5. 当一反应物的初始浓度为0.04mol·dm^{-3}时，反应的半衰期是360s，初始浓度为0.024mol·dm^{-3}时，反应的半衰期是600s，此反应为(　　)

（A）零级反应　（B）一级反应　（C）二级反应　（D）三级反应

解析： $t_{1/2}$与初始浓度呈反比，且符合$t_{1/2}=\frac{1}{ka}$的特征

答案：（C）

6. 有一个二级反应，当反应物消耗$\frac{1}{3}$的时间为10min，若反应物再消耗$\frac{1}{3}$所需的时间为(　　)

（A）10min　（B）20min　（C）30min　（D）50min

解析： 根据二级反应积分式$\frac{y}{1-y}=k_2at$计算

答案：（C）

7. 零级反应A→B的半衰期$t_{1/2}$与A的浓度$c_{A,0}$及速率常数k的关系是(　　)

（A）$t_{1/2}=2k/c_{A,0}$　（B）$t_{1/2}=2kc_{A,0}$

（C）$t_{1/2}=c_{A,0}/(2k)$　（D）$t_{1/2}=1/(2kc_{A,0})$

答案：（C）

8. 某反应在指定温度下，速率常数 $k=4.62\times10^{-2}\,\mathrm{min}^{-1}$，反应物的初始浓度为 $0.1\mathrm{mol}\cdot\mathrm{dm}^{-3}$，该反应的半衰期是(　　)

(A) 150min　　(B) 15min　　(C) 30min　　(D) 无法求算

解析： 从 k 的单位可知反应为一级，$t_{1/2}=\ln2/k$

答案： (B)

9. 有一个 1-1 级对峙反应 $\mathrm{A}\rightleftharpoons\mathrm{B}$，由纯 A 开始，当进行到 A 和 B 的浓度相等时，时间与速率常数的关系式为(　　)

(A) $t=\ln\dfrac{k_{-1}}{k_1}$　　(B) $t=\dfrac{1}{k_1-k_{-1}}\ln\dfrac{k_1}{k_{-1}}$

(C) $t=\dfrac{1}{k_1+k_{-1}}\ln\dfrac{k_1}{k_1-k_{-1}}$　　(D) $t=\dfrac{1}{k_1+k_{-1}}\ln\dfrac{2k_1}{k_1-k_{-1}}$

解析：

$\mathrm{A}\rightarrow\mathrm{B}$

$t=0a$

$t=t\qquad a-x\qquad x\qquad a-x=x\Rightarrow x=\dfrac{a}{2}$

$$\frac{\mathrm{d}c_{\mathrm{B}}}{\mathrm{d}t}=k_1c_{\mathrm{A}}-k_{-1}c_{\mathrm{B}}=k_1(a-x)-k_{-1}x=k_1a-(k_1+k_{-1})x\Rightarrow\frac{\mathrm{d}x}{k_1a-(k_1+k_{-1})x}$$

$$=\mathrm{d}t\Rightarrow-\frac{1}{k_1+k_{-1}}\frac{\mathrm{d}[k_1a-(k_1+k_{-1})x]}{k_1a-(k_1+k_{-1})x}=\mathrm{d}t\Rightarrow-\frac{1}{k_1+k_{-1}}\int_0^{\frac{a}{2}}\mathrm{d}\ln[k_1a-(k_1+k_{-1})x]$$

$=\int_0^t\mathrm{d}t\Rightarrow$结果

答案： (D)

10. 由纯 A 生成 B 的对峙反应，在定温下进行，下列说法不正确的是(　　)

(A) 开始时，A 的消耗速率最大

(B) 反应进行的净速率是正、逆两方向速率之差

(C) 正、逆两方向的速率常数之比是常数

(D) 达平衡时，正、逆两方向速率常数相等

答案： (D)

11. 刚性容器中发生反应 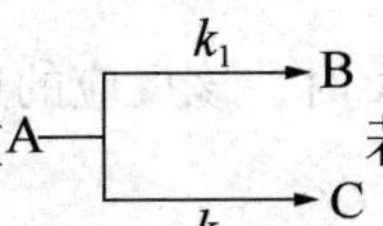

若开始时系统中只有 A，则反应行进至 t 时刻时 B、C 的浓度之比 $c_{\mathrm{B}}:c_{\mathrm{C}}=$(　　)

(A) $k_1:k_2$　　(B) $k_2:k_1$　　(C) 1　　(D) 以上都不对

解析：题中并未指明平行的两个反应的级数，因此无法判断。

答案：(D)

12. 对连串反应 $A \xrightarrow{k_1} B \xrightarrow{k_2} D$，已知 $k_1 \gg k_2$，则各物质浓度与时间的关系的示意曲线为图中的(　　)

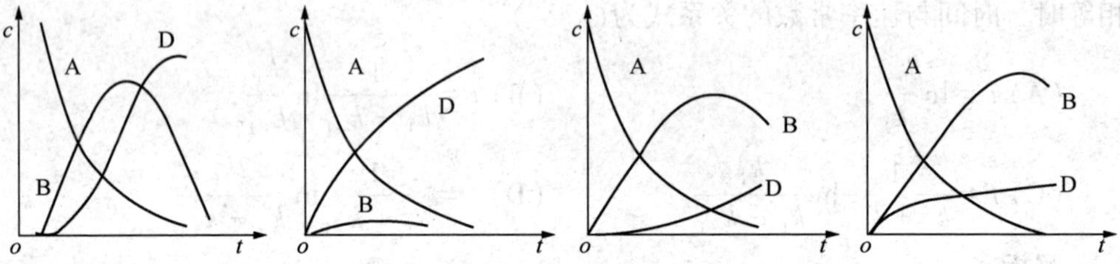

(A)　　(B)　　(C)　　(D)

解析：因 $k_1 >> k_2$，B 物质有显著积累，D 物质上升缓慢。

答案：(C)

13. 反应速率常数随温度变化的阿累尼乌斯经验式适用于(　　)

(A) 基元反应　　(B) 基元反应及大部分非基元反应

(C) 非基元反应　　(D) 所有化学反应

答案：(B)

14. 将下列基元反应的活化能按从小到大的顺序排列起来，下列答案哪一个是正确的(　　)

(1) $Cl\cdot + Cl\cdot + M = Cl_2 + M$　　(2) $HI + C_2H_4 = C_2H_5I$

(3) $H\cdot + CH_4 = H_2 + CH_3\cdot$　　(4) $N_2 + M = N\cdot + N\cdot + M$

(A) (1)<(2)<(3)<(4)　　(B) (1)<(3)<(2)<(4)

(C) (3)<(1)<(2)<(4)　　(D) (1)<(2)<(4)<(3)

解析：$E_{a,1}=0$；$E_{a,2}=(\varepsilon_{H-I}+\varepsilon_{C-C})L\times 30\%$；$E_{a,3}=\varepsilon_{C-H}L\times 5.5\%$；$E_{a,4}=\varepsilon_{N-N}L$

答案：(B)

15. 某化学反应，温度每升高 1K 时，该反应的速率常数 k 增加 1%，则该反应的活化能 E_a 约为(　　)

(A) RT^2　　(B) $100RT^2$　　(C) $10RT^2$　　(D) $0.01RT^2$

答案：(D)

16. 某双原子分子分解反应的阈能 $E_c = 83.68\text{kJ} \cdot \text{mol}^{-1}$，则在 300K 时活化分子所占的分数是(　　)

(A) 3.719×10^{14}　(B) 6.17×10^{-15}　(C) 2.69×10^{11}　(D) 2.69×10^{-15}

解析：$q = e^{-\frac{E_c}{RT}} = e^{-\frac{83680}{8.314 \times 300}} = 2.69 \times 10^{-15}$

答案：(D)

17. 在碰撞理论中，校正因子 P 小于 1 的主要因素是(　　)

(A) 反应体系是非理想的　　(B) 空间的位阻效应

(C) 分子间碰撞的激烈程度不够　　(D) 分子间存在相互作用力

解析：有的分子碰撞的激烈程度单从能量角度考虑已经可以引发反应，但是由于空间的位组效应，能量不能传递到要破裂的化学键上，或碰撞的部位是不能发生反应的惰性部位，所以反应仍不能发生，使校正因子小于 1。

答案：(B)

18. 对于下面的哪个反应，离子强度对其反应速率有影响？(　　)

(A) $A^+ + B^- \rightarrow C + D$　　(B) $A^+ + B \rightarrow C + D$

(C) $A + B^- \rightarrow C + D$　　(D) $A + B \rightarrow C + D$

解析：$\lg \frac{k}{k_0} = 2z_A z_B A\sqrt{I}$，$z_A z_B > 0$，离子强度增大反应速率增大；$z_A z_B = 0$，离子强度的变化对反应速率无影响；$z_A z_B < 0$，离子强度增大，反应速率降低。

答案：(A)

19. 由于溶液中的笼效应使得液相中反应分子与气相中反应分子相比较(　　)

(A) 反应分子总碰撞数增多　　(B) 反应分子总碰撞数减少

(C) 反应分子总碰撞数基本保持不变(D) 反应分子容易活化

答案：(C)

20. 反应 $NO + \frac{1}{2}O_2 \rightarrow NO_2$ 的速率在温度升高时反而下降，这是因为(　　)

(A) 该反应是一个光化学反应

(B) 该反应催化剂的活性随温度升高而下降

(C) 这是一个放热的复杂反应

(D) 速控步前的快速平衡步骤放热显著

解析：为什么有的反应在温度升高时具有负的温度系数。这种反应不多，一般与 NO 的氧化反应有关。在这种反应的机理中，有一个放热显著的快反应、一个速控步。若在快反应中放的热比在速控步中吸的热还要多，则整个表观活化能为负值，所以温度升高，速率反而下降。

答案：(D)

21. 光气 $COCl_2$ 的热分解的总反应为：$COCl_2 \rightarrow CO+Cl_2$ 该反应分以下三步完成：① $Cl_2 \rightleftharpoons 2Cl\cdot$ 快速平衡；② $Cl\cdot + COCl_2 \rightarrow CO + Cl_3\cdot$ 慢；③ $Cl_3\cdot \rightleftharpoons Cl_2 + Cl\cdot$ 快速平衡。总反应的速率方程为：$-\dfrac{dc_{COCl_2}}{dt} = kc_{COCl_2}(c_{Cl_2})^{1/2}$，此总反应为(　　)

(A) 1.5 级反应，双分子反应　　(B) 1.5 级反应，不存在反应分子数

(C) 1.5 级反应，单分子反应　　(D) 不存在反应级数与反应分子数

答案：(B)

22. 活化络合物理论可以从理论上计算 $k_A = Ae^{-\frac{E_a}{RT}}$ 中的哪些量？(　　)

(A) 只能计算 A　　(B) 只能计算 E_a

(C) 既可以计算 A，又能计算 E_a　　(D) A 和 E_a 都不能计算

答案：(C)

23. 根据过渡状态理论，气相双分子反应的实验活化能 E_a 与活化焓 $\Delta_r^{\neq}H_m$ 之间的关系为(　　)

(A) $E_a = \Delta_r^{\neq}H_m$　　(B) $E_a = \Delta_r^{\neq}H_m + RT$

(C) $E_a = \Delta_r^{\neq}H_m - RT$　　(D) $E_a = \Delta_r^{\neq}H_m + 2RT$

解析：$E_a = \Delta_r^{\neq}H_m + nRT$，气相双分子反应，则 $n=2$

答案：(D)

24. 298K 时两个级数相同的反应 I 和 II，活化能 $E_I = E_{II}$，若速率常数 $k_I = 10k_{II}$，则两反应之活化熵相差(　　)

(A) $0.6J\cdot K^{-1}\cdot mol^{-1}$　　(B) $10J\cdot K^{-1}\cdot mol^{-1}$

(C) $19J\cdot K^{-1}\cdot mol^{-1}$　　(D) $190J\cdot K^{-1}\cdot mol^{-1}$

解析：$k_I = \dfrac{k_B T}{h}(c^{\ominus})^{1-n}\exp\left(\dfrac{\Delta_r^{\neq}S_{m,I}^{\ominus}}{R}\right)\exp\left(\dfrac{-\Delta_r^{\neq}H_m^{\ominus}}{RT}\right)$；

$$k_{II} = \frac{k_B T}{h}(c^{\ominus})^{1-n}\exp\left(\frac{\Delta_r^{\neq}S_{m,II}^{\ominus}}{R}\right)\exp\left(\frac{-\Delta_r^{\neq}H_m^{\ominus}}{RT}\right)$$

$$10 = \exp\left(\frac{\Delta_r^{\neq}S_{m,I}^{\ominus} - \Delta_r^{\neq}S_{m,II}^{\ominus}}{R}\right)$$

答案：(C)

10.3.2 填空题

1. 正反应是放热的对峙反应在一定转化率 x 时，存在一最宜温度，此时反应速率 r 与温度 T 的关系式 $\left(\dfrac{\partial r}{\partial T}\right)_x$ = ______。

解析：因存一最宜温度，因此 $r\sim T$ 图如下

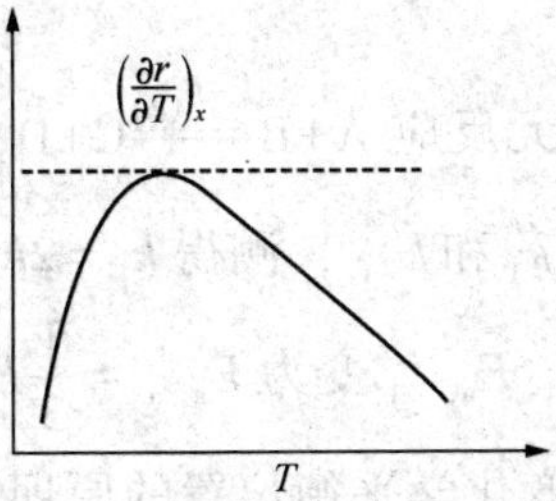

答案：0

2. 某化学反应的反应物消耗 3/4 所需时间是它消耗掉 1/2 所需时间的 2 倍，则该反应为______级反应。

答案：一级

3. 某反应 2A →3B 的速率方程既可表示为 $-\frac{\mathrm{d}c_A}{\mathrm{d}t}=k_A c_A^{3/2}$，也可表示为 $\frac{\mathrm{d}c_B}{\mathrm{d}t}=k_B c_A^{3/2}$，则 $-\frac{\mathrm{d}c_A}{\mathrm{d}t}$ 与 $\frac{\mathrm{d}c_B}{\mathrm{d}t}$ 之间的关系式为_____，速率常数 k_A 与 k_B 的比值为_____。

答案：$-\frac{1}{2}\frac{\mathrm{d}c_A}{\mathrm{d}t}=\frac{1}{3}\frac{\mathrm{d}c_B}{\mathrm{d}t}$；2：3

4. 某复杂反应的表观速率常数 k 与基元反应速率常数之间的关系为 $k=k_2\left(\frac{k_1}{2k_4}\right)^{\frac{1}{2}}$，则表观活化能 E_a 与各基元反应活化能之间的关系为______。

解析：$\ln k=-\frac{E_a}{RT}+\ln A$

$$\ln k=\ln k_2+\frac{1}{2}(\ln k_1-\ln k_4-\ln 2)=\ln k_2+\frac{1}{2}(\ln k_1-\ln k_4)-\frac{1}{2}\ln 2$$

$$-\frac{E_a}{RT}=-\frac{E_{a,2}}{RT}+\frac{1}{2}\left(\frac{-E_{a,1}}{RT}-\frac{-E_{a,4}}{RT}\right)+\ln A$$

答案：$E_a=E_{a,2}+\frac{1}{2}(E_{a,1}-E_{a,4})$

5. 对于一般的化学反应 A+B ══2C+D，若 E_+ 代表正向反应的表观活化能，E_- 代表逆向反应的表观活化能，ΔU 为反应热力学能变，则它们之间的关系_____。

答案：$\Delta U=E_+-E_-$

6. 氢和氧反应发展为爆炸是因为______。

答案：支链反应且为强放热反应，导致反应速率急剧增大

7. 电极电势 φ 的改变可以改变电极反应的速率，其直接的原因是改变_____。

答案：反应的活化能

8. 在一定温度下，某基元反应 $A+B \underset{k_2}{\overset{k_1}{\rightleftharpoons}} C+D$，加入催化，正、逆向反应的速率常数分别从 k_1、k_{-1} 变为 k_1' 和 k_{-1}'，测得 $k_1'=2k_1$，那么 $k_{-1}'=$______ k_{-1}；正、逆反应的活化能分别从 $E_{a,1}$、$E_{a,-1}$ 变为 $E_{a,1}'=\frac{1}{3}E_{a,1}$，则 $E_{a,-1}'=$______ $E_{a,1}$。

解析：根据催化剂不改变化学平衡位置的原理，它对正向与逆向反应同样加速，所以 $k_{-1}'=2k_{-1}$，$E_{a,1}$ 下降了三分之二，则 $E_{a,-1}$ 也应该下降了 $\frac{2}{3}E_{a,1}$，所以 $E_{a,-1}'=E_{a,-1}-\frac{2}{3}E_{a,1}$。

答案：=；$E_{a,-1}-\frac{2}{3}E_{a,1}$

9. 光化反应 $3A \xrightarrow{h\nu} 2B$，测得当系统吸收了 1mol 光子时，有 2molB 生成，该光化学反应的量子效率 $\varphi=$______，反应的初级过程中量子效率 $\varphi=$______。

解析：$\varphi=\frac{\text{发生反应的物质的量}}{\text{被吸收光子的物质的量}}$，对于初级过程来说，系统每吸收一个光子，则活化一个分子，所以量子效率为 1，由于在次级过程，一个光子不一定只使一个分子反应，本反应发生反应分子为 3。因为不是量子产率，所以与产物分子数无关。

答案：3；1

10.3.3 简答题

1. 计量化学反应式为 $aA+bB \rightarrow yY+zZ$，试写出 $\frac{dc_A}{dt}$、$\frac{dc_B}{dt}$、$\frac{dc_Y}{dt}$、$\frac{dc_Z}{dt}$ 四者之间的等式关系。

答：$-\frac{1}{a}\frac{dc_A}{dt}=-\frac{1}{b}\frac{dc_B}{dt}=\frac{1}{y}\frac{dc_Y}{dt}=\frac{1}{z}\frac{dc_Z}{dt}$

2. $AB_3 \xlongequal{} A+3B$，这样的反应是否可能为基元反应？

答：不可能。根据微观可逆性原理，正、逆反应必须遵循相同的途径。基元反应最多只有三分子反应，现在逆反应有四分子，所以逆反应不可能是基元反应，则正反应也不是基元反应。

3. 乙酸乙酯皂化反应如下式：$NaOH + CH_3COOC_2H_5 \rightarrow CH_3COONa + C_2H_5OH$。当确定该反应动力学方程时，需要测定不同时刻反应物的浓度。根据该反应的特点，采用何种物理方法测定较好，并简述理由。

答：采用电导率法较好。$CH_3COOC_2H_5$ 和 C_2H_5OH 是非电解质。反应前，体系的电导率等于 NaOH 溶液的电导率；完全反应后体系的电导率等于 CH_3COONa 溶液的电导率；反应过程中体系的电导率等于两种电解质电导率之和，且由于 OH^- 被 CH_3COO^- 代替，体系中电导率逐渐减小。稀溶液范围内，电导率与浓度成正比关系，因此可通过测体系电导率的变化，得到反应过程中反应物浓度与时间的关系数据。

4. 过氧化氢在含有碘离子的中性溶液中分解的反应式为：$2H_2O_2 \xrightarrow{I^-} 2H_2O + O_2$；其反应机理如下：$H_2O_2 + I^- \xrightarrow{k_1} H_2O + IO^-$；$IO^- + H_2O_2 \xrightarrow{k_2} H_2O + O_2 + I^-$。设 IO^- 处于稳定态，试建立总反应的动力学方程式。

解：$-\dfrac{d[H_2O_2]}{dt} = k_1[H_2O_2][I^-] + k_2[H_2O_2][IO^-]$

$-\dfrac{d[IO^-]}{dt} = k_1[H_2O_2][I^-] - k_2[H_2O_2][IO^-] = 0 \Rightarrow k_1[H_2O_2][I^-] = k_2[H_2O_2][IO^-]$

$-\dfrac{d[H_2O_2]}{dt} = 2k_1[H_2O_2][I^-]$

5. 碰撞理论的要点是什么？简述这一理论的成功与不足。

答：分子是无相互作用的硬球；分子起反应必须碰撞；只有活化分子间的碰撞才能生成产物分子。成功：给阿氏经验公式以理论解释；赋予公式中各项明确的物理意义。如：E_a 为活化能，A 为频率因子，$e^{-\frac{E_a}{RT}}$ 为活化分子百分数。不足：由于将反应物分子简化为过于简单的硬球模型，所以，该模型结果只在用于简单的气体反应时结果较好。此外，该模型无法从理论上计算速率系数。

6. 过渡态理论中的活化焓 $\Delta_r^{\neq} H_m$ 与阿伦尼乌斯活化能有什么不同？

答：两者的物理意义不同，活化焓是指反应物生成活化络合物时的焓变，阿伦尼乌斯活化能是指活化分子的平均能量与反应物分子平均能量的差值。两者在数值上也不完全相等，对于凝聚相，$E_a = \Delta_r^{\neq} H_m + RT$；对于气相反应，$E_a = \Delta_r^{\neq} H_m + nRT$，$n$ 是气相反应物的系数和。

7. 试从活化能来源、吉布斯能的变化、反应速率、温度系数这四个方面比较光化学反应与热化学反应的不同之处。

答：① 等温等压下，$\Delta G \leqslant 0$ 的热化学反应能够自发进行。光化学反应即可发生 $\Delta G \leqslant 0$ 的反应，也可发生 $\Delta G > 0$ 的反应；② 热反应的活化能来源于分子碰撞，而光化学的活化能来源于光子的能量，一般来说比较小；光化学反应是激发态分子的反应，其活化能较低，而热化学反应是基态分子的反应，故有较高的活化能；③ 热化学反应的反应速率受温度的影响较大，而光化学反应受温度的影响较小。

10.3.4 计算题

1. 1129.2K 时，氨在钨丝上的催化分解反应动力学数据如下表：

t/s	200	400	600	1000
p_t/kPa	30.40	33.33	36.40	42.40

求反应的级数与分别用压力及物质的量浓度表示的速率系数 k_p 与 k_c。

解：

$$\begin{array}{llll} & 2NH_3 \rightarrow & N_2 \quad + & H_2 \\ t=0 & p_0 & 0 & 0 \\ t=t & p_0-x & \frac{1}{2}x & \frac{3}{2}x \qquad p_t=p_0+x \end{array}$$

$$p_{NH_3}=p_0-x=2p_0-p_t$$

$$r=-\frac{1}{2}\frac{dp_{NH_3}}{dt}=-\frac{1}{2}\frac{d(2p_0-p_t)}{dt}=\frac{1}{2}\frac{dp_t}{dt}=k_pp_{NH_3}^n \Rightarrow \frac{dp_t}{dt}=2k_pp_{NH_3}^n$$

Δt/s	200	200	400	平均
Δp_t/kPa	2.93	3.07	6.00	
$\frac{\Delta p_t}{\Delta t}$/kPa·s^{-1}	1.47×10^{-2}	1.54×10^{-2}	1.50×10^{-2}	1.50×10^{-2}

计算结果表明，反应速率不随反应物浓度(压力)而变，故 $n=0$

$$\frac{dp_t}{dt}=2k_p \Rightarrow dp_t=2k_p dt \Rightarrow k_p=7.52\times10^{-3}\text{kPa}\cdot\text{s}^{-1}$$

$$k_c=\frac{k_p}{RT}=\left[\frac{7.52\times10^{-3}}{8.314\times1129.2}\right]\text{mol}\cdot\text{m}^{-3}\cdot\text{s}^{-1}=8.01\times10^{-7}\text{mol}\cdot\text{m}^{-3}\cdot\text{s}^{-1}$$

2. 蔗糖在稀硫酸溶液中按照下式进行水解：$C_{12}H_{22}O_{11}+H_2O \rightarrow C_6H_{12}O_6$(葡萄糖)$+C_6H_{12}O_6$(果糖)。当温度与酸的浓度一定时，反应速率与蔗糖的浓度正正比。今有一溶液，1dm^3 中 0.300mol $C_{12}H_{22}O_{11}$ 及 0.1mol HCl，在 48℃时，20min 内有 $x(C_{12}H_{22}O_{11})=0.32$ 的 $C_{12}H_{22}O_{11}$ 水解。

(1)计算反应速率常数；(2) 计算反应开始时($t=0$)及 20min 时的反应速率；

（3）问 40min 后有多少蔗糖水解。

解：（1）$\ln\dfrac{1}{1-x}=k_1t\Rightarrow\ln\dfrac{1}{1-0.32}=k_1 20\text{min}\Rightarrow k_1=0.019\ \text{min}^{-1}$

（2）$r_0=k_1c_0=[0.019\times0.3]\ \text{mol}\cdot\text{dm}^{-3}\cdot\text{min}^{-1}=5.78\times10^{-3}\text{mol}\cdot\text{dm}^{-3}\cdot\text{min}^{-1}$

$r_{20}=k_1c_0(1-x)=[0.019\times0.3\times(1-0.32)]\ \text{mol}\cdot\text{dm}^{-3}\cdot\text{min}^{-1}=3.88\times10^{-3}\text{mol}\cdot\text{dm}^{-3}\cdot\text{min}^{-1}$

（3）$\ln\dfrac{1}{1-x}=k_1t\Rightarrow\ln\dfrac{1}{1-x}=k_1 40\text{min}\Rightarrow x=0.54$

3. 蔗糖水解速率常数测定实验中某同学在 25℃测得的数据如下：

t/min	10	20	30	40	50	60	70	…	∞
α/(°)	6.40	5.40	4.50	3.85	3.10	2.45	1.90	…	−2.15

（1）用作图法求速率常数 k；（2）计算该反应的半衰期 $t_{1/2}$。

解：

t/min	10	20	30	40	50	60	70	…	∞
α/(°)	6.40	5.40	4.50	3.85	3.10	2.45	1.90	…	−2.15
$\ln(\alpha-\alpha_\infty)$	4.25	3.25	2.35	1.7	0.95	0.3	−0.25		

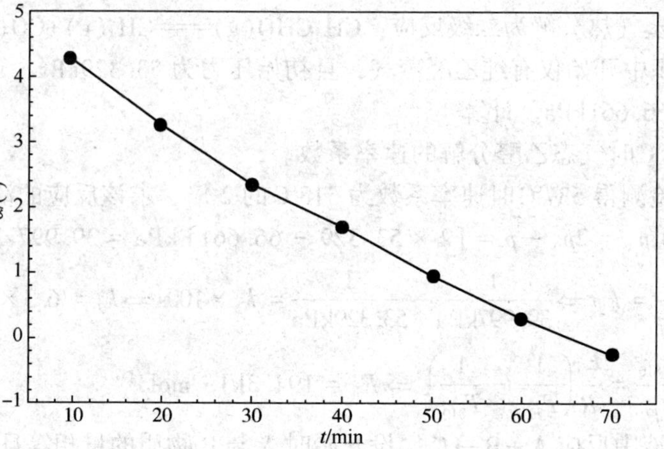

$$\ln\frac{\alpha_1-\alpha_\infty}{\alpha_2-\alpha_\infty}=k_1t\Rightarrow k_1=0.0324\ \text{min}^{-1}$$

$$t_{1/2}=\frac{\ln 2}{k_1}=21.4\text{min}$$

4. 某药物分解反应为一级反应，分解 30%即为无效。今在 50℃、70℃测得它每小时分解 0.07%、0.35%。

(1) 求出该药物分解反应的速率常数与温度的关系式。

(2) 若该药物在 25℃下保存，有效期为多长？

解：(1) $k(50)$：$\ln\frac{1}{1-y}=k(50)t\Rightarrow\ln\frac{1}{1-0.0007}=k(50)\Rightarrow k(50)=7.0\times 10^{-4}\text{h}^{-1}$

$k(70)$：$\ln\frac{1}{1-y}=k(70)t\Rightarrow\ln\frac{1}{1-0.0035}=k(70)\Rightarrow k(70)=3.5\times10^{-3}\text{h}^{-1}$

$$\ln\frac{k(70)}{k(50)}=\frac{E_a}{R}\left[\frac{1}{T(50)}-\frac{1}{T(70)}\right]\Rightarrow\frac{E_a}{R}=8915\text{K}$$

$$\ln k(50)=-\frac{E_a}{RT}+\ln A\Rightarrow 7.0\times10^{-4}\text{h}^{-1}=-\frac{8915}{323}+\ln A\Rightarrow\ln A=20.34$$

$$\ln k=-\frac{8915}{T}+20.34$$

(2) $\ln k(25)=-\frac{8915}{298}+20.34\Rightarrow k(25)=6.94\times10^{-5}\text{h}^{-1}$

$$\ln\frac{1}{1-y}=k(25)t\Rightarrow\ln\frac{1}{1-0.3}=6.94\times10^{-5}\text{h}^{-1}\times t\Rightarrow t=5142\text{h}=214\text{d}$$

5. 乙醛蒸气热分解为二级反应：$CH_3CHO(g)=\!=\!=CH_4(g)+CO(g)$，在 518℃下在一定容积中开始仅有纯乙醛蒸气，且初始压力为 53.329kPa，现测得 100s 后系统总压为 66.661kPa。计算

(1) 518℃时气态乙醛分解的速率系数。

(2) 实验测得 537℃时速率系数为 518℃的 2 倍，求该反应的活化能。

解：(1) $p_A=2p_0-p=[2\times53.329-66.661]\text{kPa}=39.997\text{kPa}$

$$\frac{1}{p_A}-\frac{1}{p_{A,0}}=k_2t\Rightarrow\frac{1}{39.997\text{kPa}}-\frac{1}{53.329\text{kPa}}=k_2\times100\text{s}\Rightarrow k_2=6.3\times10^{-5}\text{kPa}^{-1}\cdot\text{s}^{-1}$$

(2) $\ln\frac{k_{810}}{k_{791}}=\frac{E_a}{R}\left(\frac{1}{T_{791}}-\frac{1}{T_{810}}\right)\Rightarrow E_a=194.3\text{kJ}\cdot\text{mol}^{-1}$

6. 某溶液中反应 A + B→C，设开始时 A 与 B 物质的量相等且没有 C，1h 后 A 的转化率为 75%，求 2h 后 A 尚余多少未反应？

假设：(1) 对 A 为 1 级，对 B 为零级；(2) 对 A、B 均为一级；(3) 对 A、B 均为零级。

解：$-\dfrac{dc_A}{dt}=kc_A^{\alpha}c_B^{\beta}$

(1) $\alpha=1$，$\beta=0$ 时，$-\dfrac{dc_A}{dt}=kc_A\Rightarrow k=\dfrac{1}{t_1}\ln\dfrac{1}{1-y_1}=\dfrac{1}{t_2}\ln\dfrac{1}{1-y_2}\Rightarrow\dfrac{1}{1}\ln$
$\dfrac{1}{1-0.75}=\dfrac{1}{2}\ln\dfrac{1}{1-y_2}$

解得 $1-y_2=6.25\%$

(2) $\alpha=1$，$\beta=1$ 时，$-\dfrac{dc_A}{dt}=kc_Ac_B=kc_A^2\Rightarrow k=\dfrac{1}{t_1}(\dfrac{1}{1-y_1}-1)=\dfrac{1}{t_2}(\dfrac{1}{1-y_2}-1)$

$\dfrac{1}{1}(\dfrac{1}{1-0.75}-1)=\dfrac{1}{2}(\dfrac{1}{1-y_2}-1)\Rightarrow 1-y_2=14.29\%$

(3) $\alpha=0$，$\beta=0$ 时，$-\dfrac{dc_A}{dt}=k\Rightarrow k=\dfrac{1}{t}(c_{A,0}-c)=\dfrac{c_{A,0}-c_{A,0}(1-y)}{t}=\dfrac{c_{A,0}y}{t}$
$\Rightarrow\dfrac{c_{A,0}y_1}{t_1}=\dfrac{c_{A,0}y_2}{t_2}$

$\dfrac{0.75}{1}=\dfrac{y_2}{2}\Rightarrow y_2=1.5>1$ 说明 2 小时反应物已经消耗完。

7. 设有一反应 $2A(g)+B(g)\rightarrow G(g)+H(s)$ 在恒温密闭容器中进行，开始时 A 和 B 的物质的量之比为 2：1，起始总压为 3.0kPa，在 400K 时，60s 后容器中的总压力为 2.0kPa，设该反应的速率方程为：$-\dfrac{dp_B}{dt}=k_pp_A^{3/2}p_B^{1/2}$，实验活化能 $E_a=100\mathrm{kJ\cdot mol^{-1}}$。试求：

(1) 在 400K 时，150s 后容器中 B 的分压；

(2) 在 500K 时，重复上述实验，求 50s 后 B 的分压。

解：设起始 B 物质的压力为 p_0，因为在等温、等体积中，所以 A 的压力为 $2p_0$

	2A(g) +	B(g) →	G(g) + H(g)		
$t=0$	$2p_0$	p_0		$p_{总}=3p_0=3\mathrm{kPa}$	$p_0=1\mathrm{kPa}$
$t=t$	$2(p_0-p)$	(p_0-p)	p	$p_{总}=3p_0-2p$	

$t=60\mathrm{s}$：$2.0\mathrm{kPa}=3\times1.0\mathrm{kPa}-2p\Rightarrow p=0.5\mathrm{kPa}$

$$-\frac{d(p_0-p)}{dt}=k_pp_A^{3/2}p_B^{1/2}=k_p2^{3/2}(p_0-p)^2\Rightarrow-\int_0^p\frac{d(p_0-p)}{(p_0-p)^2}=2^{3/2}k_p\int_0^t dt$$

$$\frac{1}{(p_0-p)}-\frac{1}{p_0}=2^{3/2}k_pt\Rightarrow\frac{1}{0.5}-1=2^{3/2}k_p60\Rightarrow k_p=5.89\times10^3\ \mathrm{kPa^{-1}\cdot s^{-1}}$$

$$\frac{1}{1-p}-1=2^{3/2}\times 5.89\times 10^{-3}\ \text{kPa}^{-1}\cdot\text{s}^{-1}\times 150\text{s}\Rightarrow p=0.714\text{kPa}$$

$$p_B=[1-0.714]\ \text{kPa}=0.286\text{kPa}$$

(2) $\ln\frac{k_{500}}{k_{400}}=\frac{E_a}{R}\left(\frac{1}{T_{400}}-\frac{1}{T_{500}}\right)\Rightarrow \ln\frac{k_{500}}{5.89\times 10^{-3}\ \text{kPa}^{-1}\cdot\text{s}^{-1}}$

$$=\frac{100\times 10^3\text{J}\cdot\text{mol}^{-1}}{8.314\text{J}\cdot\text{mol}^{-1}\cdot\text{K}^{-1}}\left(\frac{1}{400\text{K}}-\frac{1}{500\text{K}}\right)$$

$$k_{500}=2.41\ \text{kPa}^{-1}\cdot\text{s}^{-1}$$

$$\frac{1}{(1-p)}-1=2^{3/2}\times 2.41\ \text{kPa}^{-1}\cdot\text{s}^{-1}\times 50\text{s}\Rightarrow p_B=1-p=2.93\text{Pa}$$

8. 反应 $A \underset{k_{-1}}{\overset{k_1}{\rightleftharpoons}} B$ 的速率常数和平衡常数 K（无量级）与温度的关系为：$\lg(k_{-1}/\text{s}^{-1})=-\frac{4000}{T/\text{K}}+8.0$，$\lg K=\frac{2000}{T/\text{K}}-4.0$。计算：（1）正、逆反应的级数；（2）正、逆反应的活化能级数及反应的内能改变量 $\Delta_r U_m$；（3）若 $c_{A,0}=0.5$ mol · dm^{-3}，$c_{B,0}=0.5$mol · dm^{-3}，计算 400K 反应平衡时各组分的浓度。

解：（1）逆反应为一级反应，由 $K=k_1/k_{-1}$，而 K 无量纲，因此正反应级数亦为 1 级。

（2）$\lg(k_{-1}/\text{s}^{-1})=-\frac{4000}{T/\text{K}}+8.0\Rightarrow E_{a,-1}=2.303R\times 4000=76.59\text{kJ}\cdot\text{mol}^{-1}$

$\lg K=\lg k_1-\lg k_{-1}\Rightarrow \lg k_1=-\frac{2000}{T}+4.0\Rightarrow E_{a,1}=2.303R\times 2000=38.29\text{kJ}\cdot\text{mol}^{-1}$

$\Delta_r U_m=E_{a,1}-E_{a,-1}=-38.29\text{kJ}\cdot\text{mol}^{-1}$

（3）$\lg K=\frac{2000}{400}-4.0\Rightarrow K=10$

$K=\frac{0.5+x}{0.5-x}\Rightarrow x=0.409\Rightarrow c_A=0.091\text{mol}\cdot\text{dm}^{-3}\quad c_B=0.909\text{mol}\cdot\text{dm}^{-3}$

9. 反应 $A(g) \underset{k_2}{\overset{k_1}{\rightleftharpoons}} B(g)+C(g)$ 中 k_1 和 k_2 在 25℃时分别为 0.20s^{-1} 和 4×10^{-4} atm^{-1} · s^{-1}，在 35℃时二者皆增为 2 倍，求（1）25℃时的平衡常数；（2）正逆反应的活化能；（3）反应热。

解：（1）平衡常数

$$K^\ominus=\frac{\frac{p_B}{p^\ominus}\cdot\frac{p_C}{p^\ominus}}{\frac{p_A}{p^\ominus}}=\frac{p_Bp_C}{p_Ap^\ominus}=\frac{k_1}{k_{-1}p^\ominus}=\frac{0.20\text{s}^{-1}}{4\times 10^{-4}\ \text{atm}^{-1}\cdot\text{s}^{-1}\times 1\text{atm}}=500$$

（2）活化能

$$\ln\frac{k(35)}{k(25)}=\frac{E_a}{R}\left(\frac{1}{T_{25}}-\frac{1}{T_{35}}\right)\Rightarrow \ln 2=\frac{E_a}{8.314\text{J}\cdot\text{K}^{-1}\cdot\text{mol}^{-1}}\left(\frac{1}{298}-\frac{1}{308}\right)\Rightarrow E_a=$$

$52.9\text{kJ}\cdot\text{mol}^{-1}$

因正逆反应 k 均增加 2 倍，所以逆反应活能也为 $52.9\text{kJ}\cdot\text{mol}^{-1}$

（3）反应热 $\Delta H=E_{a,+}-E_{a,-}=0$

10. 某对峙反应 $A\underset{k_{-1}}{\overset{k_1}{\rightleftharpoons}}B$，已知 $k_1=0.006\text{min}^{-1}$，$k_{-1}=0.002\text{min}^{-1}$，反应开始时只有 A，浓度为 $1\text{mol}\cdot\text{dm}^{-3}$，试求：（1）需要多少时间 A 和 B 浓度相等？（2）经 100min 后，A 和 B 的浓度又各为多少？

解：设平衡时 B 的浓度为 x_e

$$\begin{array}{lll} & A & \rightarrow\ B \\ t=0 & a & \\ t=t & a-x & x \qquad a-x=x\Rightarrow x=\dfrac{a}{2} \\ t=t_e & a-x_e & x_e \end{array}$$

$$K_c=\frac{x_e}{a-x_e}=\frac{k_1}{k_2}=\frac{0.006}{0.002}=3\Rightarrow x_e=0.75\text{mol}\cdot\text{dm}^{-3}$$

$$t=\frac{1}{k_1+k_{-1}}\ln\frac{x_e}{x_e-x}=\left[\frac{1}{0.006+0.002}\ln\frac{0.75}{0.75-0.5}\right]\text{min}=137\text{min}$$

（2）$100\text{min}=\left[\dfrac{1}{0.006+0.002}\ln\dfrac{0.75}{0.75-x}\right]\text{min}\Rightarrow x=c_B=0.413\text{mol}\cdot\text{dm}^{-3}$，$c_A=0.587\text{mol}\cdot\text{dm}^{-3}$

11. 在 500～900℃之间，乙酸发生平行反应：$CH_3COOH\begin{cases}\xrightarrow{k_1} CH_4+CO_2\\ \xrightarrow{k_2} CH_2{=}CO+H_2O\end{cases}$。在 1189K 时，$k_1=3.74\text{s}^{-1}$，$k_2=4.85\text{s}^{-1}$，试计算 CH_3COOH 转化率达 99%时所需的时间，并求出 CH_3COOH 转变为 $CH_2{=}CO$ 的最大百分数。

解：（1）时间 $r=r_1+r_2\Rightarrow -\dfrac{\text{d}(a-x)}{\text{d}t}=(k_1+k_2)(a-x)\Rightarrow \ln\dfrac{1}{1-y}=(k_1+k_2)t$

$$\ln\frac{1}{1-0.99}=(3.74\text{s}^{-1}+4.85\text{s}^{-1})t\Rightarrow t=0.54\text{s}$$

(2) 百分数

$$\frac{k_1}{k_2}=\frac{x_1}{x_2}\Rightarrow\frac{k_2}{k_1+k_2}=\frac{x_2}{x_1+x_2}\Rightarrow\frac{x_2}{x_1+x_2}=\frac{4.85\mathrm{s}^{-1}}{3.74\mathrm{s}^{-1}+4.85\mathrm{s}^{-1}}=56\%$$

12. 氯苯(C_6H_5Cl)与氯在 CS_2 溶液中有以下平行反应:

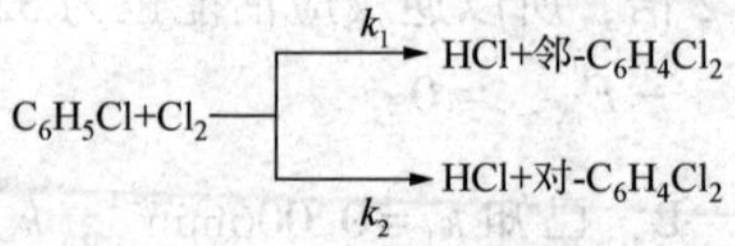

设在定温下，C_6H_5Cl 和 Cl_2 在 CS_2 溶液中的初始浓度均为 $0.5\mathrm{mol\cdot dm^{-3}}$，已知 30min 后有 15%的 C_6H_5Cl 转化为邻-$C_6H_4Cl_2$，有 25%的 C_6H_5Cl 转化为对-$C_6H_4Cl_2$。试求反应的速率常数 k_1 和 k_2。

解:

$$C_6H_5Cl + Cl_2 \rightarrow 邻-C_6H_4Cl_2,\ 对-C_6H_4Cl_2$$

$t=0$　　a　　a

$t=t$　　$a-x$　　$a-x$　　y　　z　　$x=y+z$

$x=y+z=[0.5\times(15\%+25\%)]\,\mathrm{mol\cdot dm^{-3}}=0.2\mathrm{mol\cdot dm^{-3}}$

$r=r_1+r_2\Rightarrow-\dfrac{\mathrm{d}x}{(a-x)}=(k_1+k_2)\mathrm{d}t\Rightarrow\dfrac{1}{a-x}-\dfrac{1}{a}=(k_1+k_2)t\Rightarrow\dfrac{1}{0.5-0.2}-\dfrac{1}{0.5}=(k_1+k_2)30$

$$k_1+k_2=0.044 \qquad ①$$

$$\frac{k_1}{k_2}=\frac{y}{z}=0.6 \qquad ②$$

将①、②联立: $k_1=0.0167\,\mathrm{mol^{-1}\cdot dm^3\cdot min^{-1}}$，$k_2=0.0278\,\mathrm{mol^{-1}\cdot dm^3\cdot min^{-1}}$

13. 理想气体化学反应：$A(g)+B(g)\!=\!=\!=D(g)+2E(g)$ 的机理为：$A\underset{k_{-1}}{\overset{k_1}{\rightleftharpoons}}C$

$C+B\xrightarrow{k_2}D+2E$

(1) 导出以 $\dfrac{\mathrm{d}c_D}{\mathrm{d}t}$ 表示的速率方程，说明在什么条件下反应级数为 2，并写出该二级反应的表观活化能与各基元活化能之间的关系;

(2) 若反应起始时 $p_{A,0}=p_{B,0}$，测得实验数据如下，计算反应的表观活化能;

T/K	$p_{A,0}$/kPa	$t_{1/2}$/s
967	39.20	1520
1030	48.00	212

（3）若在 1030K 时反应物的初始压力为 53.33kPa，求总压达到 63.99kPa 时所需要的反应时间。

解：（1）
$$\frac{dc_D}{dt}=k_2[C][B] \quad ①$$

由平衡假设可得：

$$k_1[A]=k_{-1}[C]\Rightarrow[C]=\frac{k_1}{k_{-1}}[A] \quad ②$$

将②代入① $\frac{dc_D}{dt}=k_2[C][B]=k_2\frac{k_1}{k_{-1}}[A][B]$

因此，当 A 或 B 无大大过量的条件下，反应级数为 2 级。

$E_a=E_{a,2}+E_{a,1}-E_{a,-1}$

（2）967K：$t_{1/2}=\frac{1}{k_{967}p_{0,967}}\Rightarrow k_{967}=1.678\times10^{-5}\ \mathrm{kPa^{-1}\cdot s^{-1}}$

1030K：$t_{1/2}=\frac{1}{k_{1030}p_{0,1030}}\Rightarrow k_{1030}=9.827\times10^{-5}\ \mathrm{kPa^{-1}\cdot s^{-1}}$

$\ln\frac{k_{1030}}{k_{967}}=\frac{E_a}{R}\left(\frac{1}{T_{967}}-\frac{1}{T_{1030}}\right)\Rightarrow E_a=232.3\mathrm{kJ\cdot mol^{-1}}$

（3）$p=53.33-2x+x+2x=63.99\mathrm{kPa}\Rightarrow x=10.66\mathrm{kPa}$

$p_A=[53.33-2\times10.66]\mathrm{kPa}=32.01\mathrm{kPa}$

$\frac{1}{p_A}-\frac{1}{p_{A,0}}=k_{1030}t\Rightarrow t=127\mathrm{s}$

14. 已知某恒温、恒容反应的机理如下：

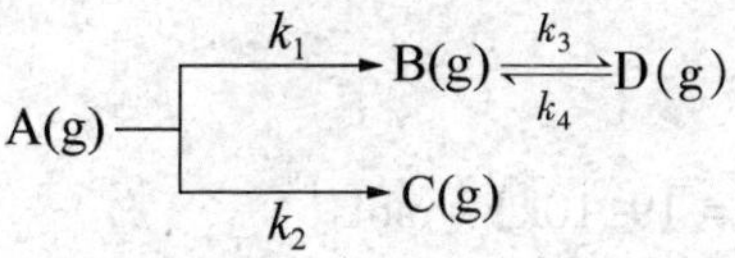

反应开始时只有 A(g)，且已知 $c_{A,0}=0.02\mathrm{mol\cdot dm^{-3}}$，$k_1=3.0\mathrm{s^{-1}}$，$k_2=2.5\mathrm{s^{-1}}$，$k_3=4.0\mathrm{s^{-1}}$，$k_4=5.0\mathrm{s^{-1}}$。

（1）试写出分别用 c_A，c_B，c_C，c_D 表示的速率方程；

（2）求反应物 A 的半衰期；

（3）当反应物 A 完全反应（即 $c_A=0$）时，c_B、c_C、c_D 各为多少？

解：(1) $-\frac{dc_A}{dt}=(k_1+k_2)c_A$；$\frac{dc_B}{dt}=k_1c_A-k_3c_B+k_4c_D$；$\frac{dc_C}{dt}=k_2c_A$；$\frac{dc_D}{dt}=k_3c_B-k_4c_D$

(2)从 k_1 和 k_2 的单位可看出两个反应均为一级反应

$$-\frac{dc_A}{dt}=(k_1+k_2)c_A\Rightarrow-\int_{c_{A,0}}^{c_A}\frac{dc_A}{c_A}=(k_1+k_2)\int_0^t dt\Rightarrow\ln\frac{c_{A,0}}{c_A}=(k_1+k_2)t$$

$$t_{1/2}=\frac{\ln2}{k_1+k_2}=\left[\frac{\ln2}{3+2.5}\right]s=0.126s$$

(3)浓度关系如下：

	A	B	D	C	
$t=0$	a				
$t=t$	$a-x-c$	b	d	c	$x=b+d$

$$a-x-c=0\Rightarrow a=x+c=0.02mol\cdot dm^{-3} \quad ①$$

$$\frac{x}{c}=\frac{k_1}{k_2}=\frac{3}{2.5}\Rightarrow x=\frac{3}{2.5}c \quad ②$$

将②代入①可得 $c=9.091\times10^{-3}mol\cdot dm^{-3}$

$$x=d+b=1.0909\times10^{-2}mol\cdot dm^{-3} \quad ③$$

$$\frac{d}{b}=\frac{k_3}{k_4}=\frac{4}{5} \quad ④$$

将④代入③可得 $b=6.061\times10^{-3}mol\cdot dm^{-3}$，$d=4.849\times10^{-3}mol\cdot dm^{-3}$

15. 请估算下列基元反应的活化能

① $I_2+M\rightarrow2I+M$

② $H+C_6H_5CH_3\rightarrow CH_4+C_6H_5$

③ $CH_3+H_2\rightarrow CH_4+H$

已知：$\varepsilon_{I-I}=150.6kJ\cdot mol^{-1}$，$\varepsilon_{H-H}=435.1kJ\cdot mol^{-1}$，$\varepsilon_{C-H}=414.2kJ\cdot mol^{-1}$，$\varepsilon_{C-C}=347.3kJ\cdot mol^{-1}$

① $E_a=\varepsilon_{I-I}=150.6kJ\cdot mol^{-1}$

② $E_a=\varepsilon_{C-C}=[347.3\times5.5\%]kJ\cdot mol^{-1}=19.10kJ\cdot mol^{-1}$

③ $E_a=\varepsilon_{H-H}=[435.1\times5.5\%]kJ\cdot mol^{-1}=23.9kJ\cdot mol^{-1}$

16. 反应 $CO+Cl_2\rightarrow COCl_2$ 实验测得反应级数为2.5级，有人提出以下机理：

$Cl_2\underset{k_{-1}}{\overset{k_1}{\rightleftharpoons}}2Cl$(快速平衡)；$CO+Cl\underset{k_{-2}}{\overset{k_2}{\rightleftharpoons}}COCl$(快速平衡)；

$$COCl+Cl_2\xrightarrow{k_3}COCl_2+Cl$$

请导出 $\frac{d[COCl_2]}{dt}$ 表示的速率方程，并求出表观活化能与每步活化能的关系。

解：

$$\frac{d[COCl_2]}{dt}=k_3[COCl][Cl_2]$$

$$\left.\begin{array}{l} k_2[CO][Cl]=k_{-2}[COCl] \\ k_1[Cl_2]=k_{-1}[Cl]^2 \Rightarrow [Cl]=\left(\frac{k_1}{k_{-1}}\right)^{1/2}[Cl_2]^{1/2} \end{array}\right\}$$

$$\Rightarrow [COCl]=\left(\frac{k_1}{k_{-1}}\right)^{1/2}\left(\frac{k_2}{k_{-2}}\right)[Cl_2]^{1/2}[CO]$$

$$\frac{d[COCl_2]}{dt}=k_3[COCl][Cl_2]=k_3\left(\frac{k_1}{k_{-1}}\right)^{1/2}\left(\frac{k_2}{k_{-2}}\right)[Cl_2]^{3/2}[CO]$$

$$E_a=\frac{1}{2}E_1+E_2+E_3-\frac{1}{2}E_{-1}-E_{-2}$$

17. 反应 $C_2H_6+H_2\rightarrow 2CH_4$ 的反应机理如下：

$C_2H_6 \rightleftharpoons 2CH_3\cdot$　　k_1，k_{-1}，E_1，E_{-1}

$CH_3\cdot + H_2 \rightarrow CH_4 + H\cdot$　　k_2，E_2

$H\cdot + C_2H_6 \rightarrow CH_4 + CH_3\cdot$　　k_3，E_3

试导出 $\frac{d[CH_4]}{dt}$ 的表达式，并求出表观活化能和每一步反应活化能之间的关系。

解：

$$\frac{d[CH_4]}{dt}=k_2[CH_3\cdot][H_2]+k_3[H\cdot][C_2H_6] \qquad ①$$

$$\frac{d[CH_3\cdot]}{dt}=2k_1[C_2H_6]-2k_{-1}[CH_3\cdot]^2-k_2[CH_3\cdot][H_2]+k_3[H\cdot][C_2H_6]=0 \qquad ②$$

$$\frac{d[H\cdot]}{dt}=k_2[CH_3\cdot][H_2]-k_3[H\cdot][C_2H_6]=0 \qquad ③$$

(3)+(1) $\frac{d[CH_4]}{dt}=2k_2[CH_3\cdot][H_2]$

(3)+(2) $k_1[C_2H_6]=k_{-1}[CH_3\cdot]^2 \Rightarrow [CH_3\cdot]=\left(\frac{k_1}{k_{-1}}\right)^{1/2}[C_2H_6]^{1/2}$

$$\frac{d[CH_4]}{dt}=2k_2\left(\frac{k_1}{k_{-1}}\right)^{1/2}[C_2H_6]^{1/2}[H_2]$$

$$E_a=E_2-\frac{1}{2}(E_1-E_{-1})$$

18. 反应 $2NO+O_2\rightarrow 2NO_2$ 的一个可能历程为：① $NO+NO\xrightarrow{k_1}N_2O_2$；② $N_2O_2\xrightarrow{k_2}2NO$；③ $N_2O_2+O_2\xrightarrow{k_3}2NO_2$。若反应①中生成的 N_2O_2 只有小部分用于形成③中的产物，而大部分 N_2O_2 在反应式②中转化为 NO，已知三个基元反应的活化能分别为 $E_{a,1}=82\text{kJ}\cdot\text{mol}^{-1}$，$E_{a,2}=205\text{kJ}\cdot\text{mol}^{-1}$，$E_{a,3}=82\text{kJ}\cdot\text{mol}^{-1}$，求总反应的表观活化能是多少？

解： $r=\dfrac{1}{2}\dfrac{d[NO_2]}{dt}=k_3[N_2O_2][O_2]$

$$\frac{d[N_2O_2]}{dt}=k_1[NO_2]^2-k_2[N_2O_2]-k_3[N_2O_2][O_2]=0\Rightarrow[N_2O_2]=\frac{k_1[NO_2]^2}{k_2+k_3[O_2]}$$

$$r=\frac{1}{2}\frac{d[NO_2]}{dt}=\frac{k_3k_1[NO_2]^2[O_2]}{k_2+k_3[O_2]}\approx\frac{k_3k_1}{k_2}[NO_2]^2[O_2]$$

$$k=\frac{k_3k_1}{k_2}\Rightarrow E_a=E_{a,1}+E_{a,3}-E_{a,2}=[82+82-205]\text{kJ}\cdot\text{mol}^{-1}=-41\text{kJ}\cdot\text{mol}^{-1}$$

19. 气相反应 $H_2(g)+Br_2(g)\rightarrow 2HBr(g)$ 的反应历程为：

(1) $Br_2+M\xrightarrow{k_1}2Br\cdot+M$；(2) $Br\cdot+H_2\xrightarrow{k_2}HBr+H\cdot$；(3) $H\cdot+Br_2\xrightarrow{k_3}HBr+Br\cdot$

(4) $H\cdot+HBr\xrightarrow{k_4}H_2+Br\cdot$；(5) $Br\cdot+Br\cdot+M\xrightarrow{k_5}Br_2+M$

给出 $\dfrac{d[HBr]}{dt}$ 表达式。

解： $$\frac{d[HBr]}{dt}=k_2[Br\cdot][H_2]+k_3[H\cdot][Br_2]-k_4[H\cdot][HBr] \quad ①$$

$$\frac{d[Br\cdot]}{dt}=2k_1[Br_2][M]-k_2[Br\cdot][H_2]+k_3[H\cdot][Br_2]+k_4[H\cdot][HBr]-2k_5[Br\cdot]^2[M]=0 \quad ②$$

$$\frac{d[H\cdot]}{dt}=k_2[Br\cdot][H_2]-k_3[H\cdot][Br_2]-k_4[H\cdot][HBr]=0 \quad ③$$

①-③ $\frac{d[HBr]}{dt} = 2k_3[H\cdot][Br_2]$ ④

②+③ $[Br\cdot] = \left(\frac{k_1[Br_2]}{k_5}\right)^{1/2}$ 将该式代入③中得 $[H\cdot] = k_2\left(\frac{k_1}{k_5}\right)^{1/2}$

$\frac{[H_2][Br_2]^{1/2}}{k_3[Br_2] + k_4[HBr]}$ ⑤

将⑤代入④中

$$\frac{d[HBr]}{dt} = 2k_2\left(\frac{k_1}{k_5}\right)^{1/2}\frac{[H_2][Br_2]^{3/2}}{[Br_2] + \frac{k_4}{k_3}[HBr]}$$

20. N_2O_5分解反应的历程如下：

① $N_2O_5 \underset{k_{-1}}{\overset{k_1}{\rightleftharpoons}} NO_2 + NO_3$

② $NO_2 + NO_3 \xrightarrow{k_2} NO + O_2 + NO_2$

③ $NO + NO_3 \xrightarrow{k_3} 2NO_2$

（1）当用 O_2 的生成速率表示反应速率时，试用稳态法证明：$r_1 = \frac{k_1k_2}{k_{-1} + 2k_2}[N_2O_5]$；

（2）设反应②为决速步骤，设反应①为快速平衡，用平衡假设法写出反应速率表达式 r_2。在什么情况下 $r_1 = r_2$。

解：（1）稳态近似法：

$$\frac{d[O_2]}{dt} = k_2[NO_2][NO_3] \quad (a)$$

$$\frac{d[NO_3]}{dt} = k_1[N_2O_5] - k_{-1}[NO_2][NO_3] - k_2[NO_2][NO_3] - k_3[NO][NO_3] = 0 \quad (b)$$

$$\frac{d[NO]}{dt} = k_2[NO_2][NO_3] - k_3[NO][NO_3] = 0 \quad (c)$$

(b)-(c)可得 $[NO_3] = \frac{k_1[N_2O_5]}{(k_{-1} + 2k_2)[NO_2]}$ (d)

将(d)代入(a)则 $r_1 = \frac{k_1k_2}{(k_{-1} + 2k_2)}[N_2O_5]$

（2）设反应②为决速步骤，设反应①为快速平衡

$$\frac{d[O_2]}{dt}=k_2[NO_2][NO_3]$$

$$\frac{k_1}{k_{-1}}=\frac{[NO_2][NO_3]}{[N_2O_5]}\Rightarrow[NO_3]=\frac{k_1}{k_{-1}}\cdot\frac{[N_2O_5]}{[NO_2]}\Rightarrow r_2=\frac{k_1k_2}{k_{-1}}[N_2O_5]$$

$r_1=r_2\Rightarrow\frac{k_1k_2}{k_{-1}}=\frac{k_1k_2}{k_{-1}+2k_2}$ 即反应中要有 $k_{-1}\gg k_2$

21. 异丙苯[$C_6H_5C(CH_3)_2$—H]氧化为过氧化氢异丙苯[$C_6H_5C(CH_3)_2$—OOH]的反应式可简单表示为：R—H+O_2→ROOH。一般应在异丙苯中先加入2.5%的过氧化氢异丙苯作为引发剂，此反应的机理如下：

链引发：

(1) $ROOH\xrightarrow{k_1}RO\cdot+OH\cdot$　　$E_1=151kJ\cdot mol^{-1}$

(2) $RO\cdot+RH\xrightarrow{k_1}ROH+R\cdot$　　$E_2=17kJ\cdot mol^{-1}$

(3) $OH\cdot+RH\xrightarrow{k_3}H_2O+R\cdot$　　$E_3=17kJ\cdot mol^{-1}$

链传递：

(4) $R\cdot+O_2\xrightarrow{k_4}RO_2\cdot$　　$E_4=17kJ\cdot mol^{-1}$

(5) $RO_2\cdot+RH\cdot\xrightarrow{k_5}ROOH+R\cdot$　　$E_5=17kJ\cdot mol^{-1}$

链中止：

(6) $2RO_2\cdot\xrightarrow{k_6}ROOR+O_2$　　$E_6=0kJ\cdot mol^{-1}$

试导出该反应的速率公式，并求出反应的表观活化能 E_a。说明此反应为什么有一个诱导期，是一个反应越来越快的过程？

解：$\frac{d[ROOH]}{dt}=k_5[RO_2\cdot][RH]-k_1[ROOH]$　　①

$\frac{d[RO_2\cdot]}{dt}=k_4[R\cdot][O_2]-k_5[RO_2\cdot][RH]-2k_6[RO_2\cdot]^2=0$　　②

$\frac{d[R\cdot]}{dt}=k_2[RO\cdot][RH]+k_3[OH\cdot][RH]-k_4[R\cdot][O_2]+k_5[RO_2\cdot]$

$[RH]=0$　　③

$\frac{d[RO\cdot]}{dt}=k_1[ROOH]-k_2[RO\cdot][RH]=0$　　④

$\frac{d[OH\cdot]}{dt}=k_1[ROOH]-k_3[OH\cdot][RH]=0$　　⑤

③+④+⑤得 $k_4[R\cdot][O_2]-k_5[RO_2\cdot][RH]=2k_1[ROOH]$　　⑥

将⑥代入②得 $[RO_2 \cdot] = \left(\frac{k_1}{k_6}\right)^{1/2} [ROOH]^{1/2}$ ⑦

将⑦代入①得 $\frac{d[ROOH]}{dt} = k_5 \left(\frac{k_1}{k_6}\right)^{1/2} [ROOH]^{1/2}[RH] - k_1[ROOH]$

因第一步活化能较大，则 k_1 较小，故将式中的第二项忽略

$$\frac{d[ROOH]}{dt} = k_5 \left(\frac{k_1}{k_6}\right)^{1/2} [ROOH]^{1/2}[RH]$$

$$E_a = E_{a,5} + 0.5E_{a,1} - 0.5E_{a,6} = [17 + 0.5 \times 151]\ kJ \cdot mol^{-1} = 92.5kJ \cdot mol^{-1}$$

从各步的活化能数值可以看出，第一步的活化能较大，因此反应中需要一个诱导期以便 RO · 和 OH · 的生成，而后续反应的活化能较低，表明反应速度将加快；链终止过程的活化能为 0，可见，这是一个反应越来越快的过程。

22. 已知液态松节油萜的消旋作用是一级反应，在 458K 和 510K 时的速率常数分别为 $k(458K) = 2.2 \times 10^{-5}\ min^{-1}$ 和 $k(510K) = 3.07 \times 10^{-3}\ min^{-1}$ 。试求反应的实验活化能 E_a，以及在平均温度时的活化焓 $\Delta_r^{\neq} H_m$ 、活化熵 $\Delta_r^{\neq} S_m$ 和活化 Gibbs 自由能 $\Delta_r^{\neq} G_m$ 。

解：

$$\ln \frac{k(510K)}{k(458K)} = \frac{E_a}{R}\left(\frac{1}{T_{458}} - \frac{1}{T_{510}}\right) \Rightarrow \ln \frac{3.07 \times 10^{-3}\ min^{-1}}{2.2 \times 10^{-5}\ min^{-1}}$$

$$= \frac{E_a}{8.314J \cdot mol^{-1} \cdot K^{-1}}\left(\frac{1}{458K} - \frac{1}{510K}\right)$$

$$E_a = 181.43kJ \cdot mol^{-1}$$

$$T = \frac{T_1 + T_2}{2} = \left[\frac{510 + 458}{2}\right] K = 484K$$

$$\ln \frac{k_3}{2.2 \times 10^{-5}\ min^{-1}} = \frac{184430J \cdot mol^{-1}}{8.314J \cdot mol^{-1} \cdot K^{-1}}\left(\frac{1}{458K} - \frac{1}{484K}\right) \Rightarrow k_3 = 4.95 \times 10^{-6} s^{-1}$$

$$\Delta_r^{\neq} H_m = E_a - RT = [184.43 - 8.314 \times 484 \times 10^{-3}]\ kJ \cdot mol^{-1} = 180.4kJ \cdot mol^{-1}$$

$$k_3 = \frac{k_B T}{h}(c^{\ominus})^{1-n} e^{-\frac{\Delta_r^{\neq} G_m}{RT}} \Rightarrow 4.95 \times 10^{-6} s$$

$$= \frac{1.38 \times 10^{-23} J \cdot K^{-1} \times 484K}{6.626 \times 10^{-34} J \cdot s^{-1}} e^{-\frac{\Delta_r^{\neq} G_m}{8.314J \cdot K^{-1} \cdot mol^{-1} \times 484K}}$$

$$\Delta_r^{\neq} G_m = 169.64kJ \cdot mol^{-1}$$

$$\Delta_r^{\neq} S_m = \frac{\Delta_r^{\neq} H_m - \Delta_r^{\neq} G_m}{T} = \left[\frac{(180.4 - 169.64) \times 10^3}{484}\right] \mathrm{J \cdot mol^{-1} \cdot K^{-1}}$$

$$= 22.23 \mathrm{J \cdot mol^{-1} \cdot K^{-1}}$$

23. 已知乙炔气体的热分解是二级反应，发生反应的临界能 $E_c = 190.4\mathrm{kJ \cdot mol^{-1}}$，分子直径为 0.5nm，试计算：(1) 800K、100kPa 时，单位时间、单位体积内的碰撞数；(2) 求上述反应条件下的速率常数和初始反应速率。

解：(1) $d_{AA} = 0.5 \times 10^{-9}\mathrm{m}$，$M = 0.026\mathrm{kg \cdot mol^{-1}}$

$$[A] = \frac{p}{RT} = \left[\frac{100 \times 10^3}{8.314 \times 800}\right] \mathrm{mol \cdot m^{-3}} = 15.23 \mathrm{mol \cdot m^{-3}}$$

$d_{AA} = 0.5 \times 10^{-9} mM = 0.026\mathrm{kg \cdot mol^{-1}}$

$$Z_{AA} = 2\pi d_{AA}^2 L^2 [A]^2 \sqrt{\frac{RT}{\pi M}}$$

$$= \left[2\pi \times (0.5 \times 10^{-9} \times 6.02 \times 10^{23} \times 15.23)^2 \sqrt{\frac{8.314 \times 800}{2.6 \times 10^{-2} \pi}}\right] \mathrm{m^{-3} \cdot s^{-1}}$$

$$= 3.77 \times 10^{34} \mathrm{m^{-3} \cdot s^{-1}}$$

(2)

$$k = 2\pi d_{AA}^2 \sqrt{\frac{RT}{\pi M}} e^{-\frac{E_c}{RT}}$$

$$= \left[2\pi \times (0.5 \times 10^{-9})^2 \sqrt{\frac{8.314 \times 800}{2.6 \times 10^{-2} \pi}} e^{-\frac{190.4 \times 10^3}{8.314 \times 800}}\right] \mathrm{mol^{-1} \cdot m^3 \cdot s^{-1}}$$

$$= 9.96 \times 10^{-5} \mathrm{mol^{-1} \cdot m^3 \cdot s^{-1}}$$

$$r = k[A]^2 = [9.96 \times 10^{-5} \times 15.23^2] \mathrm{mol \cdot m^{-3} \cdot s^{-1}} = 2.31 \times 10^{-2} \mathrm{mol \cdot m^{-3} \cdot s^{-1}}$$

§11 表面与胶体化学

11.1 重要知识点

11.1.1 表面 Gibbs 函数、表面功及表面张力

表面吉布斯函数：恒温、恒压及相组成不变条件下，系统增加单位表面积时所增加的吉布斯函数，即 $\gamma=\left(\frac{dG}{dA}\right)_{T,\ p,\ n_B}$，单位为 $J\cdot m^{-2}$。

表面功：在恒温、恒压、相组成恒定条件下，系统可逆增加单位表面积时环境所需做的可逆非体积功，即 $\gamma=dW'/dA$，单位为 $J\cdot m^{-2}$。

表面张力：与界面相切，垂直于边界并指向液体收缩方向的力，单位为 $N\cdot m^{-1}$。

表面 Gibbs 函数和表面张力的区别：两个概念都是由于物质表面层分子的特殊性所引起的，前者是从能量角度分析，后者是从力的角度考虑，是对同一事物从不同侧面的描述，二者数值相等、量纲相同，而单位和物理意义不同。在研究界面的热力学问题时常用表面 Gibbs 函数；在分析各种不同界面交换的互相作用时，用表面张力。

11.1.2 弯曲液面的附加压力

附加压力 Δp 产生的根本原因在于界面的表面张力的增加和不等于零。根据杨-拉普拉斯公式可知，球形表面 $\Delta p=\frac{2\gamma}{r}$，方向指向凹面曲率半径中心。对于液泡(如肥皂泡)，因有内、外两个球形表面，则有 $\Delta p=\frac{4\gamma}{r}$，对于平面溶液，因 $r=\infty$，则 $\Delta p=0$。

开尔文公式($\ln\frac{p_r}{p_0}=\frac{2\gamma M}{r\rho RT}$)则描述了弯曲液面上的蒸气压 p_r 与液面的曲率半径 r 的定量关系。对于凸形液滴 $r>0$, $p_r>p_0$(同温下的平面液体的饱和蒸气压)，液滴越小则 p_r 越大；对于凹形液滴 $r<0$, $p_r<p_0$, $|r|$ 越小，其蒸气压越低。它能很好地解释一些亚稳现象(过饱和蒸气、过饱和溶液、过热液体及过冷

液体)。开尔文公式使用的条件是曲面半径较表面层厚度大得多的情况。一般液体表面层厚度约为 10^{-9} m，当液滴半径接近此值时，计算误差很大，其原因是曲面半径很小时，γ 随半径 r 变小有较大变化，而公式中却视为常数。

液体在毛细管中的上升高度 h 与附加压力有关：$h=\dfrac{2\gamma\cos\theta}{r\rho g}$。

11.1.3 溶液的表面吸附及吉布斯吸附等温式

溶液是多组分系统。多组分系统的性质和组成有关，在同一温度下，溶液的表面张力随浓度的变化而改变。溶液自发降低表面张力的方式是将其中引起表面张力减小的物质相对浓集到表面，因此引起表面相与本体溶液的浓度不同，这种现象称为表面吸附。

达吸附平衡时，单位表面上溶质的物质的量与同量溶剂在溶液本体中所溶解的溶质的物质的量的差值，称为表面吸附量或表面超量，用符号 Γ 表示，单位为 $\mathrm{mol\cdot m^{-2}}$。Γ 数值可由 Gibbs 吸附方程 $\Gamma=-\dfrac{\alpha}{RT}\left(\dfrac{\partial\ \gamma}{\partial\ \alpha}\right)_T$ 求出。Γ 数值反映溶液表面吸附的性质和强弱：$\Gamma>0$，表示正吸附，且值越正表示正吸附程度越大；$\Gamma<0$，表示负吸附，值越负表示负吸附程度越大。当溶液浓度很大时，Γ 值不再随浓度而变化，此时称最大吸附量或饱和吸附量，用 Γ_∞ 表示。

在一定温度下，表面吸附量与溶液浓度之间关系由 Langmuir 等温式表示为：$\Gamma=\Gamma_\infty\dfrac{Kc}{1+Kc}$，其中 K 为经验常数。将该式表示为 $\dfrac{c}{\Gamma}=\dfrac{c}{\Gamma_\infty}+\dfrac{1}{K\Gamma_\infty}$，并以 $\dfrac{c}{\Gamma}\sim c$ 作曲线，由斜率可求得 Γ_∞。若吸附为单分子层，则溶质分子横截面积可用 $S_0=\dfrac{1}{\Gamma_\infty L}$ 求得。

11.1.4 润湿及铺展

液体与固体界面具有润湿现象。润湿与铺展是两种与固-液界面有关的界面过程。润湿是液体表面与固体表面相互接触的过程，因此所发生的变化是由固-液界面取代了原来的液体表面和固体表面。

润湿的程度通常用接触角 θ 表示，$\cos\theta=\dfrac{\gamma_{s-g}-\gamma_{l-s}}{\gamma_{l-g}}$，它反映液、固两个表面的亲密程度。润湿过程可分为三类，即沾湿润湿、浸湿和铺展。铺展是指将液体滴洒在固体表面上时，液滴自动在展开并形成液膜的过程，因此所发生的变化是由固-液和液体表面取代原来的固体表面。

沾湿功为 $W_a=\gamma_{l-s}-\gamma_{g-s}-\gamma_{g-l}$；浸湿功为 $W_i=\gamma_{l-s}-\gamma_{g-s}$；铺展系数为 $S=$

$\gamma_{g-s} - \gamma_{g-l} - \gamma_{l-s}$。

沾湿	$\leqslant 180^\circ$ ($\cos\theta = -1$)	$\theta = 180^\circ$ 完全不润湿，$90^\circ < \theta < 180^\circ$ 不润湿
浸湿	$\leqslant 90^\circ$ ($\cos\theta \geqslant 0$)	$\theta < 90^\circ$ 润湿
铺展	$= 0^\circ$，或不存在 ($\cos\theta \geqslant 1$)	完全润湿

11.1.5　固体的表面吸附

固体自发降低表面张力的方式是从外界吸附气体或溶液中的溶质。达吸附平衡时，单位质量的固体所吸附的吸附质的物质的量称为吸附量。若吸附质是气体，人们也常用单位质量的固体所吸附的气体在标准状况下的体积表示吸附量。对于气-固吸附，吸附量与温度和压力有关，表示为 $q = f(T, p)$。在等温下，$q = f(p)$，表示此关系的曲线称为等温吸附线。吸附系数 b 相当于化学反应的平衡常数，它是吸附程度的标志。吸附热 ΔH_m 是吸附 1mol 吸附质所放出的热量，它值的大小是吸附强度大小的标志。

Langmuir 等温吸附方程：$\theta = \dfrac{bp}{1 + bp} = \dfrac{V}{V_m}$。式中，$V$ 为平衡吸附量；V_m 为饱和吸附量；θ 为固体的表面覆盖率；p 为吸附平衡时的气体压力；b 是吸附系数，对给定的吸附剂和吸附质它只与温度有关。若把吸附视为化学反应，则 b 相当于反应的平衡常数，是吸附平衡位置的标志，也就是固体表面对气体的吸附程度的标志。Langmuir 吸附只适用于单分子层、吸附热与 θ(覆盖度)无关的吸附；对单分子层的物理吸附及化学吸附均适用。

BET 吸附等温式：$\dfrac{p}{V(p^* - p)} = \dfrac{1}{V_m C} + \dfrac{C - 1}{V_m C} \cdot \dfrac{p}{p^*}$。式中，$V$ 为吸附体积，V_m 为单层饱和吸附体积，p^* 是吸附质在该温度下的饱和蒸气压，C 是与吸附过程热效应有关的常数。BET 吸附等温式适用于固体对气体的多分子层吸附和单分子层吸附，且 $p/p^* = 0.05 \sim 0.35$。若压力范围过低，建立不起多层物理吸附平衡，甚至不能达到满层吸附，表面的不均匀性会引起误差；在高压力范围下，分子间作用力和毛细凝结效应会引起误差。根据 BET 吸附等温式中的 V_m 值，可求吸附的比表面积，$S = A_m L n = \dfrac{A_m L V_m}{22.4\ \mathrm{dm^3 \cdot mol^{-1}}}$。

11.1.6　表面活性剂

表面活性剂是一类能够显著降低水表面张力的物质，其特点是加入量很少而降低表面张力的收效很大，所以它们在溶液表面具有很强的正吸附。表面活性剂主要分为离子型和非离子型两大类型，其中离子型表面活性剂又分阴离子型、阳离子型和两亲型三种。表面活性剂分子由性质不同的亲油基(憎水基)、亲水基(憎油基)两部分组成，其亲水及亲油性强弱可以用表面活性剂的亲油亲水平衡值(HLB值)表示，HLB值越大，表面活性剂亲水性越强。

在溶液内部，表面活性剂分子缔合成胶束。表面活性剂在水溶液中在水中开始形成胶束时浓度称为临界胶束浓度(CMC)。需要强调的是，CMC不是一个特定的浓度，而是一个浓度范围。

11.1.7 胶体分散系统

胶体分散系统：分散相粒子介于1nm及1000nm之间。

胶体分散系统的分类：按分散介质类型分为气溶胶、液溶胶及固溶胶；按稳定性及分散相结构分为憎液溶胶(溶胶)、亲液溶胶(大分子溶液)、缔合胶体。

溶胶的特征：① 特有的分散程度。胶粒的大小一般在1~100nm，所以有动力稳定性强、散射作用明显、不能通过半透膜、渗透压低等特点。② 多相不均匀性。胶团结构复杂，是一个具有相界面的超微不均匀质点。③ 热力学不稳定性。由于胶粒小、表面积大、表面能高，有自动聚结降低表面能的趋势。所以要有稳定剂存在，由于带电的溶剂化层存在，可保护胶粒不聚沉。

11.1.8 溶胶的光学性质

Dyndall效应(乳光效应)：将一束聚集的光投射到胶体系统上，在与入射光垂直的方向上，可观察到一个发亮的光柱，其中并有微粒闪烁(如图11-1)。光在分散体系上可发生反射、折射、散射、吸收、透过等现象。当分散相粒子较大，则光产生反射及折射现象。当分散相粒子较小，吸收一定波长的光，形成电偶极子，由其振荡向各个方向发射振动频率与入射光频率相同的光。若系统完全均匀，所有散射光相互抵消，看不到散射光；若系统不均匀，散射光不会相互抵消，可看到散射光。Dyndall效应的实质是光的散射，可用来区分胶体溶液和小分子溶液。

散射光强度(即乳光强度或浊度 turbidity)可用瑞利 Rayleigh 公式表示。Rayleigh公式：$I=\dfrac{9\pi^2V^2C}{2\lambda^4l^2}\left(\dfrac{n^2-n_0^2}{n^2+2n_0^2}\right)^2(1+\cos^2\alpha)I_0$。式中，$V$为每个粒子的体积，$C$为单位体积中的粒子数，$n$为分散相的折射率，$n_0$为介质的折射率，$\lambda$为入射光波长，$l$为观察者与散射中心的距离，$\alpha$为观察方向与入射光方向的夹角，$I_0$为入射光强度。

利用Dyndall效应可制得超显微镜，用以观测胶粒的运动、大小、形状，研究胶粒的聚沉过程、沉降速度、电泳现象等。

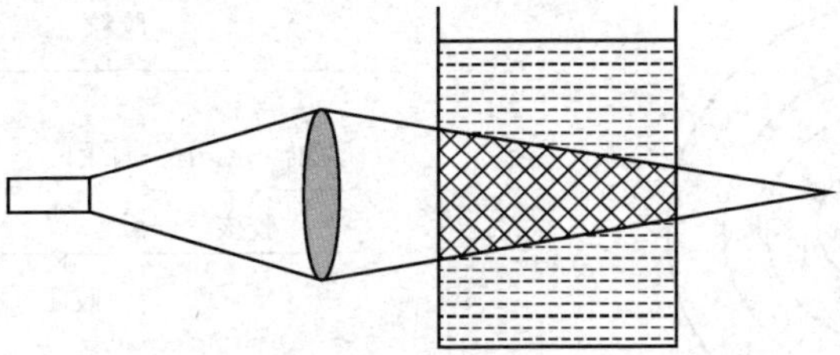

图 11-1　溶胶的 Dyndall 效应

11.1.9　溶胶的动力性质

Brown 运动：分散相粒子在介质中不停的、无规则的运动即布朗运动。布朗运动的实质是介质分子热运动对分散相粒子撞击力不能完全互相抵消，而在某一时刻，分散相粒子从某一方向得到冲量进而发生位移。t 时间间隔内粒子的平均位移可用爱因斯坦-布朗平均位移公式表示：$\bar{x}=\left(\dfrac{RTt}{3L\pi r\eta}\right)^{1/2}$。式中，$L$ 为阿伏加德罗常数，r 为粒子半径，η 为介质黏度。

扩散和渗透压：粒子自发地从高浓度区域向低浓度区域定向迁移的现象即扩散。扩散的推动力是浓度梯度。Fick 第一定律 $\left(\dfrac{\mathrm{d}n}{\mathrm{d}t}=-DA_s\dfrac{\mathrm{d}c}{\mathrm{d}x}\right)$ 及第二定律 $\left[\dfrac{\mathrm{d}c}{\mathrm{d}t}=\dfrac{\mathrm{d}}{\mathrm{d}x}\left(D\dfrac{\mathrm{d}c}{\mathrm{d}x}\right)\right]$ 描述了物质扩散现象的宏观规律。其中扩散系数 $D=\dfrac{RT}{6L\pi r\eta}$，表示单位浓度梯度下，单位时间通过单位截面积的物质的量。扩散系数越大，扩散能力越强。相对于真溶液，胶体粒子的扩散速率小几百倍。溶胶的渗透压 $\Pi=\dfrac{n}{V}RT$，一般只有几个 Pa，很难测出。其凝固点降低和沸点升高值也很难测出。

沉降与沉降平衡：粒子因重力作用而下沉的现象即沉降。沉降导致浓度差，导致扩散，当重力和扩散力相等时，即达沉降平衡。沉降平衡可用贝林(Perrin)高度分布定律表示：$\ln\dfrac{c_2}{c_1}=-\dfrac{4\pi r^3 gL}{3RT}(\rho-\rho_0)(h_2-h_1)$。

11.1.10　溶胶的电学性质和稳定性

胶粒带电的原因：(1) 表面选择吸附(法扬斯 Fajans 规则)；(2) 表面分子电离(如蛋白质 NH_2—Pr—COOH，净电荷为零时的 pH 即其等电点)。

溶胶的胶团结构：根据吸附及扩散双电层模型溶胶胶团结构示意图及结构式如下图所示，其中胶核、胶粒荷电，胶团、溶胶电中性。

电动现象：在外电场作用下，胶粒在分散介质中定向移动的现象称为电泳。

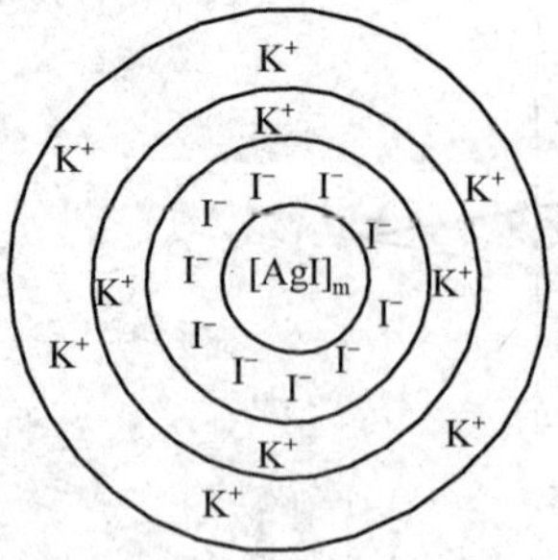

示意图

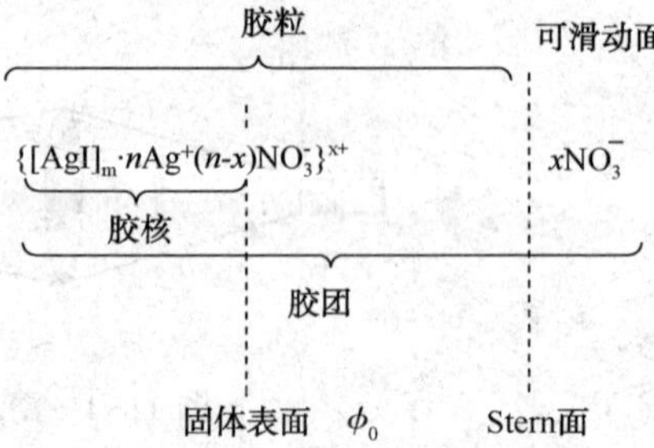

结构式

在外电场作用下，分散介质通过多孔膜或极细的毛细管定向流动的现象称为电渗。在外力作用下，迫使胶粒及分散介质相进行相对运动时又可以产生电势差—沉降电势和流动电势。这些现象统称为电动现象。

电动电势（ζ 电势）：溶胶中的独立运动单位是胶粒，决定其所受电场力大小的是胶粒所带的电荷 x，也即扩散层内的电势 ζ——电动电势。ζ 电势与电泳或电渗速度 v 的关系：$\zeta = \frac{\eta v}{\varepsilon E}$，式中 η 为介质黏度，E 为电场强度或电位梯度，ε 为介质介电常数。

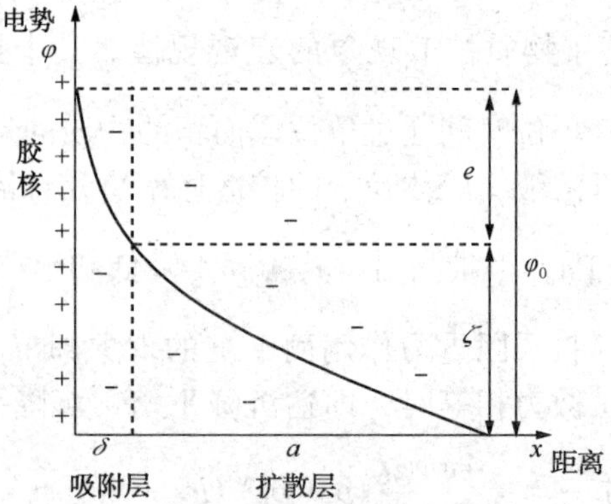

	φ_0	=	e	+	ζ
电势：	热力学电势		吸附层内电势		扩散层内电势
相应的电荷：	n		$n-x$		x

溶胶的稳定性：主要归因于胶粒带电（ζ 电势），溶剂化作用及 Brown 运动。ζ 电势与溶剂化作用均和扩散层厚度有关，扩散层厚度又取决于溶液中电解质的浓度。

11.1.11 溶胶的聚沉

加热、辐射、增加溶胶的浓度均可增加胶粒的碰撞机率，加入具有相反电荷的溶胶，加入适量的电解质，少量的高分子化合物等均可导致溶胶的聚沉。

聚沉值：使溶胶发生明显聚沉所需电解质的最小浓度即该电解质的聚沉值。聚沉值越小，聚沉能力越大。

(1) 电解质中起聚沉作用的主要是反离子，且价数越高聚沉能力越强；同号离子则价数越高聚沉能力越低，即舒尔茨-哈迪价数规则：

聚沉能力：$Me^{\mathrm{I}}:Me^{\mathrm{II}}:Me^{\mathrm{III}}=1^6:2^6:3^6=1:64:729$

聚沉值：$Me^{\mathrm{I}}:Me^{\mathrm{II}}:Me^{\mathrm{III}}=\frac{1}{1^6}:\frac{1}{2^6}:\frac{1}{3^6}=729:11.4:1$

(2) 同价离子的聚沉能力也有所不同，其次序称为感胶离子序：

对负溶胶，聚沉能力：$H^+>Cs^+>Rb^+>NH_4{}^+>K^+>Na^+>Li^+$

对正溶胶，聚沉能力：$F^->Cl^->Br^->NO_3{}^->I^->SCN^->OH^-$

(3) H^+和有机离子都有很强的聚沉能力。

11.1.12 唐南平衡

由于聚电解质电离出的聚离子不能通过半透膜，使小离子在膜两边浓度不同，该渗透平衡称为唐南平衡。唐南膜平衡时，电解质在膜两侧的化学势相等，由此得到膜两侧的电解质离子浓度乘积相等，如 $[Na^+]_{内}\cdot[Cl^-]_{内}=[Na^+]_{外}\cdot[Cl^-]_{外}$；有电解质存在时，大分子溶液的渗透压一般低于无电解质时的渗透压；半透膜一边放入聚电解质溶液，另一侧放小分子电解质溶液，唐南平衡时，渗透压只与聚电解质溶液浓度有关的说法是错误的。不过当盐浓度远大于聚电解质浓度时，上述说法正确。

11.2 基本结构

	内　　容	定义或注意事项
基本概念	Ⅰ. **表面化学部分**	
	比表面	$A_s \overset{\text{def}}{=\!=} \frac{A}{V}$
	比表面 Gibbs 自由能和表面张力	$\gamma=\left(\frac{\mathrm{d}G}{\mathrm{d}A}\right)_{T,p,n_B}$
	物理吸附和化学吸附	两者区别

续表

	内　容	定义或注意事项
基本概念	吸附量、吸附热、吸附等温式	Langmuir 吸附等温式、Freundlich 等温式、BET 多层吸附公式
	表面超量(Gibbs 吸附量)	
	表面活性剂	乳化、加溶、起泡、润湿
	接触角、毛细现象	$\cos\theta = \dfrac{\gamma_{s-g} - \gamma_{l-s}}{\gamma_{l-g}}$ $h = \dfrac{2\gamma\cos\theta}{r\rho g}$
	Ⅱ. 胶体化学部分	
	分散相及分散介质	
	胶体和溶胶	
	溶胶的基本特征	高分散性、多相性、热力学不稳定性
	胶团、胶粒、胶核	
	ζ 电势	电泳、电渗、沉降电势、流动电势
基本定理	**Ⅰ. 表面化学部分**	
	表面热力学的基本关系式	$dU = TdS - pdV + \gamma dA_s + \sum_B \mu_B dn_B$ $dH = TdS + Vdp + \gamma dA_s + \sum_B \mu_B dn_B$ $dA = -SdT - pdV + \gamma dA_s + \sum_B \mu_B dn_B$ $dG = -SdT + Vdp + \gamma dA_s + \sum_B \mu_B dn_B$
	Young-Laplace 公式	$\Delta p = \dfrac{2\gamma}{r}$（肥皂泡：$\Delta p = \dfrac{4\gamma}{r}$）
	Kelvin 公式	$\ln\dfrac{p_r}{p_0} = \dfrac{2\gamma M}{r\rho RT}$
	Gibbs 吸附等温式	$\Gamma = -\dfrac{\alpha}{RT}\left(\dfrac{\partial\gamma}{\partial\alpha}\right)_T$
	Langmuir 吸附等温式	$\theta = \dfrac{bp}{1+bp}$
	BET 多层吸附公式	$\dfrac{p}{V(p^* - p)} = \dfrac{1}{V_m C} + \dfrac{C-1}{V_m C}\cdot\dfrac{p}{p^*}$
	Freundlich 等温式	$q = kp^{\frac{1}{n}}$
	Тёмкин 方程	$\theta = \dfrac{RT}{\alpha}\ln(A_0 p)$
	Ⅱ. 胶体化学部分	
	Brown 运动	$\bar{x} = \left(\dfrac{RTt}{3L\pi r\eta}\right)^{1/2}$

续表

	内　　容	定义或注意事项
基本定理	Fick 第一定律	$\frac{dm}{dt} = -DA\frac{dc}{dt}$
	Fick 第二定律	$\frac{dc}{dt} = -D\frac{\partial^2 c}{\partial x^2}$
	渗透压	$\Pi = \frac{n}{V}RT$
	Rayleigh 公式	$I = \frac{9\pi^2 V^2 C}{2\lambda^4 l^2}\left(\frac{n^2 - n_0^2}{n^2 + 2n_0^2}\right)^2(1 + \cos^2\alpha)I_0$
	Perrin 高度分布定律	$\ln\frac{c_2}{c_1} = -\frac{4\pi r^3 gL}{3RT}(\rho - \rho_0)(h_2 - h_1)$
	感胶离子序	
	DLVO 理论	互斥位能、互吸位能、总作用位能
	唐南平衡	$\frac{c_{B,内}}{c_{B,外}} = \frac{c_{A,外}}{c_{A,内}}$　$x = \frac{c_1^2}{2c_2 + zc_2}$
基本计算	**Ⅰ. 表面化学部分**	
	表面热力学的计算	
	与曲率半径相关的计算	
	毛细现象	
	表面活性剂分子横截面积 A_m	
	饱和吸附量 V_m、固体吸附剂总表面积 S 及气体吸附质分子截面积 A_m 的计算	
	Ⅱ. 胶体化学部分	
	大分子化合物平均分子量	
	唐南平衡相关计算	

11.3 例题精解

11.3.1 选择题

1. 一定体积的水，当聚成一个大球，或分散成许多小水滴时，在相同温度下，这两种状态的性质不变的是( )

(A) 表面能　(B) 表面张力　(C) 比表面积　(D) 液面下的附加压力

答案：(B)

2. 下列说法中不正确的是(　　)

(A) 生成的新鲜液面都有表面张力　(B) 弯曲液面上的张力指向曲面的中心

(C) 平面液体上没有附加压力　　　(D) 弯曲液面上的附加压力指向曲面的中心

解析：液面上的表面张力总是垂直于边界与表面相切，指向液体的方向。

答案：(B)

3. 空气中直径为 2×10^{-3} m 的肥皂泡，其表面张力为 $0.07\text{N}\cdot\text{m}^{-1}$，肥皂泡内所承受的附加压力为(　　)

(A) 0.14kPa　　(B) 0.28kPa　　(C) 0.56kPa　　(D) 1.12kPa

解析：空气中的肥皂泡，有两个气-液界面，外层是一个凸球面，内层是一个凹球面，附加压力都指向球心，则 $\Delta p=\dfrac{4\gamma}{r}=\dfrac{4\times0.07\text{N}\cdot\text{m}^{-1}}{1\times10^{-3}\text{m}}=0.28\text{kPa}$

答案：(B)

4. 在一定的温度和压力下，有两个半径相同的肥皂泡，泡(1)在肥皂水中，泡内的压力为 p_1，泡(2)漂浮在空气中，泡内的压力为 p_2，两者压力的关系为(　　)

(A) $p_1=p_2$　　(B) $p_1<p_2$　　(C) $p_1>p_2$　　(D) 无法比较

解析：空中的肥皂泡有两个气-液界面，一个凸液面，一个凹液面，附加压力都指向球心，而肥皂水中的气泡只有一个凹液面。

答案：(B)

5. 一水平放置的洁净玻璃毛细管，管内放少量的纯水，在管的左端微微加热，液面将向哪方移动(　　)

(A) 向左方移动　　　(B) 向右方移动

(C) 不发生移动　　　(D) 移动方向不确定

解析：水能润湿毛细管，毛细管内纯水以凹液面的形式存在，附加压力指向弯月面中心，即左端向左，右端向右。温度升高，表面张力下降，即左端附加压力变小，水不能保持平衡，右端的附加压力大，液面会向右移动。

答案：(B)

6. 微小晶体与同一物种的大块晶体相比较，下列说法哪一个不正确(　　)

(A) 微小晶体的饱和蒸气压大　　(B) 微小晶体的表面张力未变

(C) 微小晶体的溶解度小　　　　(D) 微小晶体的熔点较低

解析：颗粒表面是凸面，附加压力的方向与外压相同，凸面上总的压力等于附加压力与外压的和。根据 Kelvin 公式，凸面的曲率半径越小，其附加压力就越大，饱和蒸气压也就越大。根据 Henry 定律，其溶解度也一定越大。在同一温度下，若是在同一个饱和溶液中同时存在不同粒径的颗粒，则经过一段时间后，小颗粒就会消失。

答案：（C）

7. 多孔固体表面易吸附水蒸气，而不易吸附氧气、氮气，主要原因是(　　)

（A）水蒸气分子量比 O_2、N_2小

（B）水蒸气分子的极性比 O_2、N_2要大

（C）水蒸气的凝聚温度比 O_2、N_2高

（D）水蒸气在空气中含量比 O_2、N_2要少

答案：（C）

8. 液体在能被它润湿的毛细管中上升的高度反比于(　　)

（A）空气的压力　　（B）毛细管的半径

（C）液体的表面张力　　（D）液体的黏度

解析：弯曲液面下有附加压力，液体会在毛细管中上升或下降，其高度只与液体的性质和毛细管的半径等因素有关，与大气压力无关。

答案：（B）

9. 当把一根毛细管插入某液体时，可能会发生下列哪种现象？已知表面张力 $\gamma_{s-l} > \gamma_{s-g}$ (　　)

（A）管内液面上的饱和蒸气压高于管外液面上的饱和蒸气压

（B）管内液面高于管外液面

（C）管内液面上呈凹形

（D）此毛细管能被该液体润湿

答案：（A）

10. 室温下，已知 A 液的密度比 B 液大一倍，但 A 液的表面张力是 B 液的一半。设在同一种毛细管中，两者的接触角相同。若 A 液在毛细管中能上升 5cm，则 B 液在毛细管中的上升高度(　　)

（A）20cm　　（B）10cm　　（C）2. 5cm　　（D）1. 25cm

解析：

$$\left.\begin{aligned}\frac{2\gamma_A\cos\theta}{R}&=\rho_A g h_A\\ \frac{2\gamma_B\cos\theta}{R}&=\rho_B g h_B\end{aligned}\right\}\Rightarrow\frac{h_B}{h_A}=\frac{\gamma_B\rho_A}{\gamma_A\rho_B}=20\text{cm}$$

答案：（A）

11. 有两根半径相同的玻璃毛细管，一根是直形的，另一根一端是直的，另一端呈弧形弯曲端口与直端同向。今将两毛细管的直端插入水中，若在直形毛细

管内水面上升高度为 h，使弯曲毛细管顶端离水面的距离为 $h/2$，端口离水面的距离尚有 $h/3$，试问水在此毛细管端的行为是(　　)

(A) 水从毛细管端滴下　　(B) 水面呈凸形弯月面

(C) 水面呈凹形弯月面　　(D) 水面呈水平面

解析：水在毛细管中上端水面的形状于接触角，水能润湿玻璃毛细管，上端水面呈凹形。现在决定接触解大小的气、液、固三相的性质没有改变，所以接触解也不会因毛细管的长短而改变。

答案：(C)

12. 下列叙述不正确的是(　　)

(A) 农药中加入润湿剂可使 γ_{l-g} 和 γ_{l-s} 减小，药液在植物表面易于铺展

(B) 防水布上涂表面活性剂使 γ_{s-g} 减小，水珠在其上不易铺展

(C) 泡沫浮选法中捕集剂极性基吸附在矿石表面，非极性基向外易被吸附在泡沫上

(D) 起泡剂的主要作用是增大液体表面张力

答案：(D)

13. 二组分溶液及其溶剂的表面张力分别为 γ 和 γ_0，已知溶液中组分 2 的表面吸附量 $\Gamma_2 < 0$，则 γ 和 γ_0 之间的关系符合以下哪种(　　)

(A) $\gamma > \gamma_0$　　(B) $\gamma = \gamma_0$　　(C) $\gamma < \gamma_0$　　(D) 不能确定

解析：由 $\Gamma_2 < 0$ 可知，溶液发生负吸附，$\left(\dfrac{\partial \gamma}{\partial c_2}\right)_T > 0$，可以知道随溶液浓度的增加，表面张力升高。

答案：(A)

14. 乙醇水溶液表面张力 $\gamma = (72 - 0.5\alpha + 0.2\alpha^2)\ \mathrm{N \cdot m^{-1}}$，若表面超量 $\Gamma > 0$，则活度(　　)

(A) $\alpha > 1.25$　　(B) $\alpha = 1.25$　　(C) $\alpha < 1.25$　　(D) $\alpha = 0.5$

答案：(C)

15. 液体在固体表面铺展过程中所涉及的界面变化是(　　)

(A) 增加液体表面和固-液界面，减小固体表面

(B) 增加固-液界面，减小固体表面

(C) 减小液体表面和固体表面，增加固-液界面

(D) 增加固体表面和固-液界面，液体表面不变

答案：(A)

16. 液体 1 能在与之不互溶的液体 2 上铺展开的条件是(　　)

(A) $\gamma_2 > \gamma_1 + \gamma_{1,2}$　　(B) $\gamma_2 < \gamma_1 + \gamma_{1,2}$

(C) $\gamma_1 > \gamma_2 + \gamma_{1,2}$　　(D) $\gamma_1 < \gamma_2 + \gamma_{1,2}$

答案：(A)

17. 对于亲水性固体表面，其表面张力间的关系(　　)

(A) $\gamma_{s-l} > \gamma_{s-g}$　(B) $\gamma_{s-l} < \gamma_{s-g}$　(C) $\gamma_{s-l} = \gamma_{s-g}$　(D) 无法确定

答案：(B)

18. 将一滴水银滴在玻璃板上，界面张力之间的关系(　　)

(A) $\gamma_{s-l} > \gamma_{s-g}$　(B) $\gamma_{s-l} < \gamma_{s-g}$　(C) $\gamma_{s-l} = \gamma_{s-g}$　(D) $\gamma_{s-l} = \gamma_{l-g}$

答案：(A)

19. 下面对于物理吸附的描述不正确的是(　　)

(A) 吸附力基于 van der Waals 力，吸附一般没有选择性

(B) 吸附层可以是单分子层或多分子层

(C) 吸附速度较快，吸附热较小

(D) 吸附较稳定，不易解吸

答案：(D)

20. Freundlich 吸附等温式适用于(　　)

(A) 低压　(B) 中压　(C) 高压　(D) 任何压力

答案：(B)

21. Langmuir 吸附等温式所基于的假设是(　　)

(A) 理想气体行为　　(B) 吸附与脱附的活化能均为零

(C) 吸附热为一常数，不随吸附过程变化

(D) 平整的固体表面

答案：(C)

22. 溶胶与大分子溶液的相同点是(　　)

(A) 热力学稳定系统　　(B) 热力学不稳定系统

(C) 动力学稳定系统　　(D) 动力学不稳定系统

答案：(C)

23. 在稀的砷酸溶液中，通入 H_2S 以制备硫化砷溶胶 As_2S_3，该溶胶的稳定剂是 H_2S，则其胶团结构式是(　　)

(A) $[(As_2S_3)_m \cdot nH^+(n-x) \cdot HS^-]^{x-} \cdot xHS^-$

(B) $[(As_2S_3)_m \cdot nHS^- \cdot (n-x)H^+]^{x-} \cdot xH^+$

(C) $[(As_2S_3)_m \cdot nH^+ \cdot (n-x)HS^-]^{x+} \cdot xHS^-$

(D) $[(As_2S_3)_m \cdot nHS^- \cdot (n-x)H^+]^{x+} \cdot xH^+$

解析：稳定剂 H_2S 发生一级解离，胶核优先吸附 HS^-，使胶粒带负电。

答：(B)

24. 溶胶的动力性质是由于粒子的不规则运动而产生的，在下列各种现象中不属于溶胶动力性质的是(　　)

(A) 渗透　　(B) 电泳　　(C) 扩散　　(D) 沉降平衡

解析：电泳不属于溶胶的动力性质，属于溶胶的电学性质。

答案：(B)

25. Tyndall 现象是发生了光的什么的结果(　　)

(A) 散射　　(B) 反射　　(C) 折射　　(D) 透射

解析：由于胶粒半径远小于入射光的波长，发生光的散射现象，这就是 Tyndall 现象，是憎液溶胶的特有性质。

答案：(A)

26. 日出和日落时，太阳呈鲜红色的原因是(　　)

(A) 蓝光波长短，透射作用显著　　(B) 蓝光波长短，折射作用显著

(C) 红光波长长，透射作用显著　　(D) 红光波长长，散射作用显著

解析：太阳光透过厚厚的大气层时，散射作用显著的短波长光如蓝光、紫光等已被散射，剩下透射作用显著的长波长光，如红光、黄光等。

答案：(C)

27. 在电泳实验中，观察到分散相向阳极移动，表明(　　)

(A) 胶粒带正电　　(B) 胶粒带负电

(C) 电动电位相对于溶液本体为正　　(D) Stern 面处电位相对溶液本体为正

解析：异电性相吸。

答案：(B)

28. 胶体粒子的 Zeta 电势是指(　　)

(A) 固体表面处与本体溶液之间的电位降

(B) 紧密层、扩散层分界处与本体溶液之间的电位降

(C) 扩散层处与本体溶液之间的电位降

(D) 固液之间可以相对移动处与本体溶液之间的电位降

解析：Zeta 电势又称为动电电势，只有胶粒在移动时才能显示出来，是指固液之间可滑移的界面与本体溶液之间的电位降。

答：(D)

29. 对于有过量的 KI 存在的 AgI 溶胶，下列电解质中聚沉能力最强者是(　　)

(A) NaCl　　(B) $K_3[Fe(CN)_6]$

(C) $MgSO_4$　　(D) $FeCl_3$

解析：AgI 胶核优先吸附碘离子，使胶粒带负电，阳离子价数越高，聚沉能力越强。

答案：(D)

30. 由等体积的 1.0mol · dm^{-3} KBr 溶液与 0.8mol · dm^{-3} $AgNO_3$ 溶液制备的 AgBr 溶胶中，加入相同浓度的如下电解质使其聚沉，溶液的用量由小到大的顺序正确的是(　　)

(A) $AlCl_3<ZnSO_4<NCl$　　　　(B) $NCl<ZnSO_4<AlCl_3$

(C) $ZnSO_4<NCl<AlCl_3$　　　　(D) $NCl<AlCl_3<ZnSO_4$

解析：KBr 过量，AgBr 溶胶优先吸附 Br^- 而带负电。电解质中起聚沉作用的主要离子是阳离子，且阳离子价数越高，聚沉值越小。

答案：(A)

31. 混合等体积的 0.08mol · dm^{-3} KI 和 0.1mol · dm^{-3} $AgNO_3$ 溶液得到一溶胶系统，分别加入：(1) $MgSO_4$；(2) $CaCl_2$；(3) Na_2SO_4，则其聚沉能力大小是(　　)

(A) (1)>(2)>(3)　　　　(B) (2)>(1)>(3)

(C) (3)>(1)>(2)　　　　(D) (3)>(2)>(1)

解析：$AgNO_3$ 溶液过量，AgI 胶核优先吸附银离子，使胶粒带正电，阴离子价数越高聚沉能力越强。$MgSO_4$ 中阳离子价数比 Na_2SO_4 高，所以 $MgSO_4$ 聚沉能力最强。

答案：(C)

32. 用渗透压法测大分子化合物的摩尔质量，这样测得的摩尔质量属于(　　)

(A) 质均摩尔质量　　　　(B) 数均摩尔质量

(C) Z 均摩尔质量　　　　(D) 粘均摩尔质量

解析：渗透压法利用的是稀溶液的依数性，所以测得的是数均摩尔质量。

答案：(B)

33. 将大分子电解质 NaR 的水溶液用半透膜和水隔开，达到 Donnan 平衡时，膜外水的 pH 值(　　)

(A) 大于 7　　(B) 小于 7　　(C) 等于 7　　(D) 不能确定

解析：大分子电解质中的 R^- 离子不能透过半透膜，而 Na^+ 和 H^+ 可以。为了维持溶液的电中性，有 Na^+ 出来，必有 H^+ 进去，使膜外水的 pH 值升高。

答案：(A)

34. 均匀的牛奶是乳浊液，从其中沉淀脂肪和蛋白质的方法是(　　)

(A) 加入一些酒精　　　　(B) 将牛奶静置

(C) 过滤　　　　(D) 加入酸

解析：牛奶是乳脂分散在水中形成的乳浊液，加入酸这种强电解质会破坏乳浊液，使脂肪与水分离。

答案：(D)

11.3.2 填空题

1. 在298K时，水的表面张力为0.07214N·m^{-1}。将水分散成半径为100nm的水珠，水珠表面的附加压力为______。

答案：1443kPa

解析：$\Delta p = \dfrac{2\gamma}{r} = \dfrac{2 \times 0.7214\text{N}\cdot\text{m}^{-1}}{100 \times 10^{-9}} = 1443\text{kPa}$

2. 当界面为球形时，弯曲界面下的液体所受到的附加压力的方向总是指向______。

答案：界面的曲率中心

3. 在一个抽成真空的密闭容器中，放入两个大小不等的球形汞滴，经恒温放置后______。

答案：小液滴消失，大汞滴变大

4. 用同一滴管在相同条件下分别滴下同体积的三种液体：水、硫酸溶液、丁醇水溶液，则所需滴数最多的是______。

答案：丁醇水溶液

解析：在密度相差不大的情况下，液滴的大小与表面张力有关。一般表面张力越大，在滴管的下端能悬挂的液滴的体积也越大。硫酸是非表面活性物质，其水溶液的表面张力比纯水大，所以液体的滴数应该最少，其次是纯水。丁醇是表面活性物质，其水溶液的表面张力比纯水小，所以液滴最小，而液体的滴数应该最多。

5. 当无机盐溶于水后，溶液的表面张力与浓度的关系为：$\left(\dfrac{\partial\ \gamma}{\partial\ c}\right)_T$ ______零，溶液表面浓度将______溶液的本体浓度(填“大于”、“小于”或“等于”)，发生______吸附。

答案：大于，小于，负

解析：无机盐为非表面活性物质，加入后溶液的表面张力增大，$\left(\dfrac{\partial\ \gamma}{\partial\ c}\right)_T > 0$。由吉布斯吸附等温式 $\varGamma = -\dfrac{c}{RT}\left(\dfrac{\partial\ \gamma}{\partial\ c}\right)_T$，$\varGamma < 0$，表明溶液的表层发生负吸附，即 $c_{表} < c_{本}$。

6. 设液体A能在液体B上铺展，则 γ_B ______ $\gamma_A + \gamma_{A-B}$；若液体A在B表面形成 $90° < \theta < 180°$ 的接触角，则 γ_B ______ $\gamma_A + \gamma_{A-B}$。

答案：>，<

解析：

7. 已知473K时$O_2(g)$在某催化剂表面上的吸附行为遵从Langmuir方程：$\Gamma = \frac{55.52p/\text{MPa}}{1+12.23p/\text{MPa}}(\text{cm}^3\cdot\text{kg}^{-1})$。则该温度下$O_2(g)$在该催化剂表面上的饱和吸附量：$\Gamma_\infty$ = ______ $\text{cm}^3\cdot\text{kg}^{-1}$。

答案：4.53

8. 某种乳状液能与水混溶，则该乳状液是______型的。

答案：水包油

解析：乳状液能与水混溶，说明乳状液的分散相为水。

11.3.3 简答题

1. 液体加热时有时会产生过热现象，简述其原因并说明怎样防止液体过热。

答：由于刚形成的小气泡半径很小，承受着极大的附加压力，而小气泡内水蒸气压很小(小于同温度时平面液体的蒸气压)，在极大的附加压力作用下，小气泡因其内水蒸气液化而消失，使得液体在其沸点而不能沸腾，即产生过热现象。可以通过加入素陶瓷、毛细管、沸石等提供小的气泡作为成核中心，由素陶瓷、毛细管、沸石中逸出的气泡一方面其半径较大，同时为永久性气体，不会因为附加压力而被液化，最终逸出使液体沸腾，从而消除过热。

2. 农民喷洒农药时，为什么要在农药中加表面活性剂。

答：降低水的表面张力，降低农药与表面的接触角，提高铺展度，即提高农药在叶面的表面附着度。

3. 什么是表面吉布斯函数？试用表面吉布斯函数分析气固界面发生吸附的原因。

答：系统增加单位面积时所增加的吉布斯函数称为表面吉布斯函数；由于固体表面过剩吉布斯函数的存在，使系统有自动降低表面过剩吉布斯函数的趋势，可以自发的吸附气体，降低固体表面力场的不对称性，降低表面吉布斯函数。

4. 憎液溶胶有哪些特征？

答：① 特有的分散程度。胶粒的大小一般在1~100nm，所以有动力稳定性强、散射作用明显、不能通过半透膜、渗透压低等特点；② 多相不均匀性。胶团结构复杂，是一个具有相界面的超微不均匀质点。③ 热力学不稳定性。由于胶粒小、表面积大、表面能高，有自动聚结降低表面能的趋势。所以要有稳定剂存在，由于带电的溶剂化层存在，可保护胶粒不聚沉。

5. 简述胶体的基本特征？胶体能够稳定存在的主要原因是什么？使溶胶发生聚沉的主要方法有什么？

答：① 溶胶的基本特性：特有的分散程度；多相不均匀性；聚结不稳定性；

② 胶体能稳定存在主要有两个原因：第一，双电层结构使胶粒表面带电，同性电荷相斥阻碍胶粒相互靠近；第二，布朗运动促使胶粒向四周扩散，使之能够较为均匀地分布；第三，溶剂化作用使溶剂在分散相周围形成了具有一定弹性的水化外壳，从而增加了溶胶聚合的机械阻力，提高溶胶的稳定性；③ 使溶胶聚沉的方法有：加热、增加胶体浓度、加入电解质、加入高聚物凝聚剂、加入带异号电荷的胶体。

6. 丁达尔现象的实质是什么？为什么溶胶会产生丁达尔现象？

答：丁达尔现象的实质是分散相粒子对入射光的散射作用。由于溶胶分散相是以的粒子大小分散在介质中，因而具有光学不均匀性。这种光学不均匀性是溶胶产生光散射作用的必要条件。当入射光波长大于分散相粒子时，分散相粒子就会对入射光产生散射，即产生丁达尔效应。

7. 当一束会聚光通过溶胶时，站在与入射光线垂直方向的同学，看到光柱的颜色是淡蓝色；而站在入射光 180° 方向的同学看到的是橙红色，这是为什么？

答：站在与入射光线垂直方向(即侧面)的同学，看到的是胶粒的散射光。根据瑞利公式，入射光波长越短，散射光越强。所以，蓝色、紫色光容易散射，散射光呈淡蓝色。而对着入射光看的同学，看到的是透射光。在白光中，波长较短的蓝色、紫色光已被散射，剩下的透射光主要是波长较长的光，所以看到的透射光是橙红色的。

8. 为什么有的烟囱冒出的是黑烟，有的却是青烟？

答：有的烟灰粒子很大，属粗分散系统，主要发生光反射和吸收，所以看到的是黑色。这种粒子很快会沉降。而有的灰粒极小，小于可见光波长，主要发生光散射。而短波长的蓝光、紫光的散射光强，所以看到的是青烟。实际上，看到的不是灰粒的本身，而是它的散射光。

9. 为什么晴天的天空呈蓝色？为什么日出、日落时云彩特别红？

答：太阳光由七色光组成。空气中有灰层微粒和小水滴，当阳光照射地球时，波长较短的蓝光、紫光被微粒散射后的散射光较强，所以，看到的天空呈蓝色，实际上看到的是这种散射光。而在日出、日落时，太阳接近地平线，阳光要穿过厚厚的大气层我们才能看到。阳光中短波长的青色、蓝色、紫色光被大气层中的微粒散射掉了，我们看到的是散射较弱的红色、橙色的透射光，所以特别绚丽多彩。

10. 为什么危险信号灯用红色？为什么车辆在雾天行驶时雾灯规定用黄色？

答：因为红色光波长很长，不容易散射，传得远，可以让人在很远时就能看到危险信号。雾天，如果用白色雾灯，其中一部分短波长的光被雾滴散射，光线就会变弱。而黄色光波长较长，不容易散射。所以雾天在高速公路上，必须把后雾灯打开，黄色的雾灯很远就能看见，可以防止汽车追尾相撞。

11. 为什么在作旋光分析时，光源用的是钠光灯？

答：因为在蔗糖水解时，主要测定其旋光度的变化，而不希望有散射因素干扰。钠光灯放出的是单一的、波长较长的黄色光，不容易发生散射。

12. 有稳定剂存在时胶粒优先吸附哪种离子？

答：稳定剂一般是略过量的某一反应物。胶核首先吸附与胶核中相同的那个离子。如制备 AgI 溶胶时，若 KI 略过量，胶核优先吸附 I^-离子，利用同离子效应保护胶核不被溶解。若稳定剂是另外的电解质，胶核优先吸附的是使自己不被溶解的离子，或转变成溶解度更小的沉淀的离子。一般优先吸附水化作用较弱的阴离子，所以自然界的天然胶粒如泥沙、豆浆、橡胶等都带负电。

13. 将 $FeCl_3$水溶液加热水解可得到 $Fe(OH)_3$溶胶，试写出此溶胶的胶团结构式。若在电泳仪中测定该溶胶的电动电势，通电后将会观察到什么现象？比较 $MgCl_2$、NaCl、Na_2SO_4、$MgSO_4$四种盐，说明哪一种盐对聚沉上述胶体最有效？

答：① 用 $FeCl_3$ 水解制备 $Fe(OH)_3$ 溶胶的结构式为 $\{[Fe(OH)_3]_m \cdot nFe(OH)_2^+ \cdot (n-x)Cl^-\}^{x+} \cdot xCl^-$ 或 $\{[Fe(OH)_3]_m \cdot nFeO^+ \cdot (n-x)Cl^-\}^{x+} \cdot xCl^-$；② 在进行电泳实验时，通电后负极边黄棕色界面上升，正极边的界面下降，这是由于胶粒带正电，向负极移动；③对溶胶的聚沉能力 $Na_2SO_4 > MgSO_4 > NaCl > MgCl_2$

14. 试说明为什么江河入海处容易形成三角洲？为什么可以用 ζ 电势的数值来衡量溶胶的稳定性？

答：江河中含有大量的带负电的 SiO_2胶体粒子，而海水中含有的电解质（NaCl 等），能使江河中的溶胶聚沉，聚沉物逐渐堆积便形成了三角洲地貌。溶胶之所以能在一定时间内稳定存在，主要是因为胶粒带电，具有一定的 ζ 电势，胶粒之间存在静电排斥作用，阻止了胶粒的聚集。ζ 电势越大，静电排斥力越大，胶体越不容易聚沉，所以 ζ 电势的数值可以衡量溶胶的稳定性。

15. 在一个 U 型管中间，放用 AgCl 晶体组成的多孔塞，管中放浓度为 $0.001 mol \cdot dm^{-3}$的 KCl 溶液。多孔塞两边放接直流电源的电极。通电时溶液将向哪一极方向移动？将 KCl 浓度增加 100 倍，溶液流动速度是变慢了还是变快了？

答：因为 AgCl 晶体中 Ag^+比 Cl^-溶解度大、扩散快，AgCl 晶体又优先吸附溶液中的 Cl^-离子，使多孔塞带负电，介质带正电，因此电渗时液体介质向负极移动。随着 KCl 浓度增加，ζ 电位下降，电渗速度变慢。当用 $AgNO_3$代替 KCl，AgCl 优先则吸附 Ag^+离子，介质带负电，电渗方向与前面相反。

16. 为什么输油管和运送有机液体的管道要接地？

答：在用泵输送石油或其他碳氢化合物时，由于压差迫使液体流动，在扩散层和管道表面会产生电势差，这就是流动电势。流动电势太大会产生火花，引起爆炸。为了防止事故发生，都将这种管道接地或加入有机电解质，以降低流动电势。

17. 为什么明矾能将浑浊的水很快澄清？

答：明矾是硫酸钾铝复盐，溶于水后能产生 K^+ 及 Al^{3+} 等离子，而 Al^{3+} 离子会在水中发生水解产生 $Al(OH)_3$ 絮状胶体。混浊的水中有大量带负电的泥沙胶粒，受 Al^{3+} 离子作用很快凝聚，并与 $Al(OH)_3$ 胶体发生相互作用而一起下沉。所以明矾能使混水迅速变清。但这种含 Al^{3+} 离子的水不能多吃。

18. 用电解质把豆浆点成豆腐，有三种盐：NaCl、$MgCl_2$、$CaSO_4 \cdot 2H_2O$，哪种聚沉能力最强？

答：点豆腐是将豆浆胶粒聚沉变成凝胶的过程。天然的豆浆胶粒带负电，因此电解质中正离子起主要作用的聚沉作用，因此 NaCl 聚沉能力最弱。虽然 Mg^{2+} 和 Ca^{2+} 离子聚沉能力差不多，但由于 $MgCl_2$ 中负一价的阴离子，所以相对而言聚沉能力最强的应该是 $MgCl_2$。但 $MgCl_2$ 加多了有苦味，所以目前较多用 $CaSO_4 \cdot 2H_2O$ 即生石膏点豆腐。

19. 墨汁是一种胶体分散系统，在制作时，往往要加入一定量的阿拉伯胶(一种大分子物质)作稳定剂，主要原因是什么？

答：加适量的大分子化合物，大分子吸附在小的碳颗粒周围，使碳颗粒不易凝聚，对溶胶起保护作用。

11.3.4 计算题

1. 水的比表面自由能与温度 t/℃ 的关系式为：$\gamma(10^{-3}\text{N}\cdot\text{m}^{-1}) = 75.64 - 0.14t$ 若水的表面改变时总体积不变，试求 10℃、$p^{\ominus}$下可逆地使水表面积增加 5cm²，必需做多少功？从外界吸收多少热？

解：$\gamma = [(75.64 - 0.14 \times 10) \times 10^{-3}]\ \text{N}\cdot\text{m}^{-1} = 74.24 \times 10^{-3}\text{N}\cdot\text{m}^{-1}$

$W' = \Delta G = \gamma\Delta A = [74.24 \times 10^{-3} \times 5 \times 10^{-4}]\ \text{J} = 3.71 \times 10^{-5}\text{J}$

$$Q_R = T\Delta S = -T\left[\Delta A\left(\frac{\partial \gamma}{\partial T}\right)_{A_s,\ p}\right] = [283 \times 5 \times 10^{-4} \times 0.14 \times 10^{-3}]\ \text{J} = 1.81 \times 10^{-5}\text{J}$$

2. 298K 时水的表面张力 $\gamma = 72.0 \times 10^{-3}\text{N}\cdot\text{m}^{-1}$，在空气压力为 $p^{\ominus}$时，水中氧的溶解度为 5×10^{-6}(对于平面液体)。今若水中有空气泡存在(忽略水静压差的影响)，其气泡的半径为 10μm，试问在与小气泡紧邻的水中氧的溶解度为多少？(设氧在水中的溶解遵从亨利定律)

解：$\Delta p = \dfrac{2\gamma}{r} = \left[\dfrac{2 \times 72.0 \times 10^{-3}}{10 \times 10^{-6}}\right]\text{Pa} = 14.4\text{kPa}$

$p_{泡内} = p^{\ominus} + \Delta p = [101.325 + 144]\ \text{kPa} = 245.325\text{kPa}$

$$\left.\begin{aligned} p_{泡内} &= kx_2 \\ p^{\ominus} &= kx_1 \end{aligned}\right\} \Rightarrow x_2 = \frac{p_{泡内}}{p^{\ominus}} x_1 = \frac{245.325}{101.325} \times 5 \times 10^{-6} = 12.3 \times 10^{-6}$$

3. 已知 $H_2O(l)$ 在 298K 时的表面张力 $\gamma = 0.07275\text{N} \cdot \text{m}^{-1}$，摩尔质量 M 为 $0.018\text{kg} \cdot \text{mol}^{-1}$，体积质量 ρ 为 $1000\text{kg} \cdot \text{m}^{-3}$，273K 时水的饱和蒸气压为 610.5Pa。在 273～293K 温度区间，水的平均摩尔蒸发焓为 $40.67\text{kJ} \cdot \text{m}^{-1}$。求 293K，半径为 10^{-9}m 的水滴的饱和蒸气压。

解：

$$\ln\frac{p_{293}}{p_{273}} = \frac{\Delta_{\text{vap}}H_{\text{m}}^{\ominus}}{R}\left(\frac{1}{T_{273}} - \frac{1}{T_{293}}\right) \Rightarrow \ln\frac{p_{293}}{610.5}$$

$$= \frac{40670\text{J} \cdot \text{mol}^{-1}}{8.314\text{J} \cdot \text{K}^{-1} \cdot \text{mol}^{-1}}\left(\frac{1}{273\text{K}} - \frac{1}{293\text{K}}\right) \Rightarrow p_{293} = 2074.2\text{Pa}$$

$$\ln\frac{p_{凸}}{p_{293}} = \frac{2\gamma M}{r\rho RT} \Rightarrow \ln\frac{p_{凸}}{2074.2} = \left[\frac{2 \times 0.07275 \times 0.018}{10^{-9} \times 1000 \times 8.314 \times 293}\right]\text{Pa} \Rightarrow p_{凸} = 6057.2\text{Pa}$$

4. 在 291K 时，丁酸水溶液 $r = r_0 - a\ln(1 + bc)$，r_0 为纯水的界面张力，c 为丁酸的浓度，a、b 为常数，若 $a = 3.1\times10^{-3}\text{N} \cdot \text{m}^{-1}$，$b = 19.63\text{dm}^3 \cdot \text{mol}^{-1}$时，$c = 0.2\text{mol} \cdot \text{dm}^{-3}$时，求表面吸附量 Γ 和饱和吸附量 Γ_{∞}。

解：

$$\left.\begin{aligned} & r = r_0 - a\ln(1 + bc) \Rightarrow \left(\frac{\partial \gamma}{\partial c}\right)_T = -\frac{ab}{1 + bc} \\ & \Gamma = -\frac{c}{RT} \cdot \left(\frac{\partial \gamma}{\partial c}\right)_T \end{aligned}\right\} \Rightarrow \Gamma = \frac{abc}{RT(1 + bc)} = 1.02 \times 10^{-6}\text{mol} \cdot \text{m}^{-2}$$

$$\left.\begin{aligned} \Gamma &= \frac{abc}{RT(1 + bc)} \\ \Gamma &= \Gamma_{\infty}\frac{bc}{1 + bc} \end{aligned}\right\} \Rightarrow \Gamma_{\infty} = \frac{a}{RT} = \left[\frac{3.1 \times 10^{-3}}{8.314 \times 291}\right]\text{mol} \cdot \text{m}^{-2} = 1.28 \times 10^{-6}\text{mol} \cdot \text{m}^{-2}$$

5. A 和 B 两种吸附在同一均匀固体表面上竞争(同种吸附中心)吸附，每个吸附分子吸附在一个吸附中心上。如果符合 Langmuir 假设，试推导证明：达到吸附平衡时，A 的表面覆盖度 θ_{A} 与 A、B 在气相平衡分压 p_{A} 和 p_{B} 之间的关系为 $\theta_{\text{A}} = \dfrac{b_{\text{A}}p_{\text{A}}}{1 + b_{\text{A}}/p_{\text{A}} + b_{\text{B}}/p_{\text{B}}}$，其中(其中 b_{A} 和 b_{B} 分别为 A、B 在该表面的吸附平衡常数)。

解： 对 A 分子

$$\left.\begin{aligned} r_{a,A} &= k_{a,A}p_A(1-\theta_A-\theta_B) \\ r_{d,A} &= k_{d,A}\theta_A \end{aligned}\right\} \xrightarrow{r_{a,A}=r_{d,A}} \frac{\theta_A}{1-\theta_A-\theta_B} = \frac{k_{a,A}}{k_{d,A}}p_A = b_A p_A$$

同理，对 B 分子

$$\left.\begin{aligned} r_{a,B} &= k_{a,B}p_B(1-\theta_A-\theta_B) \\ r_{d,B} &= k_{d,B}\theta_B \end{aligned}\right\} \xrightarrow{r_{a,B}=r_{d,B}} \frac{\theta_B}{1-\theta_A-\theta_B} = \frac{k_{a,B}}{k_{d,B}}p_B = b_B p_B$$

将两式联立求解：$\theta_A = \dfrac{b_A p_A}{1 + b_A p_A + b_B p_B}$

6. 在三个烧瓶中分别盛有 $0.02dm^3$ 的 $Fe(OH)_3$溶胶，分别加入 NaCl、Na_2SO_4和 Na_3PO_4溶液使其聚沉，最少需加入电解质的数量为：① $1mol \cdot dm^{-3}$ 的 NaCl $0.021dm^3$；② $0.05mol \cdot dm^{-3}$ 的 Na_2SO_4 $0.125dm^3$；③ $0.0033mol \cdot dm^{-3}$ 的 Na_3PO_4 $7.4\times10^{-3}dm^3$。试计算各电解质的聚沉值和它们的聚沉能力之比，从而可判断胶粒带什么电荷。

解：溶液中各个物质聚沉值为：

$$c_{NaCl} = \left(\frac{1 \times 0.021}{0.02 + 0.021}\right) mol \cdot dm^{-3} = 0.512 mol \cdot dm^{-3}$$

$$c_{Na_2SO_4} = \left(\frac{5 \times 10^{-3} \times 0.125}{0.02 + 0.125}\right) mol \cdot dm^{-3} = 4.31 \times 10^{-3} mol \cdot dm^{-3}$$

$$c_{Na_3PO_4} = \left(\frac{3.33 \times 10^{-3} \times 7.4 \times 10^{-3}}{0.02 + 7.4 \times 10^{-3}}\right) mol \cdot dm^{-3} = 8.99 \times 10^{-4} mol \cdot dm^{-3}$$

$$NaCl : Na_2SO_4 : Na_3PO_4 = \frac{1}{0.512} : \frac{1}{4.31 \times 10^{-3}} : \frac{1}{8.99 \times 10^{-4}} = 1 : 119 : 570$$

可见，对溶胶聚沉起主要作用的是阴离子，胶粒带正电荷。

7. 由于有浓度梯度，粒子因热运动而产生扩散，若 298K 时某溶胶的扩散系数 $D=1.04\times10^{-10} m \cdot s^{-1}$，求 2s 内粒子沿 x 轴方向的平均位移 x。

解：$D = \dfrac{\overline{x^2}}{2t} \Rightarrow \bar{x} = \sqrt{2tD} = \left[\sqrt{2 \times 2 \times 1.04 \times 10^{-10}}\right] m = 2.04 \times 10^{-5} m$

8. 证明当蛋白质水溶液中含有两种蛋白质分子时，两者的扩散系数之比为 $\dfrac{D_1}{D_2} = \left(\dfrac{M_1}{M_2}\right)^{-\frac{1}{3}}$，式中 D_1、D_2分别为两种分子的扩散系数；M_1、M_2分别为两分子的摩尔质量。

证明：$M = \dfrac{4}{3}\pi r^3 \rho L \Rightarrow r = \left(\dfrac{3M}{4\pi\rho L}\right)^{\frac{1}{3}}$

$$D=\frac{RT}{6\pi\eta rL}=\frac{RT}{6\pi\eta L\times\left(\frac{3M}{4\pi\rho L}\right)^{\frac{1}{3}}}=\frac{a}{M^{\frac{1}{3}}}\Rightarrow\frac{D_1}{D_2}=\left(\frac{M_1}{M_2}\right)^{-\frac{1}{3}}$$

9. 半透膜两边离子的起始浓度(单位为 $mol\cdot dm^{-3}$)如下(膜两侧溶液体积相等)，其中 P^-是不能透过膜的大离子。试求：(1) 膜平衡条件；(2) 膜平衡时各小离子在膜两边的浓度。

Na^+	P^-	K^+	Cl^-
0.01	0.01	0.1	0.1

解：(1) 膜平衡条件为膜两边离子的化学势相等，即活度积相等。假设活度因子为 1，膜两边离子的浓度积相等，即：

$[Na^+]_L\cdot[Cl^-]_L=[Na^+]_R\cdot[Cl^-]_R$　　$[K^+]_L\cdot[Cl^-]_L=[K^+]_R\cdot[Cl^-]_R$

(2)膜平衡时离子在膜两边浓度分布为：

Na^+	P^-	K^+	Cl^-	Na^+	K^+	Cl^-
$0.01-y$	0.01	x	$x-y$	y	$0.1-x$	$0.1-x+y$

根据膜平衡条件有：　$(0.01-y)(x-y)=y(0.1-x+y)$

$x(x-y)=(0.1-x)(0.1-x+y)$

解连立方程得：$x=0.0524mol\cdot dm^{-3}$ $y=0.00476mol\cdot dm^{-3}$

则：　$[Na^+]_L=0.00524mol\cdot dm^{-3}$　$[Na^+]_R=0.00476mol\cdot dm^{-3}$

$[K^+]_L=0.0524mol\cdot dm^{-3}$　$[K^+]_R=0.0476mol\cdot dm^{-3}$

$[Cl^-]_L=0.0476mol\cdot dm^{-3}$　$[Cl^-]_R=0.0524mol\cdot dm^{-3}$

10. 298K 时，膜的一侧是 $0.1dm^3$ 水溶液，含 0.5g 某大分子 Na_6P 化合物，膜的另一侧是 $1.0\times10^{-7}mol\cdot dm^{-3}$ 的稀 NaCl 溶液，测得渗透压 6881Pa。求该大分子的数均摩尔质量。

解：当一侧电解质浓度极低时，由唐南平衡得：

$\Pi=(z+1)c_2RT$

$$6881Pa=(6+1)\times\frac{0.5g}{M\times0.1\,dm^3}\times8.314J\cdot mol^{-1}\cdot K^{-1}\times298K\Rightarrow M=12.6\ kg\cdot mol^{-1}$$

§12 练习题

§12.1 练习题

12.1.1 单项选择题

1. 对于只做膨胀功的封闭系统的 $\left(\frac{\partial A}{\partial T}\right)_V$ 值是：(   )

(A) 大于零 (B) 小于零 (C) 等于零 (D) 不能确定

2. 在隔离系统内：(   )

(A) 热力学能守恒，焓守恒 (B) 热力学能不一定守恒，焓守恒

(C) 热力学能守恒，焓不一定守恒 (D) 热力学能、焓均不一定守恒

3. 戊烷的标准摩尔燃烧焓为 $-3520\text{kJ}\cdot\text{mol}^{-1}$，$CO_2(g)$ 和 $H_2O(1)$ 的标准摩尔生成焓分别为 $-395\text{kJ}\cdot\text{mol}^{-1}$ 和 $-286\text{kJ}\cdot\text{mol}^{-1}$，则戊烷的标准摩尔生成焓为：(   )

(A) $2839\text{kJ}\cdot\text{mol}^{-1}$ (B) $-2839\text{kJ}\cdot\text{mol}^{-1}$

(C) $171\text{kJ}\cdot\text{mol}^{-1}$ (D) $-171\text{kJ}\cdot\text{mol}^{-1}$

4. 已知 718K 时，$Ag_2O(s)$ 的分解压力 $209.743\times10^2\text{kPa}$，则此时分解反应 $Ag_2O(s) \xlongequal{} 2Ag(s)+\frac{1}{2}O_2(g)$ 的 $\Delta_r G_m$ 为______$\text{kJ}\cdot\text{mol}^{-1}$。

(A) -217.2 (B) -15.92 (C) -19.73 (D) -31.83

5. 在 1000K 条件下，反应 $C(s)+2H_2(g) \xlongequal{} CH_4(g)$ 的 $\Delta_r G_m^{\ominus}=19.288\ \text{kJ}\cdot\text{mol}^{-1}$，当气相压力为 1atm，组成为 CH_4 10%，H_2 80%，$N_2$10%，上述反应的 $\Delta_r G_m$ 为______。

(A) $\Delta_r G_m>0$ (B) $\Delta_r G_m<0$ (C) $\Delta_r G_m=0$ (D) 不能确定

6. 相图上，当物系处于哪一个点时只有一个相？(   )

(A) 恒沸点 (B) 熔点 (C) 临界点 (D) 低共熔点

7. 实际气体节流膨胀后，其熵变为：(   )

(A) $\Delta S=nR\ln\left(\frac{V_2}{V_1}\right)$ (B) $\Delta S=-\int_{p_1}^{p_2}\frac{V}{T}\text{d}p$

(C) $\Delta S=-\int_{T_1}^{T_2}\frac{C_p}{T}\text{d}T$ (D) $\Delta S=-\int_{T_1}^{T_2}\frac{C_V}{T}\text{d}T$

8. $CaCl_2$浓度为0.1mol·kg^{-1}的溶液中，电解质离子平均活度因子 $\gamma_{\pm}=0.219$，则离子平均活度 $a_{\pm}$ 为：(　　)

(A) 3.476×10^{-4}　(B) 3.476×10^{-2}　(C) 6.964×10^{-2}　(D) 0.385×10^{-2}

9. 反应 $2O_3 \rightarrow 3O_2$ 具有简单的反应级数，则 O_3 的速率系数 k_1 与 O_2 的速率系数 k_2 的关系为：(　　)

(A) $2k_1=3k_2$　(B) $k_1=k_2$　(C) $3k_1=2k_2$　(D) $-\frac{1}{2}k_1=\frac{1}{3}k_2$

10. 对于两个都是一级反应的平行反应，下列各式不正确的是：(　　)

(A) $k_{总}=k_1+k_2$　(B) $E_{总}=E_1+E_2$

(C) $\frac{k_1}{k_2}=\frac{c_B}{c_C}$　(D) $t_{1/2}=\frac{\ln2}{k_1+k_2}$

11. 当把一根毛细管插入某液体时，可能会发生下列哪种现象？已知表面张力 $\gamma_{s-l} > \gamma_{s-g}$。(　　)

(A) 管内液面上的饱和蒸气压高于管外液面上的饱和蒸气压

(B) 管内液面高于管外液面

(C) 管内液面上呈凹形

(D) 此毛细管能被该液体润湿

12. 有两根半径相同的玻璃毛细管，一根是直形的，另一根一端是直的，另一端呈弧形弯曲端口与直端同向。今将两毛细管的直端插入水中，若在直形毛细管内水面上升高度为 h，使弯曲毛细管顶端离水面的距离为 $h/2$，端口离水面的距离尚有 $h/3$，试问水在此毛细管端的行为是：(　　)

(A) 水从毛细管端滴下　(B) 水面呈凸形弯月面

(C) 水面呈凹形弯月面　(D) 水面呈水平面

13. 在等压下化学反应 A+B→C 的 $\Delta_r H_m > 0$，则该反应一定是：(　　)

(A) 吸热反应　(B) 放热反应

(C) 恒温反应　(D) 无法确定吸热、放热或恒温反应

14. 系统经历某个状态函数始终保持不变的途径是什么途径？(　　)

(A) 一定是可逆途径　(B) 一定是不可逆途径

(C) 不一定是可逆途径　(D) 绝热途径

15. 对于某些纯物质，下列说法中哪一个是错误的？(　　)

(A) 熔化焓一定大于蒸发焓　(B) 升华焓一定大于蒸发焓

(C) 熔化焓一定小于升华焓　(D) 温度升高蒸发焓降低

16. 为了保证施工质量，冬季建筑施工中常在浇注混凝土时加入盐类物质的

主要作用是：(　　)

(A) 增加混凝土的强度　　(B) 防止建筑物被腐蚀

(C) 降低混凝土的固化温度　　(D) 吸收混凝土中的水分

17. 非理想气体进行节流膨胀，若μ为焦耳-汤姆逊系数、ΔS为过程的熵变，下列答案中哪一个是正确的？(　　)

(A) $\mu>0$，$\Delta S<0$　　(B) $\mu>0$，$\Delta S>0$

(C) μ不一定，$\Delta S>0$　　(D) μ不一定，$\Delta S<0$

18. 对于双原子分子的理想气体，$\left(\frac{\partial T}{\partial V}\right)_S$应等于什么？(　　)

(A) $\frac{5T}{3V}$　　(B) $-\frac{2T}{5V}$　　(C) $\frac{5V}{3T}$　　(D) $-\frac{7T}{5V}$

19. 若$AlCl_3$溶于水中发生水解生成一种氢氧化物沉淀，则该溶液系统的组分数：(　　)

(A) $C=1$　　(B) $C=2$　　(C) $C=3$　　(D) $C=4$

20. 恒温恒压下，物质A与物质B形成均相溶液系统。若A的偏摩尔体积随浓度的改变而增加时，则B物质的偏摩尔体积将如何变化？(　　)

(A) 增加　　(B) 减少　　(C) 不变　　(D) 不一定

21. 微小晶体与同一物种的大块晶体相比较，下列说法哪一个不正确：(　　)

(A) 微小晶体的饱和蒸气压大　　(B) 微小晶体的表面张力未变

(C) 微小晶体的溶解度小　　(D) 微小晶体的熔点较低

22. 在一个连串反应A→B→C中，如果需要的是中间产物B，则为获得其最高产率应当：(　　)

(A) 增大反应物A的浓度　　(B) 增大反应速率

(C) 控制适当的反应温度　　(D) 控制适当的反应时间

23. 电池在恒温、恒压及可逆情况下放电，则其与环境间的热交换为：(　　)

(A) $\Delta_r H_m$　　(B) $T\Delta_r S_m$

(C) 一定为零　　(D) 与$\Delta_r H_m$和$T\Delta_r S_m$均无关

24. A、B两液体混合物在$T-x$图上出现最高点，则该混合物对拉乌尔定律产生：(　　)

(A) 较大正偏差　(B) 较大负偏差　(C) 较小正偏差　(D) 较小负偏差

25. 多孔硅胶能强烈吸附水分子，当硅胶吸附水达饱和时，自由水分子与吸附在硅胶表面的水分子比较，化学势：(　　)

(A) 高　　(B) 低　　(C) 相等　　(D) 不可比较

26. 对于$\Delta_r S_m>0$和$\Delta_r V_m>0$的化学反应，若使反应的$\Delta_r G_m$减小，可采用

的方法是：(　　)

(A) 升温升压　　(B) 升温降压　　(C) 降温升压　　(D) 降温降压

27. 配制农药时通常需加入少量表面活性剂，其主要作用是：(　　)

(A) 增加农药的溶解度　　(B) 消除药液泡沫

(C) 防止农药挥发　　(D) 提高农药对植物表面的润湿性能

28. $H_2S_2O_8$可由电解法制得，阳极反应为$2H_2SO_4 \rightarrow H_2S_2O_8+2H^++2e^-$，阳极副反应为$O_2$的析出；阴极出氢效率为100%。已知电解产生$H_2$、$O_2$的气体体积分别为9.0L和2.24L(标准条件下)，则生成$H_2S_2O_8$的物质的量为：(　　)

(A) 0.1mol　　(B) 0.2mol　　(C) 0.3mol　　(D) 0.4mol

12.1.2　填空题

1. 在隔离系统中发生某剧烈化学反应，使系统的温度及压力皆明显升高，则该系统的：ΔS____；ΔU____；ΔH____；ΔA____。(选填：>0，=0，<0，或无法确定)

2. Langmuir 吸附等温式为____________，其中 b 为吸附系数。Γ_m 是____________，p/Γ 对____________作图得一条直线，直线的截距是____________，斜率是$1/\Gamma_m$。

3. 表述温度对反应速率系数影响的阿累尼乌斯公式能用于有明确________的所有反应。

4. 用同一滴管在相同条件下分别滴下同体积的三种液体：水、硫酸溶液、丁醇水溶液，则所需滴数最多的是________。

5. 当界面为球形时，弯曲界面下的液体所受到的附加压力的方向总是指向________。

6. 1mol 单原子理想气体从$p_1V_1T_1$等容冷却到$p_2V_1T_2$，则该过程的ΔU____0，W____0。

7. 某实际气体经节流膨胀后温度降低，则该过程ΔH =________；该气体的μ_{J-T}________0。

8. 偏摩尔体积的定义式为__________，在体积为V的乙醇-水二组分溶液中，水和乙醇的物质的量分别为n_1和n_2，水的偏摩尔体积为V_1，则乙醇的偏摩尔体积V_2 =__________。

9. 在一抽空容器中放有过量的$NH_4HCO_3(s)$，并发生下列反应：

$$NH_4HCO_3(s) \rightarrow NH_3(g) + H_2O(g) + CO_2(g),$$

此平衡系统的组分数C =______，自由度数f =________。

10. 对于简单级数的动力学反应，温度升高时，反应速率系数______，活化能越大，反应速率系数随温度变化越______。

11. 以铜作电极电解 $CuSO_4$ 水溶液，阳极区中 $CuSO_4$ 的浓度将______；浓度为 m 的 $MgCl_2$ 溶液的离子强度 $I=$__________。

12. 电池在不可逆放电时的电动势__________可逆电池的电动势，在有电流通过电解池时，外加电压必须__________可逆电池的电动势才能使电解连续进行。

13. 设液体 A 能在液体 B 上铺展，则 γ_B ______ $\gamma_A + \gamma_{A-B}$；若液体 A 在 B 表面上形成 $90° < \theta < 180°$ 的接触角，则 γ_B ______ $\gamma_A + \gamma_{A-B}$。

12.1.3 判断题

1. $W = \dfrac{p_2V_2 - p_1V_1}{\gamma - 1}$ 只适用于理想气体的绝热可逆过程。

2. 理想气体从相同始态分别经绝热可逆膨胀和绝热不可逆膨胀到达相同的终态压力，则终态的温度 $T_{可逆} > T_{不可逆}$。

3. −5℃时，固态苯和液态苯的蒸气压分别为 2.27kPa 和 2.67kPa，则二者化学势的关系为 $\mu_s > \mu_l$。

4. 对于理想气体反应 $2SO_2(g) + O_2(g) \rightarrow 2SO_3(g)$，在等温等容下通入 Ar 气。则平衡不移动。

5. 已知两个反应的活化能分别为 E_1 和 E_2，并且 $E_1>E_2$，则在同一温度下，速率系数 k_1 一定小于 k_2。

6. 在一定温度下稀释某一电解质溶液，则其摩尔电导率 Λ_m 值增大，而电导率 κ 值需视情况而定。

7. 由于 H_2 超电势的存在，电解池中比氢活泼的金属可先于 H_2 在阴极上析出。

8. 若水在半径为 r 的玻璃毛细管中上升高度为 h，则在 $\dfrac{1}{2}h$ 处将毛细管折断时，管中的水面呈凸形，所以水不能从管端流出。

12.1.4 简答题

1. 高温下，$CaCO_3(s)$ 分解为 $CaO(s)$ 和 $CO_2(g)$。(1) 在一定压力的 CO_2 气中加热 $CaCO_3(s)$，实验表明加热过程中，在一定温度范围内 $CaCO_3$ 不会分解；(2) 若保持 CO_2 气体的压力恒定，实验表明只有一个温度可使 $CaCO_3(s)$ 和 $CaO(s)$ 的混合物不发生物相变化；请根据相律说明上述实验事实。

2. 理想气体从某一始态出发，经绝热可逆压缩或等温可逆压缩到同一固定的体积，哪个过程所需的功大？简要说明理由。

3. "溶液的化学势等于溶液中各组分化学势之和"这一说法是否正确，为什么？

4. 说明物质在结晶初期会出现过冷现象的原因。

5. 将 $FeCl_3$水溶液加热水解可得到 $Fe(OH)_3$溶胶，试写出此溶胶的胶团结构式。若在电泳仪中测定该溶胶的电动电势，通电后将会观察到什么现象？比较 $MgCl_2$、NaCl、Na_2SO_4、$MgSO_4$四种盐，说明哪一种盐对聚沉上述胶体最有效？

6. 盐碱地的农作物长势不良，甚至枯萎。试用物理化学的有关原理分析其主要原因是什么？

7. 简述利用水-盐二组分系统的相图提纯粗盐的方法。

8. 已知某化学反应的等压热容差 $\Delta_r C_p = 0$，若使反应达到要求的平衡转化率，怎样利用化学平衡知识估算反应所需的温度？

9. 20℃时水和汞的表面张力分别为 $7.28\times10^{-2}N\cdot m^{-1}$ 和 $0.483N\cdot m^{-1}$，汞-水界面张力为 $0.375N\cdot m^{-1}$，试判断水能否在汞的表面上铺展开来。

12.1.5　计算题

1. 已知：苯在标准压力 $p^{\ominus}$ 下的沸点是 80.1℃，摩尔蒸发焓为 30.75 $kJ\cdot mol^{-1}$。若苯在正常沸点时发生如下过程：$C_6H_6(l, p^{\ominus})\rightarrow C_6H_6(g, 0.9p^{\ominus})$，且假设苯蒸气为理想气体，求该过程的 ΔH、ΔG、ΔA、ΔS 和 ΔU。

2. 绝热恒容容器中有一绝热耐压力隔板，隔板两侧均为 $N_2(g)$，一侧容积为 $50dm^3$，含有 200K 的 $2molN_2(g)$；另一侧容积为 $75dm^3$，内有 500K 的 $4molN_2(g)$。$N_2(g)$可视为理想气体，$C_{p,m}=7R/2$。现将容器中的绝热耐压力隔板撤去，使系统达到平衡，求过程的 ΔS。

3. 已知气相反应 $2SO_2 + O_2 = 2SO_3$ 的标准平衡常数 $K^{\ominus}$ 与 T 的函数关系为：

$\ln K^{\ominus} = \dfrac{23889}{T/K} + 2.222\ln(T/K) - 37.996$。上述反应可视为理想气体反应。

(1) 求该反应在 1000K 时的 $\Delta_r H_m^{\ominus}$，$\Delta_r U_m^{\ominus}$，$\Delta_r G_m^{\ominus}$；

(2) 1000K 时，$2\times101325Pa$ 下若有 SO_2、O_2和 SO_3的混合气体，其中 SO_2占 20%(vol)，O_2占 20%(vol)，试判断在此条件下反应的方向如何？

4. 如下为碳的相图，问：

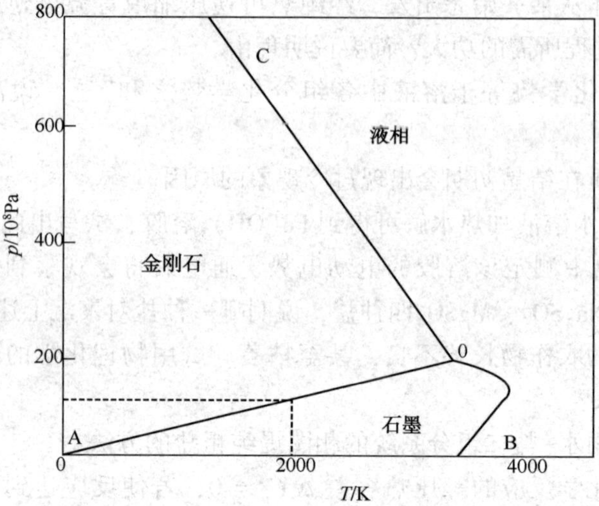

(1) O 点是什么点?(2) 曲线 OA、OB、OC 分别表示什么?(3) 常温常压下石墨、金刚石何者是热力学上的稳定相?(4) 在 2000K 把石墨转变成金刚石需要多大压力?(5) 在任意给定的温度和压力下，石墨和金刚石哪个密度大?如何证明?已知 C(石墨)转变为 C(金刚石)的焓变 $\Delta_{trs}H_m < 0$。

5. 证明对理想气体系统的 n 级简单反应，其反应速率系数 $k_p = k_c(RT)^{1-n}$。其中 k_p 和 k_c 分别为气体浓度用压力和浓度表示时的速率系数。

6. 已知在一定温度范围内，某反应 A→B 的速率系数与温度的关系式为 $\lg k = -\dfrac{4000}{T/\mathrm{K}} + 7.0$，式中 k 的单位为 min^{-1}。求：(1)反应的表观活化能与指前因子 A；(2) 若在 2min 内使 A 反应掉 65%，求所需控制的反应温度。

7. 在 25℃、标准压力下，以 Pt 为阴极，石墨为阳极，电解含有 $FeCl_2$(浓度为 $0.01\mathrm{mol\cdot kg^{-1}}$)和 $CuCl_2$(浓度为 $0.02\mathrm{mol\cdot kg^{-1}}$)的中性水溶液。若电解过程搅拌溶液，并假设超电势均可忽略不计，且已知 $\varphi^{\ominus}_{Fe^{2+}|Fe} = -0.440\mathrm{V}$，$\varphi^{\ominus}_{Cu^{2+}|Cu} = 0.337\mathrm{V}$，$\varphi^{\ominus}_{H^+|O_2} = 1.229\mathrm{V}$。问：(1)何种金属离子先析出?(2)第二种金属离子析出时，外加电压至少为多少?

8. 在煅烧炉中加热 $BaCO_3$(s)制 BaO(s)，产生的 CO_2 从烟道排空。已知下列数据：

物质	CO_2(g)	BaO(s)	$BaCO_3$(s)
$\Delta_f H^{\ominus}_m$ (298.15K)/$\mathrm{kJ\cdot mol^{-1}}$	−393.51	−556.47	−1217.5
$\Delta_f G^{\ominus}_m$ (298.15K)/$\mathrm{kJ\cdot mol^{-1}}$	−394.38	−527.18	−1138.0
$C_{p,m}$/$\mathrm{J\cdot K^{-1}\cdot mol^{-1}}$	37.66	43.51	90.79

试分别求出 298. 15K 时 $BaCO_3(s)$ 分解反应的 $\Delta_r H_m^\ominus$ 、$\Delta_r G_m^\ominus$ 值，以及 $\Delta_r H_m^\ominus$ 与温度 T 的函数关系式。

9. 将反应 $PbO_2(s)+Pb(s)+2H_2SO_4(aq) \rightarrow 2PbSO_4(s)+2H_2O(l)$ 设计在电池中进行，已知 298. 2K 时该电池的电动势 $E=1.9188V$，，$E^\ominus = 2.041V$ 。(1) 写出该电池的表示式和电极反应；(2) 计算 H_2SO_4 的离子平均活度；(3) 计算该电池反应的 ΔG；(4) 计算该电池反应的 $K^\ominus$ 。

10. 某一级平行反应如下所示，其中主反应生成 Y，副反应生成 Z。

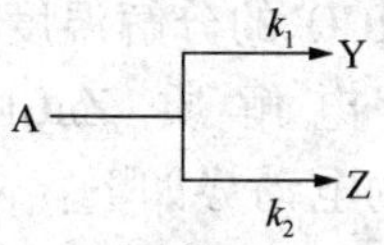

(1) 800K 时 A 反应掉一半所需时间为 138. 6s，求 A 反应掉 99% 所需的时间；

(2) 已知 800K 时，$k_1=4.7\times10^{-3}s^{-1}$，$E_{a,1}=80.0kJ\cdot mol^{-1}$，求 k_2 及产物分布 $\frac{c_Y}{c_Z}$；

(3) 若 800K 时两反应的指前因子相同，若需提高主反应的产率，反应温度是降还是升好？为什么？

11. 由 A-B 二组分系统相图回答下列问题：

(a) 标明各区域的相态；(b) 指出各三相线上的相平衡关系；(c) 指出 C、D、E、F 点的意义，计算自由度数；(d) 画出组成在 E、K 之间的系统由高温降温过程的步冷曲线；(e) 欲制备最大量的纯净化合物 C_1，系统的组成应控制在什么范围？

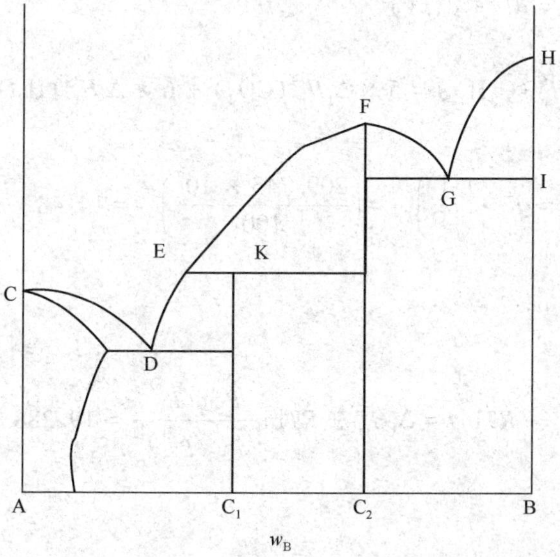

12. 已知 100℃、101.325kPa 下，液态水变为水蒸气的气化热为 40.63 $kJ \cdot mol^{-1}$。(1)计算该条件下 1mol 液态水变为水蒸气过程的 Q、W、ΔU、ΔH、ΔS、ΔA 和 ΔG；(2)若 1mol 液态水向真空蒸发成水蒸气，结果又如何？

13. 反应 $2NaHCO_3(s) \rightarrow Na_2CO_3(s) + H_2O(g) + CO_2(g)$ 在温度为 30℃和 70℃时的平衡总压分别为 0.827kPa 和 16.01kPa。设标准摩尔反应焓 $\Delta_r H_m^{\ominus}$ 与温度无关，试求：

(1) $\Delta_r H_m^{\ominus}$ =?

(2) 平衡总压等于 $p^{\ominus}$ 时 $NaHCO_3$ 的分解温度。

14. 在 298.2K 时，调整电解质 $ZnCl_2$ 的浓度 m 时，测定电池 $Zn|ZnCl_2(m)|Hg_2Cl_2(s)$，Hg 的电动势如下：

(1) $m/m^{\ominus} = 0.0050$ 时，E_1；(2) $m/m^{\ominus} = 0.2500$ 时，E_2

15. 20℃时，水的饱和蒸气压为 2.337kPa，水的密度为 $998.3kg \cdot m^3$，表面张力为 $72.75\times10^{-3} N \cdot m^{-1}$。试求 20℃时，半径为 $10^{-9}m$ 的小水滴的饱和蒸气压为若干？

参考答案

一、单项选择题

1. **解析**：$\left(\frac{\partial A}{\partial T}\right)_V = -S$

答案：B

2. **解析**：$dH = dU + d(pV)$

答案：C

3. **解析**：$\Delta_f H_m^{\ominus}(C_5H_{12}) = 5 \times \Delta_f H_m^{\ominus}(CO_2) + 6 \times \Delta_f H_m^{\ominus}(H_2O) - \Delta_c H_m^{\ominus}(C_5H_{12})$

答案：D

4. **解析**：$K_p^{\ominus} = K_p \cdot \left(\frac{1}{p^{\ominus}}\right)^{\frac{1}{2}} = \left(\frac{209.743 \times 10^2}{100}\right)^{\frac{1}{2}} = 14.48 \quad \Delta_r G_m^{\ominus} = -RT\ln K_p^{\ominus} = -15.92kJ \cdot mol^{-1}$

答案：B

5. **解析**：

$$\Delta_r G_m = \Delta_r G_m^{\ominus} + RT\ln J = \Delta_r G_m^{\ominus} + RT\ln \frac{p_{CH_4}/p^{\ominus}}{(p_{H_2}/p^{\ominus})^2} = 19.288 + 8.314 \times \ln \frac{0.1}{0.8^2} =$$

$3.79kJ \cdot mol^{-1}$

答案：A

6. 答案：C

7. 解析：$\mathrm{d}H=T\mathrm{d}S+V\mathrm{d}p=0\Rightarrow \mathrm{d}S=-\int_{p_1}^{p_2}\frac{V}{T}\mathrm{d}p$

答案：B

8. 解析：$\alpha_{\pm}=\gamma_{\pm}\cdot\frac{m_{\pm}}{m^{\ominus}}=\gamma_{\pm}\cdot\frac{(m_{+}\cdot m_{-}^{2})^{\frac{1}{3}}}{m^{\ominus}}=0.219\times(0.1\times0.2^{2})^{\frac{1}{3}}=3.476\times10^{-2}$

答案：B

9. 解析：$-\frac{1}{2}\cdot\frac{\mathrm{d}[O_3]}{\mathrm{d}t}=\frac{1}{3}\cdot\frac{\mathrm{d}[O_2]}{\mathrm{d}t}=k\,[O_3]^{n}\Rightarrow k_1:k_2=2k:3k=2:3$

答案：C

10. 答案：B

11. 解析：由接触角公式 $\cos\theta=\frac{\gamma_{\mathrm{s-g}}-\gamma_{\mathrm{s-l}}}{\gamma_{\mathrm{g-l}}}\Rightarrow$液体为凸面，因此管内液面上的饱和蒸气压将高于管外液面上的饱和蒸气压。

答案：A

12. 解析：水能润湿玻璃，处于 $h/3$ 处时，外压大于管内压力，所以水不能从毛细管端滴下。

答案：C

13. 解析：由始态至终态的完成条件(如是否有非体积功)未知，因此无法确定反应是否吸热。

答案：D

14. 解析：状态函数途径无关

答案：C

15. 解析：

答案：A

16. 答案：C

17. 解析：节流膨胀过程为绝热过程，过程的熵变大于0。

答案：C

18. 解析：$\left(\frac{\partial T}{\partial V}\right)_S\cdot\left(\frac{\partial S}{\partial T}\right)_V\cdot\left(\frac{\partial V}{\partial S}\right)_T=-1\Rightarrow\left(\frac{\partial T}{\partial V}\right)_S=-\frac{\left(\frac{\partial S}{\partial V}\right)_T}{\left(\frac{\partial S}{\partial T}\right)_V}=$

$$-\frac{\left(\frac{\partial p}{\partial T}\right)_V}{\left(\frac{\partial S}{\partial T}\right)} = -\frac{nR/V}{C_V/T} = -\frac{2T}{5V}$$

答案：B

19. **解析**：反应为 $AlCl_3 + 3H_2O \longrightarrow Al(OH)_3 + 3HCl$，则 $C = S - R - R' = 4 - 1 - 0 = 3$

答案：C

20. **解析**：$n_1 dV_1 + n_2 dV_2 = 0$

答案：B

21. **解析**：$\ln \frac{x_r}{x_0} = \frac{2\gamma M}{r\rho RT}$

答案：C

22. **解析**：$t_m = \frac{\ln k_2 - \ln k_1}{k_2 - k_1}$

答案：D

23. **解析**：$Q_R = T\Delta_r S_m$

答案：B

24. **答案**：B

25. **答案**：C

26. **解析**：$\left(\frac{\partial \Delta_r G_m}{\partial T}\right)_p = -\Delta_r S_m \Rightarrow$升温则 $\Delta_r G_m$ 降低；$\left(\frac{\partial \Delta_r G_m}{\partial p}\right)_T = \Delta_r V_m \Rightarrow$降压则 $\Delta_r G_m$ 降低。

答案：B

27. **答案**：D

28. **解析**：根据法拉第定律，通入一定量电荷量后，在各个电解池的电极上发生化学变化的物质量都相等，即，$\frac{9}{22.4} - \frac{2.24}{22.4} = 0.3$

答案：B

二、填空题

1. $\Delta S > 0$, $\Delta U = 0$, $\Delta H > 0$, $\Delta A < 0$

2. $\theta = \frac{bp}{1 + bp}$；饱和吸附量；$p$；$\frac{1}{b\Gamma_m}$

3. 反应级数和速率常数

4. 丁醇水溶液

5. 界面的曲率中心

6. $\Delta U < 0$, $W = 0$

7. 0; $\mu_{J-T} > 0$

8. $V_B = \left(\frac{\partial V}{\partial n_B}\right)_{T,\ p,\ n_{C(C\neq B)}}$; $\frac{V - n_1 V_1}{n_2}$

9. **解析**: $C = S - R - R' = 4 - 1 - 2 = 1$; $f = C - \Phi + 2 = 1 - 2 + 2 = 1$

答案: 1; 1

10. 增大; 明显

11. **解析**: $Cu - 2e^- \rightarrow Cu^{2+}$; $I = \frac{1}{2}(m \times 2^2 + 2m \times 1^2) = 3m$

答案: 增加; $3m$

12. 小于; 大于

13. >; <

三、判断题

1. 错误 2. 错误

3. **解析**: 苯的正常凝固点为5℃, -5℃时固态的苯更稳定

答案: 错误

4. 正确 5. 错误 6. 正确 7. 正确 8. 错误

四、简答题

1. **答案**: (1) $C = S - R - R' = 2 - 0 - 0 = 2$, 在一定的压力下则 $f = C - \Phi + 1 = 2 - 2 + 1 = 1$, 此自由度指温度, 因此 $CaCO_3$不会分解。(2) $f = C - \Phi = 2 - 2 = 0$, 仅当体系的温度及压力皆为定值时, 两相的 $CaCO_3(s)$和 $CaO(s)$的混合物自由度为0, 即不会再有新相的生成。

2. **答案**: 绝热可逆压缩中, $\left(\frac{\partial p}{\partial V}\right)_S = -\gamma \frac{p}{V}$, 在等温可逆压缩中 $\left(\frac{\partial p}{\partial V}\right)_T = -\frac{p}{V}$, 在 p-V 图中绝热可逆压缩过程曲线的坡度更大一些, 则功更大一些。

3. **答案**: 不正确。溶液没有化学势。溶液的溶剂和溶质有化学势, 但它们有各自的不同的标准态, 所以溶液没有标准态, 就写不出化学势。

4. **答案**: 结晶是从无至有的过程, 结晶初期的小冰晶极微小, 根据开尔文

公式 $\ln\frac{x_r}{x_0}=\frac{2\gamma M}{r\rho RT}$，小冰晶的溶解度极大，因此易出现应凝结析出却未结晶的过冷现象。

5. **答案**：胶团结构为 $\{[Fe(OH)_3]_m\cdot nFeO^+\cdot(n-x)Cl^-\}^{x+}\cdot xCl^-$，该胶粒为正电性，因此能电后会观察到胶粒向阴极移动。聚沉效果：$Na_2SO_4>MgSO_4>NaCl>MgCl_2$

6. **答案**：盐碱地的土壤中水的化学势小于植物细胞中水的化学势，因此会造成植物细胞中的水分流向土壤而造成农作物长势不良，甚至枯萎。

7. **答案**：(如图)将粗盐溶解加温至物系点 S，冷却至固相区则有精盐析出，过滤。将滤液稀释至 Y 点后升温至 O 点，加入粗盐，使物系点至 S 点，再冷却，如此重复，将粗盐制成精盐。

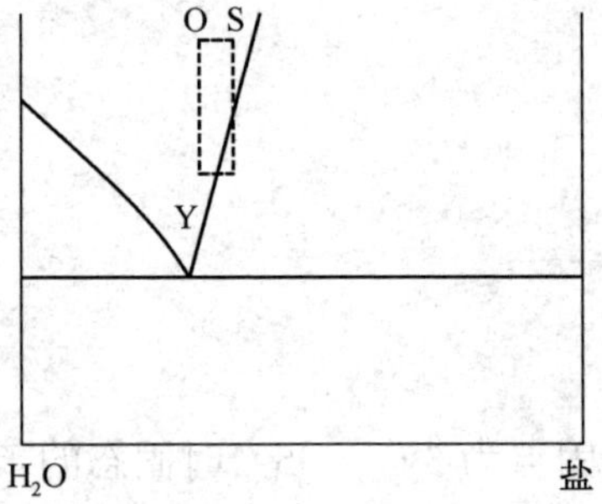

8. **答案**：$\Delta_r C_p=0$，即 $\Delta_r H_m^{\ominus}$ 为常数。利用 $\ln K^{\ominus}=-\frac{\Delta_r H_m^{\ominus}}{RT}+C<\ln J$，即可估算反应所需的温度。

9. **答案**：$S=-\Delta G=\gamma_{s-g}-\gamma_{l-g}-\gamma_{s-l}=0.483-0.0728-0.375=0.0352\,N\cdot m^{-1}>0$，所以能够铺展。

五、计算题

1. **解**：该过程为不可逆相变过程，设计如下过程

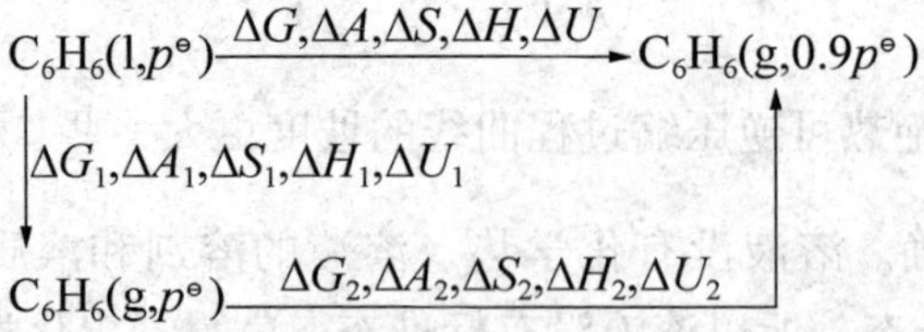

$\Delta G=\Delta G_1+\Delta G_2=0+RT\ln\dfrac{p_2}{p_1}=[8.314\times353.3\times\ln0.9]\,\mathrm{J\cdot mol^{-1}}=-309.3\,\mathrm{J\cdot mol^{-1}}$

$\Delta A_1=\Delta G_1-p\Delta V=-p^{\ominus}V=-nRT=[-8.314\times353.5]\,\mathrm{J\cdot mol^{-1}}=-2.94\,\mathrm{kJ\cdot mol^{-1}}$

$\Delta A_2=\Delta G_2+\Delta(pV)=-309.3\,\mathrm{J\cdot mol^{-1}}$

$\Delta A=\Delta A_1+\Delta A_2=[-2937-309.3]\,\mathrm{J\cdot mol^{-1}}=-3.25\,\mathrm{kJ\cdot mol^{-1}}$

$\Delta H=\Delta H_1+\Delta H_2=30.75\,\mathrm{kJ\cdot mol^{-1}}$

$\Delta S=\dfrac{\Delta H-\Delta G}{T}=\left[\dfrac{30.75\times10^3+309.3}{353.3}\right]\mathrm{J\cdot K^{-1}\cdot mol^{-1}}=87.91\,\mathrm{J\cdot K^{-1}\cdot mol^{-1}}$

$\Delta U=\Delta H-\Delta(pV)=\Delta H-RT=[30.75-8.314\times353.3\times10^3]\,\mathrm{kJ\cdot mol^{-1}}=27.81\,\mathrm{kJ\cdot mol^{-1}}$

2. **解**：设计过程如下

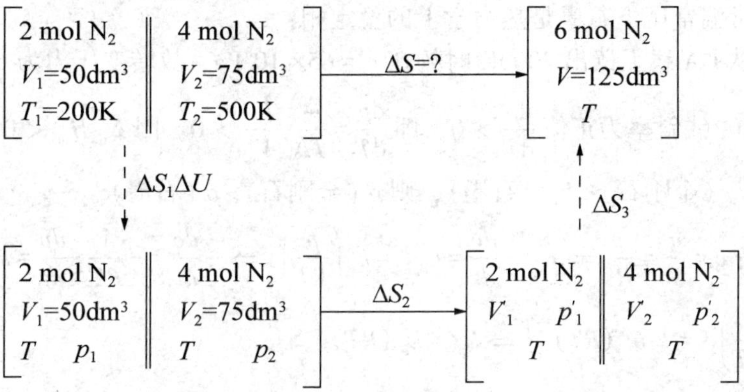

$\Delta U=\Delta U_1+\Delta U_2=0\Rightarrow n_1C_{V,\mathrm{m}}(T-T_1)+n_2C_{V,\mathrm{m}}(T-T_2)=0\Rightarrow 2\times(T-200)+4\times(T-500)=0\Rightarrow T=400\,\mathrm{K}$

$\Delta S_1=n_1C_{V,\mathrm{m}}\ln\dfrac{T}{T_1}+n_2C_{V,\mathrm{m}}\ln\dfrac{T}{T_2}=\left[\dfrac{5}{2}\times8.314\times\left(2\times\ln\dfrac{400}{200}+4\times\ln\dfrac{400}{500}\right)\right]\mathrm{J\cdot K^{-1}}=10.26\,\mathrm{J\cdot K^{-1}}$

$$\Delta S_2=n_1R\ln\frac{V_1'}{V_1}+n_2R\ln\frac{V_2'}{V_1}=n_1R\ln\left(\frac{n_1}{n}\cdot\frac{V}{V_1}\right)+n_2R\ln\left(\frac{n_2}{n}\cdot\frac{V}{V_2}\right)$$

$$=\left[8.314\times\left(2\times\ln\frac{2\times125}{6\times50}+4\times\ln\frac{4\times125}{6\times75}\right)\right]\mathrm{J\cdot K^{-1}}=0.47\,\mathrm{J\cdot K^{-1}}$$

$\Delta S_3=0$

$\Delta S=\Delta S_1+\Delta S_2+\Delta S_3=[10.26+0.47]\,\mathrm{J\cdot K^{-1}}=10.73\,\mathrm{J\cdot K^{-1}}$

3. **解**：（1）$\dfrac{\mathrm{d}\ln K^{\ominus}}{\mathrm{d}T}=\dfrac{\Delta_{\mathrm{r}}H_{\mathrm{m}}^{\ominus}}{RT^2}$

$\Delta_r H_m^\ominus = RT^2 \dfrac{d\ln K^\ominus}{dT} = RT^2\left(-\dfrac{23889}{T^2}+\dfrac{2.222}{T}\right)$

$= [-8.314 \times 1000^2 \times 21.667 \times 10^{-3} \times 10^{-3}]\ \mathrm{kJ \cdot mol^{-1}} = -180.14\mathrm{kJ \cdot mol^{-1}}$

$\Delta_r U_m^\ominus = \Delta_r H_m^\ominus + RT = -171.82\mathrm{kJ \cdot mol^{-1}}$

$\Delta_r G_m^\ominus = -RT\ln K^\ominus = -10.32\mathrm{kJ \cdot mol^{-1}}$

(2) $J = \dfrac{(p_{SO_3}/p^\ominus)^2}{(p_{SO_2}/p^\ominus)^2 \cdot (p_{O_2}/p^\ominus)} = 22.5 \Rightarrow \ln K^\ominus = 1.242 \Rightarrow K^\ominus = 3.462$

$J > K^\ominus \Rightarrow$故反应向左进行

4. **解**：(1) O 点是石墨、金刚石、液相共存的三相平衡点；

(2) OA 为石墨、金刚石之间的相变温度随压力的变化线，OB 为石墨的熔点随压力的变化线，OC 为金刚石的熔点随压力的变化线；

(3) 常温常压下石墨是热力学上的稳定相；

(4) 从 OA 线上读出 2000K 时约在 $p = 65\times 10^8\mathrm{Pa}$，故转变压力为 $65\times 10^8\mathrm{Pa}$；

(5) OA 线斜率为正值 $\dfrac{\mathrm{d}p}{\mathrm{d}T} > 0$，即 $\dfrac{\mathrm{d}p}{\mathrm{d}T} = \dfrac{\Delta_{trs}H_m}{T\Delta_{trs}V_m} > 0$。因 $\Delta_{trs}H_m < 0$，则 $\Delta_{trs}V_m < 0$，即 V_m（金刚石）$< V_m$（石墨），则 ρ（金刚石）$> \rho$（石墨）。

5. **证**：$c = \dfrac{n}{V} = \dfrac{p}{RT} \Rightarrow r = -\dfrac{dc}{dt} = k_c c^n = k_c\left(\dfrac{p}{RT}\right)^n \Rightarrow -\dfrac{dc}{dt} = -\dfrac{1}{RT}\cdot\dfrac{dp}{dt} = k_p\left(\dfrac{p}{RT}\right)^n \Rightarrow$

$k_c\left(\dfrac{p}{RT}\right)^n = k_p p^n (RT)^{-1} \Rightarrow k_p = k_c (RT)^{1-n}$

6. **解**：(1) $\ln k = -\dfrac{4000 \times 2.303}{T/\mathrm{K}} + 7.0 \times 2.303 \Rightarrow \dfrac{E_a}{R} = 4000 \times 2.303$，$\ln A = 7.0 \times 2.303$

$E_a = 76.589\ \mathrm{kJ \cdot mol^{-1}}$, $A = 1 \times 10^7\mathrm{min^{-1}}$

(2) $\ln\dfrac{1}{1-y} = k_1 t \Rightarrow k = \dfrac{1}{2}\ln\dfrac{1}{1-0.65} \Rightarrow k = 0.525\mathrm{min^{-1}} \Rightarrow \lg 0.525 = \dfrac{-4000}{T/\mathrm{K}} + 7.0 \Rightarrow T = 849.5\mathrm{K}$

7. **解**：(1) $\varphi_{Fe^{2+}|Fe} = \varphi^\ominus_{Fe^{2+}|Fe} + \dfrac{RT}{2F}\ln\alpha_{Fe^{2+}}$

$= \left[-0.440 + \dfrac{8.314 \times 298.2}{2 \times 96500}\ln 0.01\right]\mathrm{V} = -0.499\mathrm{V}$

$\varphi_{Cu^{2+}|Cu} = \varphi^\ominus_{Cu^{2+}|Cu} + \dfrac{RT}{2F}\ln\alpha_{Cu^{2+}} = \left[0.337 + \dfrac{8.314 \times 298.2}{2 \times 96500}\ln 0.02\right]\mathrm{V} = 0.287\mathrm{V}$

由于 Cu^{2+}的析出电势高于 Fe^{2+}的析出电势，所以 Cu^{2+}先在阴极上析出。

（2）当在阴极上析出第二种离子 Fe^{2+} 时，在阳极上将有 O_2 析出，则

$H_2O(l) - 2e^- \rightarrow \frac{1}{2}O_2 + 2H^+$　当 Cu^{2+} 完全析出后，溶液中 H^+ 的浓度为 $0.04mol \cdot kg^{-1}$

$$\varphi_{H^+|O_2} = \varphi^{\ominus}_{H^+|O_2} + \frac{RT}{F}\ln\alpha_{H^+} = \left[1.229 + \frac{8.314 \times 298.2}{96500}\ln 0.04\right]V = 1.146V$$

$E = \varphi_+ - \varphi_- = [1.146 + 0.499]\ V = 1.645V$

8. **解**：反应　$BaCO_3(s) \rightarrow BaO(s) + CO_2(g)$

$$\Delta_r H^{\ominus}_m(298.15K) = \Delta_f H^{\ominus}_m(BaO,\ s) + \Delta_f H^{\ominus}_m(CO_2,\ g) - \Delta_f H^{\ominus}_m(BaCO_3,\ s)$$
$$= [-393.51-556.47+1217.5]\ kJ \cdot mol^{-1} = 267.52kJ \cdot mol^{-1}$$

$$\Delta_r G^{\ominus}_m(298.15K) = \Delta_f G^{\ominus}_m(BaO,\ s) + \Delta_f G^{\ominus}_m(CO_2,\ g) - \Delta_f G^{\ominus}_m(BaCO_3,\ s)$$
$$= [-394.38-527.18+1130.0]\ kJ \cdot mol^{-1} = 216.44kJ \cdot mol^{-1}$$

$$\Delta_r C_{p,m} = C_{p,m}(BaO,\ s) + C_{p,m}(CO_2,\ g) - C_{p,m}(BaCO_3,\ s)$$
$$= [37.66 + 43.51 - 90.79]\ J \cdot K^{-1} \cdot mol^{-1} = -9.62J \cdot K^{-1} \cdot mol^{-1}$$

$$\left(\frac{\partial\ \Delta_r H^{\ominus}_m}{\partial\ T}\right)_p = \Delta_r C_p \Rightarrow \Delta_r H^{\ominus}_m(T_2) = \Delta_r H^{\ominus}_m(T_1) + \int_{T_1}^{T_2}\Delta_r C_p dT$$

$\Delta_r H^{\ominus}_m(T_2)/kJ \cdot mol^{-1} = 270.39 - 9.62 \times 10^{-3}T/K$

9. **解**：（1）电池的表示式为

$Pb(s)|PbSO_4(s)|H_2SO_4(aq)|PbSO_4(s)|PbO_2(s)$

$(-): Pb(s) + SO_4^{2-}(\alpha) - 2e \rightarrow PbSO_4(s)$

$(+): PbO_2(s) + 2H_2SO_4(\alpha) + 2e \rightarrow PbSO_4(s) + 2H_2O$

（2）电池总反应：$PbO_2(s) + Pb(s) + 4H^+(aq) + 2SO_4^{2-}(aq) \rightarrow 2PbSO_4(s) + 2H_2O(l)$

$$E = E^{\ominus} - \frac{RT}{2F}\ln\frac{1}{\alpha^2_{H_2SO_4}} = E^{\ominus} + \frac{3RT}{F}\ln\alpha_{\pm} \Rightarrow 1.9188 = 2.041 + \frac{3 \times 8.314 \times 298.2}{96500}\ln\alpha_{\pm}$$

$\Rightarrow \alpha_{\pm} = 0.20$

（3）$\Delta_r G_m = -2EF = [-2 \times 9.648 \times 10^4 \times 1.9188 \times 10^{-3}]\ kJ \cdot mol^{-1} = -370.3kJ \cdot mol^{-1}$

（4）$\Delta_r G^{\ominus}_m = -2E^{\ominus}F = -RT\ln K^{\ominus} \Rightarrow K^{\ominus} = 10^{69}$

10. **解**：（1）$t_{1/2} = \frac{\ln 2}{k} = 138.6s \Rightarrow k = 5 \times 10^{-3}s^{-1}$

$$\ln\frac{c_0}{c} = kt \Rightarrow \ln\frac{1}{0.01} = 5 \times 10^{-3}s^{-1} \times t \Rightarrow t = 921s$$

（2）$k = k_1 + k_2 \Rightarrow k_2 = k - k_1 = [0.05 - 0.07]\ s^{-1} = 0.0003s^{-1} \Rightarrow \frac{c_Y}{c_Z} = \frac{k_1}{k_2} =$

$\frac{0.0047}{0.0003} = 15.66$

(3) $\ln \frac{k_1}{k_2} = \frac{E_{a,2} - E_{a,1}}{RT} = E_{a,2} = 90.30\text{kJ} \cdot \text{mol}^{-1}$

所以 $E_{a,2} > E_{a,1}$。若需提高主反应的产率，即需提高 $\frac{c_Y}{c_Z}$ 的比值，也就是需提高 $\frac{k_1}{k_2}$ 的比值。从 $\ln \frac{k_1}{k_2} = \frac{E_{a,2} - E_{a,1}}{RT}$ 可知，要增大 $\ln \frac{k_1}{k_2}$，需增大 $\frac{E_{a,2} - E_{a,1}}{RT}$，由于活化能随温度改变的变化不大，因此可以通过降低反应温度 T 来实现。

11. **解**：(a) 各区相态如图所示

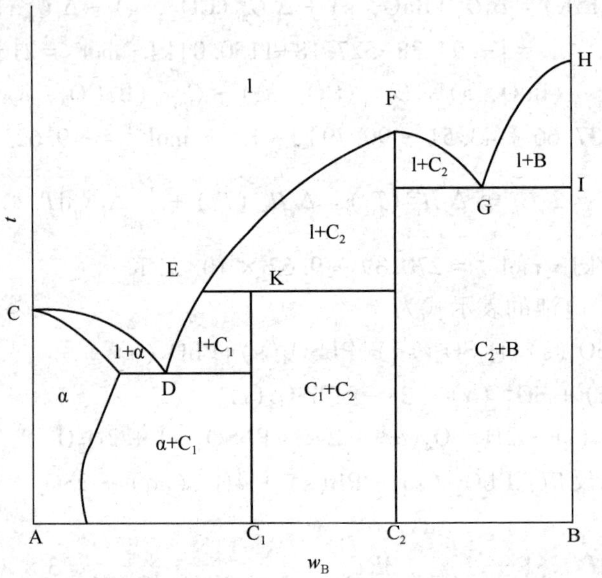

(b) 通过 D 点的水平线：$l+\alpha+C_1$

通过 K 点的水平线：$l+C_1+C_2$

通过 G 点的水平线：$l+C_2+B$

(c) C 点：A 的熔点，$f^* = 1 - 2 + 1 = 0$

D 点：α 与 C_1 的低共熔点，$f^* = 2 - 3 + 1 = 0$

E 点：C_1 分解出的液相点，$f^* = 2 - 3 + 1 = 0$

F 点：C_2 的熔点，$f^* = 1 - 2 + 1 = 0$

(d) 步冷曲线如图：

(e) 控制在 D、E 所代表的组成之间

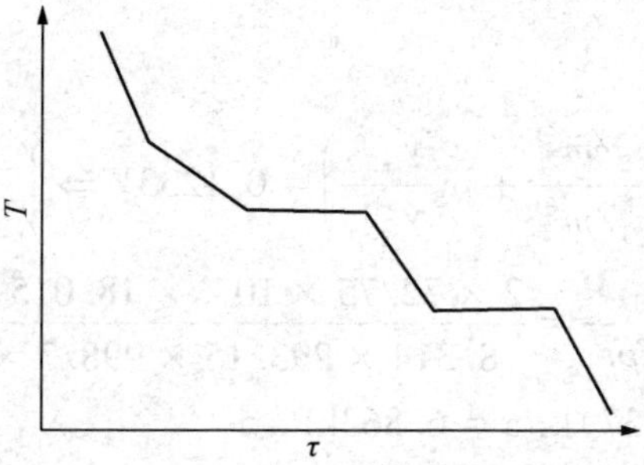

12. **解**：(1)

$W = -p(V_g - V_l) = -pV_g = -nRT = [-8.314 \times 373]\ \text{J} = -3.10\text{kJ} \cdot \text{mol}^{-1}$

$Q_p = \Delta H = 40.63\text{kJ} \cdot \text{mol}^{-1}$

$\Delta U = Q_p + W = [40.63 - 3.10]\ \text{kJ} \cdot \text{mol}^{-1} = 37.5\text{kJ} \cdot \text{mol}^{-1}$

$\Delta S = \dfrac{\Delta H}{T} = \left[\dfrac{40630}{373}\right] \text{J} \cdot \text{K}^{-1} \cdot \text{mol}^{-1} = 108.9\text{J} \cdot \text{K}^{-1} \cdot \text{mol}^{-1}$

$\Delta A = \Delta U - T\Delta S = [37.5 - 373 \times 108.9 \times 10^{-3}]\ \text{kJ} \cdot \text{mol}^{-1} = -3.10\text{kJ} \cdot \text{mol}^{-1}$

$\Delta G = 0$

(2) $p_{外} = 0$, $W = 0$, $Q = \Delta U$

ΔU、ΔH、ΔS、ΔA 和 ΔG 均与(1)中结果相同

13. **解**：(1) $K^{\ominus} = \dfrac{p_{H_2O}}{p^{\ominus}} \cdot \dfrac{p_{CO_2}}{p^{\ominus}} = \dfrac{1}{4}\left(\dfrac{p}{p^{\ominus}}\right)^2$

$K_{303}^{\ominus} = \dfrac{1}{4}\left(\dfrac{0.827}{100}\right)^2 = 0.171 \times 10^{-4}$

$K_{343}^{\ominus} = \dfrac{1}{4}\left(\dfrac{16.01}{100}\right)^2 = 0.641 \times 10^{-4}$

$\ln \dfrac{K_{343}^{\ominus}}{K_{303}^{\ominus}} = \dfrac{\Delta_r H_m^{\ominus}}{R}\left(\dfrac{1}{T_{303}} - \dfrac{1}{T_{343}}\right) \Rightarrow \Delta_r H_m^{\ominus} = 128.2\text{kJ} \cdot \text{mol}^{-1}$

(2)：

$K^{\ominus} = \dfrac{p_{H_2O}}{p^{\ominus}} \cdot \dfrac{p_{CO_2}}{p^{\ominus}} = \dfrac{1}{4}\left(\dfrac{p}{p^{\ominus}}\right)^2 = 0.25 \Rightarrow \ln \dfrac{0.25}{0.641 \times 10^{-2}} = \dfrac{128.2 \times 10^3}{8.314}\left(\dfrac{1}{343.2} - \dfrac{1}{T/\text{K}}\right) \Rightarrow T = 373.7\text{K}$

14. **解**：电池反应为　　$Zn + Hg_2Cl_2 \rightarrow 2\,Hg + Zn^{2+} + 2\,Cl^-$

$E = E^{\ominus} - \dfrac{RT}{2F}\ln\alpha_{ZnCl_2} = E^{\ominus} - \dfrac{RT}{2F}\ln\alpha_{\pm}^3 = E^{\ominus} - \dfrac{3RT}{2F}\ln\left(\gamma_{\pm}\dfrac{m_{\pm}}{m^{\ominus}}\right) = E^{\ominus}$

$-\dfrac{3RT}{2F}\ln\left(\gamma_{\pm}\dfrac{\sqrt[3]{4}m}{m^{\ominus}}\right)$

$$E_1 - E_2 = \frac{3RT}{2F}\left(\ln\frac{m_2/m^{\ominus}}{m_1/m^{\ominus}} + \ln\frac{\gamma_{\pm,2}}{\gamma_{\pm,1}}\right) = 0.1233V \Rightarrow \frac{\gamma_{\pm,2}}{\gamma_{\pm,1}} = 0.49$$

15. **解**：$\ln\dfrac{p_r}{p} = \dfrac{2\gamma_{g-l}M}{RT\rho r} = \dfrac{2\times 72.75\times 10^{-3}\times 18.015\times 10^{-3}}{8.314\times 293.15\times 998.3\times 10^{-9}} = 1.0773$

$p_r = (2.9367\times 2.337)\text{kPa} = 6.863\text{kPa}$

12.2 西北大学 2013 年考研试题

一、单项选择题

1. 相对理想气体，实际气体的压力和体积分别会出现：(　　)

A. 压力正偏差，体积正偏差　　B. 压力正偏差，体积负偏差

C. 压力负偏差，体积正偏差　　D. 压力负偏差，体积负偏差

2. 在标准压力下，C(石墨)+O_2══CO_2(g)的反应热为 $\Delta_r H_m^{\ominus}$，下列哪种说法是错误的？(　　)

A. $\Delta_r H_m^{\ominus}$ 是 CO_2(g)的标准生成热　　B. $\Delta_r H_m^{\ominus} = \Delta_r U^m$

C. $\Delta_r H_m^{\ominus}$ 是石墨的燃烧热　　D. $\Delta_r U^m < \Delta_r H_m^{\ominus}$

3. $n$mol 某气体在恒容下，由 T_1 加热到 T_2，熵变为 ΔS_1，相同量的气体在恒压下由 T_1 加热到 T_2，其熵变为 ΔS_2，则 ΔS_1 与 ΔS_2 的关系为：(　　)

A. $\Delta S_1 > \Delta S_2$　　B. $\Delta S_1 < \Delta S_2$　　C. $\Delta S_1 = \Delta S_2$　　D. $\Delta S_1 = \Delta S_2 = 0$

4. 已知 373K 时，液体 A 的饱和蒸气压为 5×10^4Pa，液体 B 的饱和蒸气压为 10^5Pa，A 和 B 构成理想液体混合物，当 A 在溶液中的物质的量分数为 0.5 时，气相中 B 的物质的量分数为：(　　)

A. 1/1.5　　B. 1/2　　C. 1/2.5　　D. 1/3

5. 把 500g 樟脑(熔点 451.15K)和 0.1mol 的某新合成的有机物相混合，所得的混合物熔点为 443.15K。已知该有机物 0.13g 和 5g 樟脑混合物的熔点为 447.15K，则该有机物的相对分子量为：(　　)

A. 130　　B. 260　　C. 140　　D. 280

6. 加入惰性气体能增大平衡转化率的反应是：(　　)

A. $C_6H_5C_2H_5(g) \rightleftharpoons C_6H_5C_2H_3(g) + H_2(g)$

B. $CO(g) + H_2O(g) \rightleftharpoons CO_2(g) + H_2(g)$

C. $1.5H_2(g) + 0.5N_2(g) \xlongequal{\quad} NH_3(g)$

D. $CH_3COOH(l) + C_2H_5OH(l) \xlongequal{\quad} H_2O(l) + CH_3COOC_2H_5(l)$

7. $CuSO_4$与水可生成$CuSO_4 \cdot H_2O$、$CuSO_4 \cdot 3H_2O$、$CuSO_4 \cdot 5H_2O$三种水合物，则在一定温度下与水蒸气平衡的含水盐最多为：(　　)

A. 3 种　　B. 2 种　　C. 1 种　　D. 不可能有共存的含水盐

8. 对单原子理想气体分子，发生一个物理变化，欲求其热力学性质，要知道：(　　)

A. q^t、q^r、q^v　　B. q^t　　C. q^r、q^e、q^n　　D. q^e、q^n

9. 300K 时，分布在 $J=1$ 转动能级上的分子数是 $J=0$ 能级上分子数的 $3e^{-0.1}$ 倍，则分子转动特征温度是：(　　)

A. 10K　　B. 15K　　C. 30K　　D. 300K

10. 给处于下图(图 1)Ⅱ区的系统中投入一块结晶的 A(s)，发生的现象是：(　　)

A. A(s)将很快溶解　　B. A(s)将稳定存在

C. A(s)量将增加　　D. B(s)量将增加

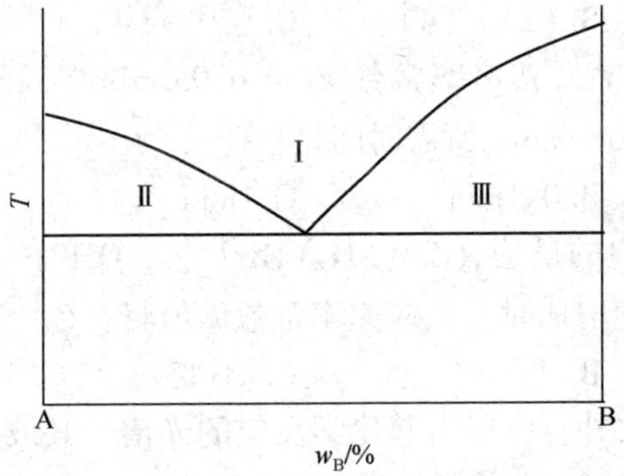

图 1

11. 在 Hittorff 法测迁移数的实验中，用 Ag 电极电解 $AgNO_3$溶液，测出在阳极部 $AgNO_3$的浓度增加了 $x$mol，而串联在电路中的 Ag 库仑计上有 $y$mol 的 Ag 析出，则 Ag^+离子迁移数为：(　　)

A. $\frac{x}{y}$　　B. $\frac{y}{x}$　　C. $\frac{x-y}{x}$　　D. $\frac{y-x}{y}$

12. 291K，纯水的无限稀释摩尔电导率为 $4.89\times10^{-2}S \cdot m^2 \cdot mol^{-1}$，此时水中 $m(H^+) = m(OH^-) = 7.8 \times 10^{-8}mol \cdot kg^{-1}$，则 291K 时纯水的电导率 $\kappa(S \cdot m^{-1})$ 为：(　　)

A. 3.81×10^{-6}　　B. 3.81×10^{-8}　　C. 3.81×10^{-7}　　D. 3.81×10^{-5}

13. 有如下两个电池，其中 $\alpha_1 < \alpha_2$，电池的电动势为 E_1 和 E_2：

① $Cu(s)\,|\,Cu^{2+}(\alpha_1)\,\|\,Cu^{2+}(\alpha_2)\,|\,Cu(s)$　　E_1

② $Cu(s)\,|\,Cu^{2+}(\alpha_1),\,Cu^{2+}(\alpha')\,\|\,Cu^{2+}(\alpha_2),\,Cu^{+}(\alpha')\,|\,Cu(s)$　　E_2

两个电池的反应都可以表示为：$Cu^{2+}(\alpha_2)\rightarrow Cu^{2+}(\alpha_1)$，则两个电池电动势的关系为：(　　)

$E_1 = 2E_2$　　B. $E_1 = \frac{1}{2}E_2$　　C. $E_1 = E_2$　　D. 无法比较

14. 关于阈能，下列说法中正确的是：(　　)

A. 阈能的概念只适用于基元反应

B. 阈能值与温度有关

C. 阈能是宏观量、实验值

D. 阈能是活化分子相对平动能的平均值

15. 平行反应 $B\rightarrow P(E_1)$；$B\rightarrow Q(E_2)$，已知活化能 $E_1 > E_2$，指前因子 $A_1 > A_2$。那么，(1) 降低反应温度；(2) 提高反应温度；(3) 加入适当催化剂；(4) 延长反应时间。其中能增加产物 P 的方法有：(　　)

A. (1)、(3)　　B. (2)、(4)　　C. (3)、(4)　　D. (2)、(3)

16. 某反应 $A\rightarrow Y$，其速率常数 $k_A = 6.93\ \text{min}^{-1}$，该反应物 A 的浓度从 $1\text{mol}\cdot\text{dm}^{-3}$ 变到 $0.5\text{mol}\cdot\text{dm}^{-3}$ 所需时间是：(　　)

A. 0.2min　　B. 0.1min　　C. 1min　　D. 2min

17. 对于水溶液中的反应 $[Co(NH_3)_5Br]^{2+} + OH^- \rightarrow [Co(NH_3)_5OH]^{2+} + Br^-$，当溶液离子强度增加时，反应速率常数 k 值将：(　　)

A. 变大　　B. 变小　　C. 不变　　D. 达到爆炸极限

18. 除多光子吸收外，一般引起化学反应的光谱，其波长范围应是：(　　)

A. 可见光(400~800nm)及紫外光(150~400nm)

B. X 射线($5\sim10^{-4}$nm)

C. 远红外射线

D. 微波及无线电波

19. 在空间轨道站中，漂浮着一个足够大的水滴，当用一内壁干净，外壁油污的毛细管接触水滴时：(　　)

A. 水不能进入毛细管

B. 水进入毛细管并达到一定高度

C. 水进入直到毛细管另一端

D. 水部分进入并从另一端出去，形成两端有水球

20. 将大分子电解质 NaR 的水溶液与纯水用半透膜隔开，达到 Donnan 平衡后，膜外水的 pH：(　　)

A. >7　　B. <7　　C. =7　　D. 不能确定

二、填空题

1. 已知 HI 的光分解反应机理是：$HI + h\nu \rightarrow H + I$，$H + HI \rightarrow H_2 + I$，$I + I + M \rightarrow I_2 + M$。则该反应的量子效率为：__________。

2. 已知 CH_3COOH（l），CO_2（g），H_2O（l）的标准摩尔生成焓 $\Delta_f H_m^{\ominus}(298K)/kJ \cdot mol^{-1}$ 分别为−484.5，−393.5，−285.8，则 $CH_3COOH(l)$ 的标准摩尔燃烧焓 $\Delta_c H_m^{\ominus}(298K)/kJ \cdot mol^{-1}$ 为__________。

3. 设反应 $A(s) = D(g) + G(g)$ 的 $\Delta_r G_m / J \cdot mol^{-1} = -4500 + 11T$，要防止反应发生，温度必须__________。

4. 某溶液由 2molA 和 1.5molB 混合而成，其体积为 $420cm^3$，此溶液中组分 A 的偏摩尔体积 $V_A = 30cm^3 \cdot mol^{-1}$，则组分 B 的偏摩尔体积（$cm^3 \cdot mol^{-1}$）为__________。

5. 质量摩尔浓度为 m 的 Na_3PO_4 溶液，平均活度系统为 $\gamma_{\pm}$，则电解质的活度为__________。

6. LiCl 的无限稀释摩尔电导率为 $115.03 \times 10^{-4} S \cdot m^{-3} \cdot mol^{-1}$，在 298K 时，测得 LiCl 稀溶液中 Li^+ 的迁移数为 0.3364，则 Cl^- 离子的摩尔电导率 $\lambda_m(Cl^-)$ 为__________。

7. 已知 298.2K 时，$\varphi^{\ominus}_{Zn|Zn^{2+}} = -0.763V$，$H_2$ 在 Zn 和光亮 Pt 上的超电势分别为 0.7V 和 0.3V。若分别以 Zn 和光亮 Pt 为阴极电解 $1mol \cdot kg^{-1} ZnSO_4$ 溶液（中性），在阴极上首先析出的物质将分别为__________。

8. 在 H_3AsO_3 的稀溶液中，通过量的 H_2S 气体，生成 As_2S 溶胶。用下列物质 $Al(NO)_3$、$MgSO_4$、$K_3Fe_3(CN)_6$ 聚沉，其聚沉值的大小顺序为__________。

9. 对于 AgCl 的水溶液，当以 $AgNO_3$ 为稳定剂时，胶团结构示意式________。

三、名词解释或简答

1. 稀溶液

2. 荧光与磷光有何区别？

3. 溶胶是热力学不稳定系统，但它能在相当长的时间内稳定存在，试说明原因。

4. 为什么海轮要比江轮采取更有效的防腐措施？

四、证明

1. 证明对理想气体有：$\left(\frac{\partial U}{\partial V}\right)_p = \frac{pC_{V,\mathrm{m}}}{R}$

2. 高温下，H_2和I_2生成HI的气相反应，有人认为其反应机理为：

$I_2 \underset{k_2}{\overset{k_1}{\rightleftharpoons}} 2I\cdot$ (fast)　　　　$H_2+2I\cdot \xrightarrow{k_3} 2HI$(slow)

试证明此反应的速率公式为：$\frac{\mathrm{d}[HI]}{\mathrm{d}t} = k[H_2][I_2]$

五、取273.2K、$3p^{\ominus}$的O_2气$10\mathrm{dm}^3$，反抗恒外压$p^{\ominus}$进行绝热不可逆膨胀，求该过程的Q、W、ΔU、ΔH、ΔS、ΔG。已知O_2在298K的规定熵为$205\mathrm{J\cdot K^{-1}\cdot mol^{-1}}$

六、两种硫化汞晶体转换反应为HgS(s，红)══HgS(s，黑)，转换反应的标准Gibbs自由能的变化值与温度的关系为$\Delta_{\mathrm{trs}}G_{\mathrm{m}}^{\ominus} = (4100 - 6.09T/\mathrm{K}) \times 4.184\mathrm{J\cdot mol^{-1}}$。(1)问373K时，哪一种硫化汞晶体较为稳定？(2)求该反应的转换温度。

七、HBr分子的转动惯量为$3.28\times10^{-47}\mathrm{kg\cdot m^2}$，试计算($h=6.626\times10^{-34}\mathrm{J\cdot s^{-1}}$，$k=1.38\times10^{-23}\mathrm{J\cdot K^{-1}}$)；

(1)在298K时，HBr分子占据转动量子数$J=1$的能级上的百分数；

(2)在298K时，HBr理想气体的摩尔转动熵。

八、SiO_2-Al_2O_3二组分丝毫在耐火材料工业上有重要意义，所示的相图是SiO_2-Al_2O_3二组分系统在高温区的相图，莫莱石的组成为$2Al_2O_3\cdot3SiO_2$，在高温下SiO_2有白硅石和鳞石英两种变形体，AB线是两种变态的转晶线，在AB线上是白硅石，在AB下是鳞石英。(1)指出各相区分别由哪些相组成；(2)图中3条水平线分别代表哪些相平衡共存；(3)分别画出从x，y，z点将熔化物冷却的步冷出线。

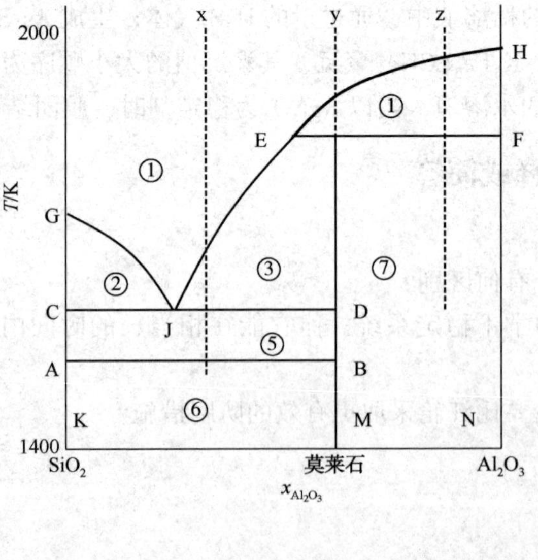

九、 298K，下述电池的电动势为1.228V：$Pt|H_2(p^{\ominus})|H_2SO_4(0.01mol\cdot kg^{-1})|O_2(p^{\ominus})|Pt$。已知$H_2O(l)$的标准摩尔生成焓$\Delta_f H_m^{\ominus}(H_2O, l) = -285.83kJ\cdot mol^{-1}$。试求：(1) 写出电极和电池反应；(2) 该电池的温度系数；(3) 该电池在273K时的电动势。(设反应焓在该温度区间内为常数)。

十、 323K时有机物A的酸催化水解反应速率方程$r = kc_A^{\alpha}c_{H^+}^{\beta}$，实验证明当pH一定时，半衰期$t_{\frac{1}{2}}$与A的初始浓度无关，测定知当pH为5时，$t_{\frac{1}{2}} = 69.3min$；pH为4时，$t_{\frac{1}{2}} = 6.93min$，试求：(1) 速率方程表达式；(2) 323K时的速率常数k；(3) pH为6和3时，若A水解70%，所需时间比为多少？

参考答案

一、单项选择题

1	2	3	4	5	6	7	8	9	10
C	D	B	A	B	A	B	B	B	A
11	12	13	14	15	16	17	18	19	20
D	A	B	A	D	B	B	A	C	A

二、填空题

1. 2

2. $-874.1kJ\cdot mol^{-1}$

3. 409K

4. $240cm^3\cdot mol^{-1}$

5. $\alpha = 27\gamma_{\pm}^4\left(\frac{m}{m^{\ominus}}\right)^4$

6. $76.33\times10^{-4}S\cdot m^{-3}\cdot mol^{-1}$

7. Zn电极上先析出Zn和光亮Pt电极上先析出H_2

8. $Al(NO)_3>MgSO_4>K_3Fe_3(CN)_6$

9. $[(AgCl)_m\cdot nAg^+\cdot(n-x)NO_3^-]^{x+}\cdot xNO_3^-$

三、名词解释或简答

1. **答：** 在一定温度、压力和浓度范围内，若溶剂服从Raoult定律，溶质服从Henry定律，这种稀溶液称为理想稀溶液，简称稀溶液。

2. **答：** 荧光是处于S激发态的分子跃迁到基态时发出的辐射，磷光是处于T激发态分子跃迁到基态时发出的辐射。荧光比磷光的强度大而寿命短。

3. 答：① 动力性质溶胶胶粒在 1 ~ 100nm，产生的 Brown 运动使胶体具有扩散现象及沉降平衡，这在一定程度上避免了胶粒的快速碰撞而聚沉；② 电学性质溶胶胶粒具有 ζ 电势，避免胶粒团聚而聚沉。

4. 答：江水为淡水，而海水中含有大量的电解质，则海轮底部形成了大量的微小的原电池而极易发生腐蚀，因此海轮要比江轮采取更有效的防腐措施。

四、证明

1. 证：

$$\left.\begin{array}{l} \mathrm{d}U = \left(\dfrac{\partial U}{\partial T}\right)_V \mathrm{d}T + \left(\dfrac{\partial U}{\partial V}\right)_T \mathrm{d}V \Rightarrow \left(\dfrac{\partial U}{\partial V}\right)_p = \left(\dfrac{\partial U}{\partial T}\right)_V \left(\dfrac{\partial T}{\partial V}\right)_p + \left(\dfrac{\partial U}{\partial V}\right)_T \\ \mathrm{ig} \Rightarrow \left(\dfrac{\partial U}{\partial V}\right)_T = 0 \end{array}\right\} \Rightarrow$$

$$\left(\dfrac{\partial U}{\partial V}\right)_p = \left(\dfrac{\partial U}{\partial T}\right)_V \left(\dfrac{\partial T}{\partial V}\right)_p \Rightarrow \left.\begin{array}{c} \left(\dfrac{\partial U}{\partial V}\right)_p = C_{V,\,\mathrm{m}} \left(\dfrac{\partial T}{\partial V}\right)_p \\ pV = RT \Rightarrow \left(\dfrac{\partial T}{\partial V}\right)_p = \dfrac{p}{nR} \\ n = 1 \end{array}\right\} \Rightarrow \left(\dfrac{\partial U}{\partial V}\right)_p = \dfrac{pC_{V,\,\mathrm{m}}}{R}$$

2. 证：$\dfrac{\mathrm{d}[\mathrm{HI}]}{\mathrm{d}t} = 2k_3 [\mathrm{H_2}] [\mathrm{I}]^2$ ①

根据平衡假设 $k_1 [\mathrm{I_2}] = k_2 [\mathrm{I}]^2 \Rightarrow [\mathrm{I}]^2 = \dfrac{k_1 [\mathrm{I_2}]}{k_2}$ ②

将②式代入①式，则 $\dfrac{\mathrm{d}[\mathrm{HI}]}{\mathrm{d}t} = \dfrac{2k_1 k_3}{k_2} [\mathrm{H_2}] [\mathrm{I_2}] = k [\mathrm{H_2}] [\mathrm{I_2}]$

五、解：过程如下

$$\begin{bmatrix} \mathrm{ig},\ \mathrm{O_2} \\ p_1 = 3p^{\ominus} \\ T_1 = 273.2\mathrm{K} \\ V_1 = 10\mathrm{dm}^3 \end{bmatrix} \xrightarrow{Q = 0,\ p_e = p^{\ominus}} \begin{bmatrix} \mathrm{ig},\ \mathrm{O_2} \\ p_2 = p^{\ominus} \\ T_2 \\ V_2 \end{bmatrix}$$

$$n = \frac{pV}{RT} = \left[\frac{3 \times 100 \times 10}{8.314 \times 273.2}\right]\mathrm{mol} = 1.32\mathrm{mol}$$

$Q = 0$

$\Delta U = W \Rightarrow nC_{V,\,\mathrm{m}}(T_2 - T_1) = - p_e(V_2 - V_1) \Rightarrow nC_{V,\,\mathrm{m}}(T_2 - T_1) =$

$$-p_e\left(\frac{nRT_2}{p_2}-\frac{nRT_1}{p_1}\right)$$

$$\frac{5}{2}\times(T_2-273.2)=\frac{273.2}{3}-T_2\Rightarrow T_2=221.2\mathrm{K}$$

$W=\Delta U=nC_{V,\mathrm{m}}(T_2-T_1)=[1.32\times2.5\times8.314\times(221.2-273.2)]\mathrm{J}=-1.43\mathrm{kJ}$

$\Delta H=nC_{p,\mathrm{m}}(T_2-T_1)=[1.32\times3.5\times8.314\times(221.2-273.2)]\mathrm{J}=-2.0\mathrm{kJ}$

$$\Delta S=nR\ln\frac{p_1}{p_2}+nC_{p,\mathrm{m}}\ln\frac{T_2}{T_1}=\left[1.32\times8.314\times\left(\ln3+3.5\times\ln\frac{221.2}{273.2}\right)\right]\mathrm{J\cdot K^{-1}}=3.95\mathrm{J\cdot K^{-1}}$$

$$\Delta S'=nR\ln\frac{p^{\ominus}}{3p^{\ominus}}+nC_{p,\mathrm{m}}\ln\frac{273}{298}=\left[1.32\times8.314\times\left(\ln\frac{1}{3}+3.5\times\ln\frac{273}{298}\right)\right]\mathrm{J\cdot K^{-1}}=-15.42\mathrm{J\cdot K^{-1}}$$

$S_1=\Delta S'+nS_{298}^{\ominus}=[-15.42+1.32\times205]\mathrm{J\cdot K^{-1}}=255.18\mathrm{J\cdot K^{-1}}$

$S_2=\Delta S+S_1=[3.95+255.18]\mathrm{J\cdot K^{-1}}=259.13\mathrm{J\cdot K^{-1}}$

$\Delta G=\Delta H-\Delta TS=\Delta H-(T_2S_2-T_1S_1)=[-2.0-(221.2\times259.13-273.2\times255.18)\times10^{-3}]\mathrm{kJ}=10.40\mathrm{kJ}$

六、解：$\Delta_{\mathrm{trs}}G_{\mathrm{m}}^{\ominus}=[(4100-6.09\times373)\times4.184]\mathrm{J\cdot mol^{-1}}=7.56\mathrm{kJ\cdot mol^{-1}}>0$

因此 HgS(s，黑)更稳定

$\Delta_{\mathrm{trs}}G_{\mathrm{m}}^{\ominus}=[(4100-6.09\times373)\times4.184]\mathrm{J\cdot mol^{-1}}=0\Rightarrow T=673.2\mathrm{K}$

七、解：$\Theta_{\mathrm{r}}=\dfrac{h^2}{8\pi^2Ik}=\left[\dfrac{6.626^2\times10^{-68}}{8\pi^2\times3.28\times10^{-47}\times1.38\times10^{-23}}\right]\mathrm{K}=12.28\mathrm{K}$

$$q_{\mathrm{r}}=\frac{T}{\Theta_{\mathrm{r}}}=\frac{298.15}{12.28}=24.26$$

$$\frac{n_1}{N}=\frac{(2J+1)\,\mathrm{e}^{-\frac{h^2}{8\pi^2IkT}}}{q_r}=\frac{(2+1)\,\mathrm{e}^{-\frac{6.626^2\times10^{-68}}{8\pi^2\times3.28\times10^{-47}\times1.38\times10^{-23}\times298}}}{24.26}=0.11$$

$S_{\mathrm{m},J}=R(1+\ln q_{\mathrm{r}})=8.314\times(1+\ln24.26)=35\mathrm{J\cdot K^{-1}\cdot mol^{-1}}$

八、解：(1) 相态如表所示：

相区	①	②	③	④	⑤	⑥	⑦
相态	l	l+白硅石(s)	l+莫莱石(s)	l + Al_2O_3(s)	白硅石(s)+莫莱石(s)	鳞石英(s)+莫莱石(s)	Al_2O_3(s)+莫莱石(s)

(2) AB：白硅石(s)、鳞石英(s)、莫莱石(s)三相平衡

CD：熔液、白硅石(s)、莫莱石(s)三相平衡

EF：熔液、Al_2O_3(s)、莫莱石(s)三相平衡

(3) 步冷曲线

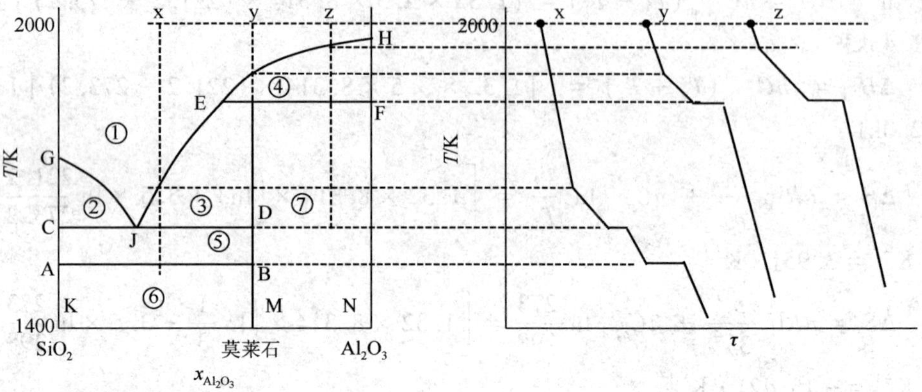

九、解：(1) 电极和电池反应

(-)：$H_2(p^\ominus) - 2e^- \to 2H^+\ (m)$

(+)：$\frac{1}{2}O_2(p^\ominus) + 2e^- + 2H^+\ (m) \to H_2O(l)$

$H_2(p^\ominus) + \frac{1}{2}O_2(p^\ominus) \to H_2O(l)$

(2) $\Delta_r H_m^\ominus = -zE^\ominus F + zFT\left(\frac{\partial E}{\partial T}\right)_p$

$-285.83\times10^3\,J\cdot mol^{-1} = -2\times1.228V\times96500C\cdot mol^{-1} + 2\times96500C\cdot mol^{-1}\times298K\times\left(\frac{\partial E}{\partial T}\right)_p$

$\left(\frac{\partial E}{\partial T}\right)_p = -8.49\times10^{-4}V\cdot K^{-1}$

(3) $\left(\frac{\partial}{\partial T}\left(\frac{\Delta_r G_m^\ominus}{T}\right)\right) = -\frac{\Delta_r H_m^\ominus}{T^2} \Rightarrow zF\left(\frac{\partial}{\partial T}\left(\frac{E}{T}\right)\right)_p = \frac{\Delta_r H_m^\ominus}{T^2} \Rightarrow \frac{E_2}{T_2} - \frac{E_1}{T_1} = \frac{\Delta_r H_m^\ominus}{zF}\left(\frac{1}{T_1} - \frac{1}{T_2}\right)$

$$\frac{E_2}{273K} - \frac{1.228V}{298K} = \frac{-285.83\times10^3J\cdot mol^{-1}}{2\times96500C\cdot mol^{-1}}\left(\frac{1}{298K} - \frac{1}{273K}\right) \Rightarrow E_2 = 1.249V$$

十、解：（1）当 pH 一定时，半衰期 $t_{\frac{1}{2}}$ 与 A 的初始浓度无关⇒ $\alpha = 1$

$$\left.\begin{aligned} t_{\frac{1}{2}} &= \frac{\ln 2}{kc_{H^+}^{\beta}} \\ t_{\frac{1}{2}}' &= \frac{\ln 2}{(kc_{H^+}^{\beta})'} \end{aligned}\right\} \Rightarrow \frac{69.3}{6.93} = \left(\frac{10^{-4}}{10^{-5}}\right)^{\beta} \Rightarrow \beta = 1 \Rightarrow r = kc_A c_{H^+}$$

（2）$t_{\frac{1}{2}} = \dfrac{\ln 2}{kc_{H^+}^{\beta}} \Rightarrow 69.3\text{min} = \dfrac{\ln 2}{k \times 10^{-5}\text{mol} \cdot \text{dm}^{-3}} \Rightarrow k = 1000\,\text{mol}^{-1} \cdot \text{dm}^3 \cdot \text{min}^{-1}$

（3）$\ln \dfrac{1}{1-y} = kc_{H^+}t \Rightarrow \ln \dfrac{1}{1-0.7} = 1000\,\text{mol}^{-1} \cdot \text{dm}^3 \cdot \text{min}^{-1} \times 10^{-6}\text{mol} \cdot \text{dm}^{-3} \times$ $t \Rightarrow t = 1024\text{min}$

$\ln \dfrac{1}{1-y} = kc_{H^+}t \Rightarrow \ln \dfrac{1}{1-0.7} = 1000\,\text{mol}^{-1} \cdot \text{dm}^3 \cdot \text{min}^{-1} \times 10^{-3}\text{mol} \cdot \text{dm}^{-3} \times t \Rightarrow$ $t = 1.02\text{min}$

12.3 西北大学 2014 年考研试题

一、单项选择题

1. 下列诸过程可应用公式 $dU = (C_p - nR)dT$ 进行计算的是：（　　）

A. 理想气体绝热可逆膨胀　　B. 恒容搅拌某液体以升高温度

C. 实际气体等压可逆冷却　　D. 量热弹中的燃烧过程

2. 在隔离系统中发生了一个变化，则 ΔU 和 ΔH 的值为：（　　）

A. $\Delta U > 0$，$\Delta H > 0$　　B. $\Delta U < 0$，$\Delta H < 0$

C. $\Delta U = 0$，$\Delta H = 0$　　D. $\Delta U = 0$，ΔH 不确定

3. 已知某反应的 $\Delta_r H_m$ 的值不随温度而变，即 $\left(\dfrac{\partial \Delta_r H_m}{\partial T}\right)_p = 0$。当反应温度降低时，反应的熵变 $\Delta_r S_m$ 的值将：（　　）

A. 降低　　B. 增大　　C. 不变　　D. 无法判断

4. 实际气体经节流膨胀后，可以确定的是：（　　）

A. $Q = 0$，$\Delta H = 0$，$\Delta p < 0$　　B. $Q = 0$，$\Delta H = 0$，$\Delta T < 0$

C. $Q = 0$，$\Delta H < 0$，$\Delta p < 0$　　D. $Q = 0$，$\Delta H < 0$，$\Delta T < 0$

5. 已知在 298K 时，$H_2O(g)$ 的标准摩尔生成焓 $\Delta_f H_m^{\ominus}(H_2O, g) = -241.82$ $\text{kJ} \cdot \text{mol}^{-1}$，$H_2(g)$ 的标准摩尔燃烧焓 $\Delta_c H_m^{\ominus}(H_2, g) = -285.83\text{kJ} \cdot \text{mol}^{-1}$，则在 298K 和标准压力下，平衡 $H_2O(l) \rightleftharpoons H_2O(g)$ 的相变焓为：（　　）

A. $-44.01\text{kJ}\cdot\text{mol}^{-1}$　　B. $44.01\text{kJ}\cdot\text{mol}^{-1}$

C. $241.82\text{kJ}\cdot\text{mol}^{-1}$　　D. $285.83\text{kJ}\cdot\text{mol}^{-1}$

6. 对于一个只做膨胀功的恒组成封闭均相系统，在绝热可逆过程中，下列示意图中正确的是：(　　)

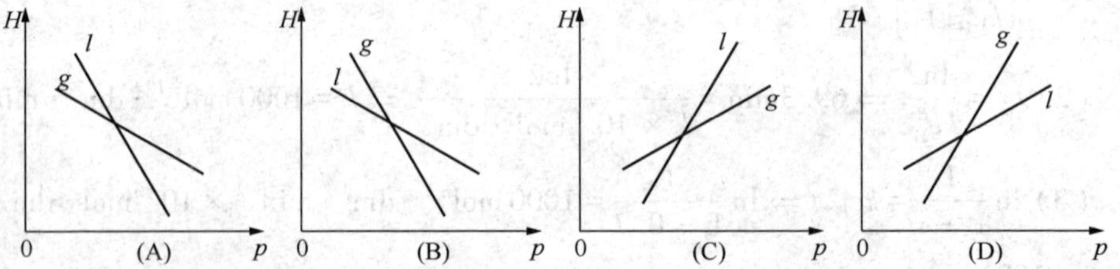

7. 在一定温度和压力下，设纯 A(l) 的化学势为 μ^*，其标准态为 μ° 若在 A 中加入另一液相 B(l)，形成理想的液态混合物，这时 A(l) 的化学势为 μ_A，标准态化学势为 $\mu_A^{\ominus}$，这两种化学势的关系为：(　　)

A. $\mu^* = \mu_A$，$\mu^{\ominus} = \mu_A^{\ominus}$　　B. $\mu^* > \mu_A$，$\mu^{\ominus} = \mu_A^{\ominus}$

C. $\mu^* = \mu_A$，$\mu^{\ominus} > \mu_A^{\ominus}$　　D. $\mu^* > \mu_A$，$\mu^{\ominus} < \mu_A^{\ominus}$

8. 在大气压力下，Na_3PO_4 在 $H_2O(l)$ 中可以发生三级电离，则 Na_3PO_4 的不饱和水溶液的组分数 C 和自由度分别为：(　　)

A. $C=2$，$f^*=2$　B. $C=3$，$f^*=3$　C. $C=4$，$f^*=4$　D. $C=2$，$f^*=3$

9. 在温度 T 时，反应 $A(g)+2B(g)=2C(g)$ 达到平衡，标准平衡常数 $K_p^{\ominus}=1$。现在在一个温度为 T 的真空容器中引入这 3 种气体，使它们的分压都等于 100kPa，这时反应将：(　　)

A. 自发向右进行　B. 自发向左进行　C. 处于平衡状态　D. 无法判断

10. 300K 时，分布在 $J=1$ 转动能级上的分子数是 $J=0$ 能级上分子数的 $3e^{-0.1}$ 倍，则分子转动特征温度是：(　　)

A. 10K　　B. 15K　　C. 30K　　D. 300K

11. 设某三维平动子的平动能为 $\varepsilon_t = \dfrac{27h^2}{8mV^{\frac{2}{3}}}$，则能级的简并度为：(　　)

A. 1　　B. 2　　C. 3　　D. 4

12. 已知 i 能级的能量 ε_i 和简并度 g_i 与基态能级的能量 ε_0 和简并度 g_0 的关系为 $\varepsilon_i = 4\varepsilon_0$，$g_i = 2g_0$，在温度一定时，根据 Boltzmann 分布，在 i 能级与基态上的粒子数之比 N_i/N_0 为：(　　)

A. $2e^{-\frac{3\varepsilon_0}{kT}}$　　B. $e^{-\frac{3\varepsilon_0}{kT}}$　　C. $2e^{\frac{3\varepsilon_0}{kT}}$　　D. $e^{-\frac{\varepsilon_0}{kT}}$

13. 电解质溶液中离子迁移数(t_i)与离子淌度(U_i)成正比。当温度与溶液浓度一定时，离子淌度是一定的，则 25℃时，0. 1mol · dm^{-3}NaOH 中 Na^+的迁移数 t_1 与 0. 1mol · dm^{-3}NaCl 溶液中 Na^+的迁移数 t_2，两者之间的关系为：(　　)

A. $t_1 < t_2$　　B. $t_1 = t_2$　　C. $t_1 > t_2$　　D. 不好比较

14. Li-Cl_2电池结构如下：Li｜LiCl(饱和液) 有机溶剂｜$Cl_2(p^\ominus)$｜Pt 。已知 $\Delta_f G$[LiCl(s)] =- 384kJ · mol^{-1}，则该电池的电动势值 E 为：(　　)

A. 1V　　B. 2V　　C. 3V　　D. 4V

15. 下列不同浓度的 NaCl 溶液中(浓度单位 mol · dm^{-3})，哪个溶液的电导率最大？(　　)

A. 0. 001mol · dm^{-3}　B. 0. 01mol · dm^{-3}　C. 0. 1mol · dm^{-3}　D. 1. 0mol · dm^{-3}

16. 反应 A+B→C+D 的速率方程为：$r = k[A][B]$，则该反应：(　　)

A. 是双分子反应　　B. 是二级反应但不一定是双分子反应

C. 不是双分子反应　　D. 是对 A，B 各为一级的双分子反应

17. 对峙基元反应，在一定条件下达平衡时，下列描述不正确的是：(　　)

A. $r_+ = r_-$　　B. $k_+ = k_-$

C. 各物质浓度不在随时间变化　　D. 温度升高，通常 r_+ 和 r_- 都增大

18. 某反应 A→P，其速率常数为 k_A = 6. 93 min^{-1}，反应的初始浓度为 0. 1mol · dm^{-3}，则该反应的半衰期为：(　　)

A. 0. 2min　　B. 0. 1min　　C. 1min　　D. 2min

19. 将两个活化能不同的反应在同一升温区间内升温，若 $E_{a,1} < E_{a,2}$，则速率常数随温度的变化关系为：(　　)

A. $\frac{d\ln k_1}{dT} > \frac{d\ln k_2}{dT}$　　B. $\frac{d\ln k_1}{dT} < \frac{d\ln k_2}{dT}$

C. $\frac{d\ln k_1}{dT} = \frac{d\ln k_2}{dT}$　　D. 不能确定

20. 二元溶液及其溶剂的比表面自由能分别为 γ 和 γ_0，已知溶液的表面超量 $\Gamma_2 < 0$，则 γ 和 γ_0 之间的关系符合以下哪种？(　　)

A. $\gamma > \gamma_0$　　B. $\gamma = \gamma_0$　　C. $\gamma < \gamma_0$　　D. 不能确定

21. 有关碰撞理论的叙述中，不正确的是：(　　)

A. 能说明质量作用定律只适用于基元反应

B. 证明活化能与温度有关

C. 解决分子碰撞频率的计算问题

D. 可从理论上计算阈能

22. 比表面是催化剂的重要参数之一。为了正确的测定催化剂的比表面积，在温度和吸附质的选择上应考虑：(　　)

A. 高温，只有化学吸附　　　B. 低温，只有物理吸附

C. 高温，同时有化学和物理吸附　　D. 高温，只有物理吸附

23. 一个简易的测量毛细管内径是否均匀的方法。在洁净的玻璃毛细管内放少量纯水，将毛细管水平放置，发现水一直向左方移动，说明：(　　)

A. 内径不均匀，向左逐渐变粗　　B. 内径不均匀，向左逐渐变细

C. 内径均匀，水移动是正常的　　D. 该方法不能说明问题

24. 对于有过量的 $AgNO_3$ 存在的 AgI 溶胶，下列电解质聚沉能力最强的是：(　　)

A. NaCl　　B. $K_3[Fe(CN)_6]$　　C. $MgSO_4$　　D. $FeCl_3$

25. 将大分子电解质 Na_xR 的水溶液与纯水用半透膜隔开，大分子电介质中的 R^- 不能透过半透膜，其余小离子和水分子可以。达到 Donnan 平衡后，膜外水的 pH 将：(　　)

A. >7　　B. <7　　C. =7　　D. 不能确定

二、填空题

1. 选择">"、"<"、"="中的一个填入下列空格：在绝热钢瓶中氢气与氧气化合生成水，则该过程的 ΔU ______ 0，ΔH ______ 0。

2. 1mol 单原子理想气体的 $C_{V,\ m}=\frac{3}{2}R$，温度由 T_1 可逆变到 T_2，则等压熵变 ΔS_p 与等容熵变 ΔS_V 的比值为______。

3. 在 0℃到 100℃的范围内，液态水的蒸气压 p 与 T 的关系为：$\lg(p/\text{Pa})=-\frac{2265}{T}+11.101$，某高原地区的气压只有 59995Pa，则该地区水的沸点为______℃。

4. 反应 A+B→C 的速率方程为：$-\frac{dc_A}{dt}=k_A\frac{c_Ac_B}{c_C}$，则该反应的总级数是____级。若浓度单位为 $mol\cdot dm^{-3}$，时间以 s 为单位，则速率常数 k_A 的单位是____。

5. 某反应，当反应物反应掉 $\frac{5}{9}$ 所需的时间是它反应掉 $\frac{1}{3}$ 所需时间的 2 倍，则该反应的级数是______。

6. 在 293K 时丙酮的表面张力为 $\gamma=0.0233N\cdot m^{-1}$，密度 $\rho=790kg\cdot m^{-3}$，将半径为 0.01cm 的毛细管插入其中，液面上升了______m。

7. 某反应的活化能为 E_a，在一定温度下，温度每升高 1K，反应速率系数增加的分数为______。

8. 在相同温度下，同一液体被分散成具有不同曲率半径的物系时，将具有

不同的饱和蒸气压。以 $p_{平}$、$p_{凹}$、$p_{凸}$分别表示平面、凹面和凸面液体上的饱和蒸气压，则三者之间的关系是：______。

9. 在稀的砷酸溶液中通入 H_2S 制备 As_2S_3溶胶，稳定剂是 H_2S，该胶团的结构是______，胶粒的电泳方向是______。

三、判断问题，说明原因

1. 设房间内有一瓶装的很满的水，里面一点空隙都没有，问这时水的蒸汽压是否等于零？

2. 某体系从始态出发，经一个绝热不可逆过程到达终点。为了计算熵值，能否设计一个绝热可逆过程来计算？

3. 在一定的温度、压力且不做非膨胀功的条件下，若某反应的 $\Delta G>0$，能否研制出一种催化剂使反应正向进行？

4. 在贮油罐中加入少量有机电解质，能不能减小爆炸的危险？为什么？

四、在水的标准沸点 100kPa 和 373. 15K 下，将 1molH_2O(g)可逆压缩为 H_2O(l)。请计算：(1) 该过程的 Q、W、ΔU、ΔH、ΔS、ΔA 和 ΔG。已知在 373. 15K 和 100kPa 压力下，水的摩尔汽化焓为 40. 65kJ · mol^{-1}。可适当近似。(2) 计算在 130kPa 和 373. 15K 时，将 1molH_2O(l)蒸发为同温同压下的 H_2O(g)，求此过程的 ΔG。并说明这时应采用何种判据来判断过程是否自发？判断结果如何？

五、在 298K、101. 325kPa 的大气压力下将少量非挥发、不解离的溶质 B 溶于溶剂 A(水)中，所得稀溶液析出冰的温度为 271. 65K。试求：(1) 稀溶液的正常沸点 T_b。(2) 在 298K 时溶液的蒸气压。(3) 298K 时溶液的渗透压。已知：纯水的 $K_f = 1.86K \cdot mol^{-1} \cdot kg$，$K_b = 0.51K \cdot mol^{-1} \cdot kg$，纯水在 298K 的饱和蒸气压为 $p_A^* = 3.167kPa$。

六、C(石墨，s)和 H_2O(l)各 1mol，在一密闭容器中反应：C(石墨，s)+H_2O(g)= CO(g)+H_2(g)。在 1000K 和 100kPa 条件下，测定反应组成为 y_{H_2} = 0. 4577，y_{H_2O} = 0. 0846，试计算：(1) 该条件下的 $K_p^\ominus$；(2) 这时 H_2O(g)的平衡转化率；(3) 计算在 1200K 时的 $K_p^\ominus$。已知反应的 $\Delta_r H_m^\ominus = 131.8kJ \cdot mol^{-1}$，并不随温度而改变。

七、在 LiCl 电解制备金属锂时，由于 LiCl 熔点高(878K)，不利于生产，今利用低共熔点现象找一种比 LiCl 难电解的盐 KCl 来降低熔点，以节省能源。已知 KCl 熔点为 1048K，LiCl-KCl 物系的低共熔点的 KCl 含量为 55%(质量分数)，温度为 629K。又已知在 723K 时 KCl 含量 43%和 63%的溶液分别可析出 LiCl 和 KCl(s)。(1) 绘出 KCl-LiCl 系统相图。(2) 说明为什么电解槽操作温度必须高于 629K？(3) 当工艺情况允许时，电解温度可选择在 723K，试根据相图说明，要使熔融液不析出固体，投料中 KCl 含量应控制在什么范围？(4) 停产后，在室温下槽中为哪几相？

八、测得下列电池在 298.15K 时的电动势 $E=0.4119\text{V}$，求该溶液中 HCl 的平均活度系数。已知 298.15K 时，$\varphi^{\ominus}_{Cl^-|Hg_2Cl_2|Hg}=0.2683\text{V}$。

$$Pt(s)|H_2(g,\ 100kPa)|HCl(m=0.07503mol\cdot kg^{-1})|Hg_2Cl_2(s)|Hg(l)$$

九、298K 和标准压力下，以石墨为阳极，铂为阴极，电解含 $CdCl_2$ 浓度为 $0.01mol\cdot kg^{-1}$ 和 $CuCl_2$ 浓度为 $0.02mol\cdot kg^{-1}$ 的混合水溶液(设活度因子均为 1)则：(1) 阴极上首先发生什么反应？(2) 阴极上当第二种离子还原时第一种离子剩余的浓度。(3) 当第二种离子在阴极还原时的外加电压。已知：$H_2(g)$ 在 Pt(s) 上的超电势近似为零，在 Cu(s) 上的超电势为 0.30V，$O_2(g)$ 在 C(s，石墨) 上的超电势为 0.61V。$\varphi^{\ominus}_{Cd^{2+}|Cd}=-0.402\text{V}$，$\varphi^{\ominus}_{Cu^{2+}|Cu}=0.337\text{V}$，$\varphi^{\ominus}_{Cl_2|Cl^-}=1.36\text{V}$，$\varphi^{\ominus}_{O_2|H^+,H_2O}=1.229\text{V}$。

十、某溶液含 NaOH 和 $CH_3COOC_2H_5$，浓度均为 $0.01mol\cdot dm^{-3}$。298K 时，反应 10min 有 39%的乙酸乙酯分解，而 308K 时，反应 10min 有 55%的乙酸乙酯分解。试计算：(1) 298K 和 308K 时反应的速率常数。(2) 288K，反应 10min 能分解多少乙酸乙酯？(3) 293K 时，若 50%的乙酸乙酯分解，需要多少时间？

十一、氢和碘生成碘化氢反应的计量方程为：$I_2(g)+H_2(g)=2HI(g)$。经研究其反应机理可表示为(1) $2I+M \underset{k_{-1}}{\overset{k_1}{\rightleftharpoons}} I_2+M$(快速平衡)；(2) $H_2+2I \xrightarrow{k_2} 2HI$(慢反应)。试写出该反应的速率方程、表观指前因子和表观活化能的表示式。

参考答案

一、单项选择题

1	2	3	4	5	6	7	8	9	10
A	D	C	A	B	D	B	A	C	B
11	12	13	14	15	16	17	18	19	20
D	A	A	D	D	B	B	B	B	A
21	22	23	24	25					
D	B	B	B	A					

二、填空题

1. =；<

2. 5/3

3. 85

4. 1；s^{-1}

5. 1

6. 0.06

7. $\frac{E_a}{RT^2}$

8. $p_{凸} > p_{平} > p_{凹}$

9. $[(As_2S_3)_m \cdot nHS^- \cdot (n-x)H^+]^{x-} \cdot xH^+$；正极移动

三、判断问题，说明原因

1. **答**：错。蒸气压为物质的本性，与是否有空间无关。

2. **答**：不能。从同一始态经过绝热不可逆过程及绝热可逆过程将不能到达同一个终点，因此不能设计一个绝热可逆过程计算熵。

3. **答**：不能。催化剂仅能改变化学反应速率，而不能改变化学平衡。

4. **答**：能降低危险。油中常含小水滴而形成油包水的乳状液，在重力的作用下小水滴易形成沉降电势。加入一定量的有机电解质，增加油的电导，减小沉降电势，可以防止事故的发生。

四、解：(1) $\Delta G = 0$

$Q_p = \Delta H = -n\Delta_{vap}H_m = -40.65\text{kJ}$

$\Delta A = W = -p\Delta V = nRT = [8.314 \times 373.15 \times 10^{-3}]\text{kJ} = 3.10\text{kJ}$

$$\Delta S = \frac{\Delta H}{T} = \left[-\frac{40650}{373.15}\right]\text{J}\cdot\text{K}^{-1} = -108.94\text{J}\cdot\text{K}^{-1}$$

$\Delta U = \Delta H - p\Delta V = \Delta H + nRT = [-40.65 + 8.314 \times 373.15 \times 10^{-3}]\text{kJ} = -37.54\text{kJ}$

(2)

$$\begin{array}{ccc} 373.15\text{K},\ p_1 = 130\text{kPa},\ H_2O(l) & \xrightarrow{\Delta G} & H_2O(g),\ p_1 = 130\text{kPa},\ 373.15\text{K} \\ \downarrow \Delta G_1 & & \downarrow \Delta G_3 \\ 373.15\text{K},\ p_2 = 100\text{kPa},\ H_2O(l) & \xrightarrow{\Delta G_2} & H_2O(g),\ p_2 = 100\text{kPa},\ 373.15\text{K} \end{array}$$

$$\Delta G = \Delta G_1 + \Delta G_2 - \Delta G_3 = \int_{p_1}^{p_2}(V_l - V_g)\,dp = -\int_{p_1}^{p_2}V_g\,dp = -nRT\ln\frac{p_2}{p_1} =$$

$\left[-8.314\times373.15\ln\frac{100}{130}\right]$J = 813.95J$\Delta G_{T,\ p,\ W'=0}$ > 0⇒该过程向液态水方向更为稳定

五、解：(1) $\Delta T = K_f m_B \Rightarrow T_f^* - T_f = K_f m_B \Rightarrow m_B = 0.81\text{mol}\cdot\text{kg}^{-1}$

$\Delta T = K_b m_B \Rightarrow T_b - T_b^* = K_b m_B \Rightarrow T_b - 373.15\text{K} = [0.51\times0.81]\text{K} \Rightarrow T_b = 373.56\text{K}$

(2) $x_B = m_B M_A = 0.81\text{mol}\cdot\text{kg}^{-1}\times0.018\text{kg}\cdot\text{mol}^{-1} = 0.01458\quad x_A = 1 - x_B = 0.98542$

$p_A = p_A^* x_A = [3.167\times0.98542]\text{kPa} = 3.12\text{kPa}$

(3) $x_B = \frac{c_B M_A}{\rho} \Rightarrow c_B = \frac{x_B\rho}{M_A} = \left[\frac{0.01458\times1000}{0.018}\right]\text{mol}\cdot\text{m}^{-3} = 810\text{mol}\cdot\text{m}^{-3}$

$\Pi = c_B RT = [810\times8.314\times298.15]\text{Pa} = 2008\text{kPa}$

六、解：(1) $K_p^{\ominus} = K_x\cdot\left(\frac{p}{p^{\ominus}}\right) = \frac{y_{CO}\cdot y_{H_2}}{y_{H_2O}}\cdot\left(\frac{p}{p^{\ominus}}\right)$

$$= \frac{(1-0.4577-0.0846)\times0.4577}{0.0846}\left(\frac{100}{100}\right) = 2.48$$

(2) C(石墨，s) + H_2O(g) ══ CO(g) + H_2(g)

起始	1	1			
转化	x	x	x	x	
平衡	$1-x$	$1-x$	x	x	$n = 1+x$

$\frac{x}{1+x} = 0.4577 \Rightarrow x = 0.8440$

Conver. $= \frac{x}{a}\times100\% = 0.8440\times100\% = 84.40\%$

(3) $\ln\frac{K_{p,\ 1200}^{\ominus}}{K_{p,\ 1000}^{\ominus}} = \frac{\Delta_r H_m^{\ominus}}{R}\left(\frac{1}{T_{1000}} - \frac{1}{T_{1200}}\right) \Rightarrow \ln\frac{K_{p,\ 1200}^{\ominus}}{2.48} = \frac{131800\text{J}\cdot\text{mol}^{-1}}{8.314\text{J}\cdot\text{K}^{-1}\cdot\text{mol}^{-1}}\left(\frac{1}{1000\text{K}} - \frac{1}{1200\text{K}}\right) \Rightarrow K_{p,\ 1200}^{\ominus} = 34.83$

七、解：(1) 相图如下

(2) 电解槽操作温度如果低于 629K，电解液全部凝固，Li^+无法向阴极移动而析出金属锂。

(3) KCl 的含量应处于 43%～63%。

(4) 室温下应为 KCl(s) 相及 LiCl(s) 相

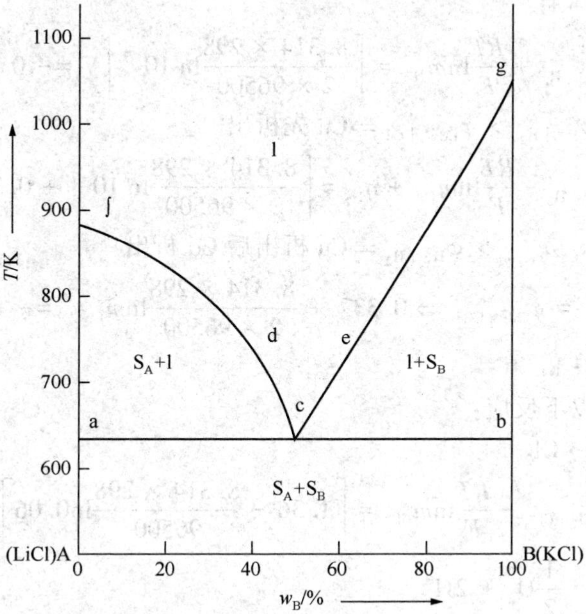

八、解：电池反应如下

$(-)$：$H_2(g，100kPa) - 2e^- \rightarrow 2H^+ (m)$

$(+)$：$Hg_2Cl_2(s) + 2e^- \rightarrow Hg(l) + 2Cl^-(m)$

$H_2(g，100kPa) + Hg_2Cl_2(s) \rightarrow Hg(l) + 2HCl(m)$

$$E = E^{\ominus} - \frac{RT}{2F}\ln\frac{\alpha_{HCl}^2}{p_{H_2}/p^{\ominus}} = E^{\ominus} - \frac{RT}{F}\ln\alpha_{HCl} = E^{\ominus} - \frac{2RT}{F}\ln\left(\gamma_{\pm}\frac{m_{\pm}}{m^{\ominus}}\right) = E^{\ominus} - \frac{2RT}{F}\ln\left(\gamma_{\pm}\frac{m}{m^{\ominus}}\right)$$

$$0.4119V = \left[0.2683 - \frac{2\times 8.314\times 298.15}{96500}\ln(\gamma_{\pm}\times 0.07503)\right]V \Rightarrow \gamma_{\pm} = 0.81$$

九、解：(1) 阴极有以下反应

$Cd^{2+} + 2e^- \rightarrow Cd$

$$\varphi_{Cd^{2+}|Cd} = \varphi^{\ominus}_{Cd^{2+}|Cd} + \frac{RT}{2F}\ln m_{Cd^{2+}} = \left[-0.402 + \frac{8.314\times 298}{2\times 96500}\ln 0.01\right]V = -0.4611V$$

$Cu^{2+} + 2e^- \rightarrow Cu$

$$\varphi_{Cu^{2+}|Cu} = \varphi^{\ominus}_{Cu^{2+}|Cu} + \frac{RT}{2F}\ln m_{Cu^{2+}} = \left[0.337 + \frac{8.314\times 298}{2\times 96500}\ln 0.02\right]V = 0.2868V$$

$2H^{2+} + 2e^- \rightarrow H_2$

$$\varphi_{H^+|H_2} = \varphi^{\ominus}_{H^+|H_2} + \frac{RT}{F}\ln m_{H^+} = \left[\frac{8.314 \times 298}{2 \times 96500}\ln 10^{-7}\right]V = -0.2069V$$

$\varphi_{Cu^{2+}|Cu} > \varphi_{H^+|H_2} > \varphi_{Cd^{2+}|Cd} \Rightarrow$ Cu 先析出

$$\varphi'_{H^+|H_2} = \varphi^{\ominus}_{H^+|H_2} + \frac{RT}{F}\ln m_{H^+} + \eta_{H_2} = \left[\frac{8.314 \times 298}{2 \times 96500}\ln 10^{-7} + 0.3\right]V = -0.5069V$$

$\varphi_{Cu^{2+}|Cu} > \varphi_{Cd^{2+}|Cd} > \varphi'_{H^+|H_2} \Rightarrow$ Cu 析出后 Cd 析出

（2）$\varphi_{Cu^{2+}|Cu} = \varphi_{Cd^{2+}|Cd} \Rightarrow 0.337 + \frac{8.314 \times 298}{2 \times 96500}\ln m_{Cu^{2+}} = -0.4611 \Rightarrow m_{Cu^{2+}} = 9.97 \times 10^{-28} mol \cdot kg^{-1}$

（3）阳极有以下反应：

$2Cl^- - 2e^- \rightarrow Cl_2$

$$\varphi_{Cl_2|Cl^-} = \varphi^{\ominus}_{Cl_2|Cl^-} - \frac{RT}{F}\ln m_{Cl^-} = \left[1.36 - \frac{8.314 \times 298}{96500}\ln 0.06\right]V = 1.4322V$$

$H_2O - 2e^- \rightarrow \frac{1}{2}O_2 + 2H^+$

$$\varphi_{O_2|H^+, H_2O} = \varphi^{\ominus}_{O_2|H^+, H_2O} + \frac{RT}{F}\ln m_{H^+} - \eta_{O_2}$$

$$= \left[1.229 + \frac{8.314 \times 298}{96500}\ln 10^{-7} - 0.61\right]V = 0.2052V$$

$\varphi_{Cl_2|Cl^-} > \varphi_{O_2|H^+, H_2O} \Rightarrow O_2$先析出

当 Cu^{2+}完全析出时，生成 $m_{H^+} = 0.04 mol \cdot kg^{-1}$

$$\varphi_{O_2|H^+, H_2O} = \varphi^{\ominus}_{O_2|H^+, H_2O} + \frac{RT}{F}\ln m_{H^+} - \eta_{O_2}$$

$$= \left[1.229 + \frac{8.314 \times 298}{96500}\ln 0.04 - 0.61\right]V = 0.5363V$$

$E = \varphi_{O_2|H^+, H_2O} - \varphi_{Cd^{2+}|Cd} = (0.5363 + 0.4611)V = 0.9974V$

十、解：（1）该反应为二级反应。

$\frac{y}{1-y} = k_{298}at \Rightarrow \frac{0.39}{1-0.39} = k_{298} \times 0.01 mol \cdot dm^{-3} \times 10 min \Rightarrow k_{298} = 6.39 mol^{-1} \cdot dm^3 \cdot min^{-1}$

$\frac{y}{1-y} = k_{308}at \Rightarrow \frac{0.55}{1-0.55} = k_{308} \times 0.01 mol \cdot dm^{-3} \times 10 min \Rightarrow k_{298} = 12.22 mol^{-1} \cdot dm^3 \cdot min^{-1}$

（2）$\ln\frac{k_{308}}{k_{298}} = \frac{E_a}{R}\left(\frac{1}{T_{298}} - \frac{1}{T_{308}}\right) \Rightarrow \ln\frac{12.22}{6.39} = \frac{E_a}{8.314}\left(\frac{1}{298} - \frac{1}{308}\right) \Rightarrow E_a = 29.89 kJ \cdot mol^{-1}$

$$\ln\frac{k_{288}}{k_{298}}=\frac{E_a}{R}\left(\frac{1}{T_{298}}-\frac{1}{T_{288}}\right)\Rightarrow \ln\frac{k_{288}}{6.39}=\frac{29890}{8.314}\left(\frac{1}{298}-\frac{1}{288}\right)\Rightarrow k_{288}=3.20$$
$mol^{-1}\cdot dm^{3}\cdot min^{-1}$

$$\frac{y}{1-y}=k_{288}at\Rightarrow\frac{y}{1-y}=3.20\ mol^{-1}\cdot dm^{3}\cdot min^{-1}\times 0.01mol\cdot dm^{-3}\times 10min$$
$\Rightarrow y=0.24$

$c=[0.24\times 0.01]\ mol\cdot dm^{-3}=2.42\times 10^{-3}mol\cdot dm^{-3}$

(3) $\ln\frac{k_{293}}{k_{298}}=\frac{E_a}{R}\left(\frac{1}{T_{298}}-\frac{1}{T_{293}}\right)\Rightarrow \ln\frac{k_{293}}{6.39}=\frac{29890}{8.314}\left(\frac{1}{298K}-\frac{1}{293K}\right)\Rightarrow k_{288}=5.20$
$mol^{-1}\cdot dm^{3}\cdot min^{-1}$

$$\frac{y}{1-y}=k_{293}at\Rightarrow\frac{0.5}{1-0.5}=5.20\ mol^{-1}\cdot dm^{3}\cdot min^{-1}\times 0.01mol\cdot dm^{-3}\times t\Rightarrow t=$$
19.23min

十一、解： $-\frac{d[H_2]}{dt}=k_2[H_2][I]^2$ ①

根据平衡假设 $k_1[I_2][M]=k_{-1}[M][I]^2\Rightarrow[I]^2=\frac{k_1[I_2]}{k_{-1}}$ ②

将②式代入①式，则 $-\frac{d[H_2]}{dt}=\frac{k_1k_2}{k_{-1}}[H_2][I_2]$

$$\ln k=\ln k_1+\ln k_2-\ln k_{-1}\Rightarrow-\frac{E_a}{RT}+\ln A=-\frac{E_{a,1}}{RT}+\ln A_1-\frac{E_{a,2}}{RT}+\ln A_2-\left(-\frac{E_{a,3}}{RT}+\ln A_3\right)$$

根据上式可得 $A=\frac{A_1A_2}{A_{-1}}$ $E_a=E_{a,1}+E_{a,2}-E_{a,-1}$

参 考 文 献

[1] 傅献彩，沈文霞，姚天扬等．物理化学(第5版)[M]．北京：高等教育出版社，2005.
[2] 朱文涛．物理化学辅导与答疑[M]．北京：清华大学出版社，2012.
[3] 沈文霞，淳远，王喜章．物理化学核心教程学习指导[M]．北京：科学出版社，2009.
[4] 吕德义，张庆轩，张忠诚等．物理化学考研方略[M]．北京：化学工业出版社，2006.
[5] 李东升，史振民．物理化学进阶导引[M]．西安：陕西科学技术出版社，2004.

十一、答:

参 考 文 献